2018
中国科技统计年鉴
CHINA STATISTICAL YEARBOOK ON SCIENCE AND TECHNOLOGY

国家统计局社会科技和文化产业统计司
科学技术部战略规划司 编

Compiled By

Department of Social,Science and Technology,and Cultural Statistics National Bureau of Statistics

Department of Strategy and Planning Ministry of Science and Technology

图书在版编目（CIP）数据

中国科技统计年鉴. 2018 : 汉英对照 / 国家统计局社会科技和文化产业统计司, 科学技术部战略规划司编. -- 北京 : 中国统计出版社, 2018.11
ISBN 978-7-5037-8756-0

Ⅰ. ①中… Ⅱ. ①国… ②科… Ⅲ. ①科技统计－中国－2018－年鉴－汉、英 Ⅳ. ①G322-66

中国版本图书馆 CIP 数据核字(2018)第 266565 号

中国科技统计年鉴-2018

作　　者/国家统计局社会科技和文化产业统计司　科学技术部战略规划司
责任编辑/徐　涛　林　梅　焦智康
封面设计/李雪燕
出版发行/中国统计出版社
通信地址/北京市丰台区西三环南路甲 6 号　邮政编码/100073
电　　话/邮购（010）63376909　书店（010）68783171
网　　址/ http://www.zgtjcbs.com
印　　刷/河北鑫兆源印刷有限公司
经　　销/新华书店
开　　本/880mm×1230mm　1/16
字　　数/616 千字
印　　张/19.25
版　　别/2018 年 12 月第 1 版
版　　次/2018 年 12 月第 1 次印刷
定　　价/260.00 元

本书附同版本 CD-ROM 一张，光盘内容以书面文字为准。
如有印装差错，由本社发行部调换。

《中国科技统计年鉴-2018》
编辑委员会和编辑部

编辑委员会

编辑部

CHINA STATISTICAL YEARBOOK ON SCIENCE AND TECHNOLOGY—2018

Editorial Board and Editorial Staff

编 者 说 明

《中国科技统计年鉴－2018》是国家统计局社会科技和文化产业统计司和科学技术部战略规划司共同编辑的反映我国科技活动情况的统计资料书，收录了全国 31 个省、自治区、直辖市以及国务院有关部门 2017 年度科技统计数据。

全书内容分为九个部分。第一部分为反映全社会科技活动的综合统计资料。第二、三、四部分分别为工业企业、研究与开发机构和高等学校科技活动统计资料，其中工业企业的口径为规模以上工业企业，指年主营业务收入为 2000 万元及以上的法人工业企业；研究与开发机构的口径为地级及以上独立核算的政府属科学研究与技术开发机构、科学技术信息和文献机构；高等学校包括全日制高校及其附属医院。第五部分为高技术产业发展统计资料。第六部分为企业创新活动统计资料。第七部分为国家科技计划统计资料。第八部分为科技活动成果统计资料。第九部分为综合技术服务部门和科协活动有关资料。第十部分为国际科技统计资料。最后附有主要统计指标解释。

本书有关符号说明："空格"表示该项统计指标数据不足本表最小单位数、不详或无该项数据；"#"表示是其中的主要项；"*"或"①"表示本表下有注解。

本书中因小数取舍而产生的误差均未做配平处理。

参与本书编辑的单位还有教育部、国防科技工业局、财政部、人力资源和社会保障部、自然资源部、商务部、市场监督管理总局、国家知识产权局、中国科学院、中国工程院、应急管理部、中国气象局、中国科协。我们对上述单位有关人员在本书的编辑过程中给予的大力支持与合作，表示衷心感谢。

FOREWORD

China Statistical Yearbook on Science and Technology-2018 is prepared jointly by the Department of Social,Science and Technology, and Cultural Statistics National Bureau of Statistics and the Department of Strategy and Planning of Science and Technology. The Yearbook, which covers data series at the national, provincial and local levels, and autonomous regions, as well as departments directly under the State Council, reports on the development of China's science and technology activities.

The yearbook contains the following nine parts. The first part reflects general science and technology(S&T) information on whole society; The second part, the third part and the forth part reflect respectively S&T information about Industrial Enterprises, Independent Research Institutions and Institutions of Higher Education. Industrial Enterprises cover Industrial Enterprises above Designated Size, with the sales revenue above 20 million RMB; Independent Research Institutions cover the municipal and above and independent accounting scientific research and technological development institutions which belong to government; Institutions of Higher Education cover Institutions of Higher Education and affiliated hospitals. The fifth part contains information on High Technology Industry. The sixth part contains information on innovation activities of enterprises. The seventh part contains information on National Program for Science and Technology. The eighth part contains information on results of S&T activities. The ninth part covers Scientific and Technologic Service and S&T activities of China Associations for S&T. The tenth part contains information on the international comparisons.

Notations used in this book:"(blank space)"indicates that the figure is not large enough to be measured with the smallest unit in the table or data are unknown or are not available; "#" indicates a major breakdown of the total; and "*" or "①" indicates footnotes at the end of the table.

Statistical discrepancies due to rounding are not adjusted in the yearbook.

The institutions participating editing this volume include: Ministry of Education, Sate Administration of Science, Technology and Industry for National Defense, Ministry of Finance, Ministry of Human Resources and Social Security,Ministry of Natural Resources, Ministry of Commerce, State Administration for Market Regulation, State Intellectual Property Office, Chinese Academy of Sciences, Chinese Academy of Engineering, Ministry of Emergency Management, China Meteorological Administration, China Association for Science and Technology. We would like to express our gratitude to these institutions of the State Council for their cooperation and support in sparing no effort to provide all the required data.

目 录 Contents

一、综合
General

二、工业企业
Industrial Enterprises

三、研究与开发机构
R&D Institutions

四、高等学校
Higher Education

五、高技术产业
High-tech Industry

六、企业创新活动
Innovation Activities of Enterprises

七、国家科技计划
National Program for Science and Technology Development

八、科技活动成果
Results of Science and Technology Activities

九、科技服务

Scientific and Technologic Services

十、国际比较
International Comparison

一、综合
General

1-1 研究与试验发展(R&D)人员(2017年)
R&D Personnel (2017)

单位：人 (person)

项 目	Item	R&D人员 Total	#女性 Female	#全时人员 Full-time Equivalent	#博士毕业 Doctor	#硕士毕业 Master	#本科毕业 Undergraduate
全 国	**National Total**	**6213627**	**1660416**	**4204502**	**416912**	**919915**	**2712150**
按执行部门分	**by Performer**						
企 业	Enterprises	4626672	1030835	3423624	43327	344623	2293577
#规上工业企业	Industrial Enterprises above Designated Size	4045058	902163	2983752	38363	298225	1885944
研究与开发机构	R&D Institutions	462213	154457	368573	81962	164660	148483
高等学校	Higher Education	913590	392795	335935	278341	372564	231188
其 他	Others	211152	82329	76370	13282	38068	38902
按地区分	**by Region**						
东部地区	Eastern Region	3925007	1033266	2769374	249539	538766	1677181
中部地区	Middle Region	1112803	273099	714422	66043	149882	497090
西部地区	Western Region	874589	256227	529548	66225	162876	397878
东北地区	Northeast Region	301228	97824	191158	35105	68391	140001
北 京	Beijing	397281	136525	279990	75091	85941	175468
天 津	Tianjin	165638	46317	109531	10710	21394	87059
河 北	Hebei	185683	52081	115971	7407	29995	85542
山 西	Shanxi	78142	21026	48954	5698	12585	38581
内蒙古	Inner Mongolia	48755	14974	27377	2337	7158	23468
辽 宁	Liaoning	146402	42944	91387	15070	29079	68928
吉 林	Jilin	83505	31121	53513	12358	22492	36602
黑龙江	Heilongjiang	71321	23759	46258	7677	16820	34471
上 海	Shanghai	262299	73298	189101	28182	43257	129743
江 苏	Jiangsu	754228	189275	526268	37331	96082	309023
浙 江	Zhejiang	558573	139175	395155	22024	51011	218566
安 徽	Anhui	228245	48395	151298	12555	29792	96646
福 建	Fujian	207608	55775	140582	10668	24551	91696
江 西	Jiangxi	99643	25738	65851	4883	13701	42844
山 东	Shandong	500357	136877	341322	22737	63242	241159
河 南	Henan	266427	65092	165306	10185	32467	112063
湖 北	Hubei	235263	59255	153872	18310	29428	108787
湖 南	Hunan	205083	53593	129141	14412	31909	98169
广 东	Guangdong	879854	199245	663473	33995	120610	334445
广 西	Guangxi	71954	23445	38148	5901	17586	30813
海 南	Hainan	13486	4698	7981	1394	2683	4480
重 庆	Chongqing	131977	34203	84020	9641	18008	62011
四 川	Sichuan	241556	67167	154224	18777	45982	110239
贵 州	Guizhou	52746	14991	30962	2827	8572	22363
云 南	Yunnan	77584	25698	41097	6019	13699	34868
西 藏	Tibet	2509	863	1013	299	1043	877
陕 西	Shaanxi	150793	44392	102173	11760	30676	69933
甘 肃	Gansu	40973	12563	21951	4410	8778	19187
青 海	Qinghai	9675	2690	4457	603	1470	4569
宁 夏	Ningxia	17232	5022	9712	1054	2606	7461
新 疆	Xinjiang	28835	10219	14414	2597	7298	12089

1-2 全国研究与试验发展(R&D)人员全时当量
Full-time Equivalent of R&D Personnel

单位：万人年　　(10 000 man-year)

年 份 Year	R&D人员全时当量 Total	基础研究 Basic Research	应用研究 Applied Research	试验发展 Experimental Development
1992	67.43	5.84	20.90	40.70
1993	69.78	6.33	21.49	41.96
1994	78.32	7.64	24.20	46.48
1995	75.17	6.66	22.79	45.71
1996	80.40	6.96	23.65	49.79
1997	83.12	7.17	25.27	50.68
1998	75.52	7.87	24.97	42.68
1999	82.17	7.60	24.15	50.42
2000	92.21	7.96	21.96	62.28
2001	95.65	7.88	22.60	65.17
2002	103.51	8.40	24.73	70.39
2003	109.48	8.97	26.03	74.49
2004	115.26	11.07	27.86	76.33
2005	136.48	11.54	29.71	95.23
2006	150.25	13.13	29.97	107.14
2007	173.62	13.81	28.60	131.21
2008	196.54	15.40	28.94	152.20
2009	229.13	16.46	31.53	181.14
2010	255.38	17.37	33.56	204.46
2011	288.29	19.32	35.28	233.73
2012	324.68	21.22	38.38	265.09
2013	353.28	22.32	39.56	291.40
2014	371.06	23.54	40.70	306.82
2015	375.88	25.32	43.04	307.53
2016	387.81	27.47	43.89	316.44
2017	403.36	29.01	48.96	325.39

1-3 按执行部门分研究与试验发展(R&D)人员全时当量(2017年)
Full-time Equivalent of R&D Personnel by Performer(2017)

单位：万人年　　(10 000 man-year)

项 目	Item	R&D人员全时当量 Total	#研究人员 Researchers	基础研究 Basic Research	应用研究 Applied Research	试验发展 Experimental Development
全 国	**National Total**	**403.36**	**174.04**	**29.01**	**48.96**	**325.39**
企 业	Enterprises	311.98	105.57	0.68	10.27	301.04
#规上工业企业	Industrial Enterprises above Designated Size	273.62	88.47	0.38	7.25	266.00
研究与开发机构	R&D Institutions	40.57	28.73	8.44	14.29	17.84
高等学校	Higher Education	38.22	32.79	18.06	18.27	1.88
其 他	Others	12.59	6.95	1.83	6.13	4.63

1-4 各地区研究与试验发展(R&D)人员全时当量(2017年)
Full-time Equivalent of R&D Personnel by Region (2017)

单位：人年 (man-year)

地 区	Region	R&D人员全时当量 Total	#研究人员 Researchers	基础研究 Basic Research	应用研究 Applied Research	试验发展 Experimental Development
全 国	**National Total**	**4033597**	**1740442**	**290090**	**489635**	**3253907**
东部地区	Eastern Region	2645815	1068104	157542	271331	2216956
中部地区	Middle Region	683365	294341	42647	86750	553985
西部地区	Western Region	522624	271269	57285	96902	368441
东北地区	Northeast Region	181795	106729	32617	34653	114525
北 京	Beijing	269835	163535	47429	70539	151874
天 津	Tianjin	103087	48423	7438	16182	79467
河 北	Hebei	113191	52972	5973	15434	91784
山 西	Shanxi	47694	22294	4573	10472	32650
内 蒙 古	Inner Mongolia	33030	15129	2126	4186	26718
辽 宁	Liaoning	88858	49390	10908	16062	61889
吉 林	Jilin	45530	27679	10522	11164	23844
黑 龙 江	Heilongjiang	47406	29660	11188	7427	28792
上 海	Shanghai	183462	92389	20376	25415	137671
江 苏	Jiangsu	560002	205616	19098	31851	509054
浙 江	Zhejiang	398091	124415	9481	17567	371043
安 徽	Anhui	140452	58142	10365	15833	114254
福 建	Fujian	140325	52185	6378	13993	119954
江 西	Jiangxi	61897	26637	4450	5494	51953
山 东	Shandong	304820	130465	17742	30211	256867
河 南	Henan	162504	64256	4577	14865	143062
湖 北	Hubei	139990	64166	9122	19964	110917
湖 南	Hunan	130829	58845	9561	20121	101149
广 东	Guangdong	565287	194453	22106	48805	494382
广 西	Guangxi	36857	20484	6446	11230	19182
海 南	Hainan	7715	3651	1521	1333	4860
重 庆	Chongqing	79149	35289	5568	10770	62815
四 川	Sichuan	144821	77241	11630	25577	107613
贵 州	Guizhou	28290	13327	3993	3906	20391
云 南	Yunnan	46576	23013	7502	8296	30778
西 藏	Tibet	1249	911	422	416	412
陕 西	Shaanxi	98188	54271	9666	20653	67869
甘 肃	Gansu	23738	14481	4335	5145	14257
青 海	Qinghai	5656	2819	758	960	3938
宁 夏	Ningxia	9859	4577	1503	1498	6858
新 疆	Xinjiang	15212	9729	3338	4264	7610

1-5 全国研究与试验发展(R&D)经费内部支出
Intramural Expenditure on R&D

单位：亿元,% (100 million yuan,%)

年 份 Year	R&D经费内部支出 Total	基础研究 Basic Research	应用研究 Applied Research	试验发展 Experimental Development	与国内生产总值之比 of GDP	R&D经费内部支出现价增长 Growth at Current Price	R&D经费内部支出可比价增长 Growth at Constant Price
1995	348.69	18.06	92.02	238.60	0.57		36.87
1996	404.48	20.24	99.12	285.12	0.56	16.00	8.99
1997	509.16	27.44	132.46	349.26	0.64	25.88	23.95
1998	551.12	28.95	124.62	397.54	0.65	8.24	9.18
1999	678.91	33.90	151.55	493.46	0.75	23.19	24.69
2000	895.66	46.73	151.90	697.03	0.89	31.93	29.15
2001	1042.49	55.60	184.85	802.03	0.94	16.39	14.02
2002	1287.64	73.77	246.68	967.20	1.06	23.52	22.74
2003	1539.63	87.65	311.45	1140.52	1.12	19.57	16.50
2004	1966.33	117.18	400.49	1448.67	1.21	27.71	19.40
2005	2449.97	131.21	433.53	1885.24	1.31	24.60	19.81
2006	3003.10	155.76	488.97	2358.37	1.37	22.58	17.92
2007	3710.24	174.52	492.94	3042.78	1.37	23.55	14.57
2008	4616.02	220.82	575.16	3820.04	1.44	24.41	15.43
2009	5802.11	270.29	730.79	4801.03	1.66	25.70	25.86
2010	7062.58	324.49	893.79	5844.30	1.71	21.72	13.78
2011	8687.01	411.81	1028.39	7246.81	1.78	23.00	13.69
2012	10298.41	498.81	1161.97	8637.63	1.91	18.55	15.83
2013	11846.60	554.95	1269.12	10022.53	1.99	15.03	12.57
2014	13015.63	613.54	1398.53	11003.56	2.02	9.87	8.97
2015	14169.88	716.12	1528.64	11925.13	2.06	8.87	8.77
2016	15676.75	822.89	1610.49	13243.36	2.11	10.63	9.31
2017	17606.13	975.49	1849.21	14781.43	2.13	12.31	8.01

1-6 按执行部门分组的研究与试验发展(R&D)经费内部支出(2017年)
Intramural Expenditure on R&D by Performer(2017)

单位：亿元 (100 million yuan)

项 目	Item	R&D经费内部支出 Total	基础研究 Basic Research	应用研究 Applied Research	试验发展 Experimental Development
全 国	**National Total**	**17606.13**	**975.49**	**1849.21**	**14781.43**
企 业	Enterprises	13660.23	28.94	438.26	13193.02
#规上工业企业	Industrial Enterprises above Designated Size	12012.96	20.20	314.65	11678.11
研究与开发机构	R&D Institutions	2435.70	384.39	699.42	1351.89
高等学校	Higher Education	1265.96	531.12	623.06	111.79
其 他	Others	244.24	31.04	88.48	124.73

1-7 各地区研究与试验发展(R&D)经费内部支出(2017年)
Intramural Expenditure on R&D by Region (2017)

单位：万元　　　　(10 000 yuan)

地 区	Region	R&D经费内部支出 Total	基础研究 Basic Research	应用研究 Applied Research	试验发展 Experimental Development
全 国	**National Total**	**176061295**	**9754893**	**18492095**	**147814307**
东部地区	Eastern Region	118848464	6435902	11611479	100801082
中部地区	Middle Region	28201677	1090689	2742737	24368251
西部地区	Western Region	21966359	1526173	2977123	17463063
东北地区	Northeast Region	7044796	702129	1160755	5181911
北 京	Beijing	15796512	2323632	3616704	9856177
天 津	Tianjin	4587227	336505	689647	3561075
河 北	Hebei	4520312	105087	379702	4035523
山 西	Shanxi	1482347	83269	260841	1138237
内 蒙 古	Inner Mongolia	1323278	37402	104900	1180976
辽 宁	Liaoning	4298825	305773	664538	3328515
吉 林	Jilin	1280073	167986	220508	891579
黑 龙 江	Heilongjiang	1465898	228371	275710	961817
上 海	Shanghai	12052052	925073	1523168	9603811
江 苏	Jiangsu	22600621	676233	1293498	20630890
浙 江	Zhejiang	12663398	310153	503333	11849912
安 徽	Anhui	5649198	370370	459693	4819136
福 建	Fujian	5430888	189079	391759	4850050
江 西	Jiangxi	2558030	89873	137426	2330731
山 东	Shandong	17530070	405322	1001973	16122775
河 南	Henan	5820538	105606	400063	5314870
湖 北	Hubei	7006253	279435	897664	5829155
湖 南	Hunan	5685310	162137	587051	4936122
广 东	Guangdong	23436283	1094211	2155998	20186075
广 西	Guangxi	1421787	173376	193218	1055194
海 南	Hainan	231099	70607	55698	104794
重 庆	Chongqing	3646309	157618	351867	3136824
四 川	Sichuan	6378500	368796	873480	5136224
贵 州	Guizhou	958815	98003	125749	735063
云 南	Yunnan	1577604	162686	194057	1220862
西 藏	Tibet	28648	11493	6589	10566
陕 西	Shaanxi	4609363	248698	841060	3519604
甘 肃	Gansu	884070	134508	142476	607087
青 海	Qinghai	179109	24155	27804	127149
宁 夏	Ningxia	389357	47223	36753	305382
新 疆	Xinjiang	569519	62217	79171	428132

1-8 各地区研究与试验发展(R&D)经费投入强度
The R&D Expenditure Input Intensity by Region

单位：% (%)

地区	Region	2010	2011	2012	2013	2014	2015	2016	2017
全　国	**National Total**	**1.71**	**1.78**	**1.91**	**1.99**	**2.02**	**2.06**	**2.11**	**2.13**
北　京	Beijing	5.82	5.76	5.95	5.98	5.95	6.01	5.96	5.64
天　津	Tianjin	2.49	2.63	2.80	2.96	2.96	3.08	3.00	2.47
河　北	Hebei	0.76	0.82	0.92	0.99	1.06	1.18	1.20	1.26
山　西	Shanxi	0.98	1.01	1.09	1.22	1.19	1.04	1.03	0.99
内蒙古	Inner Mongolia	0.55	0.59	0.64	0.69	0.69	0.76	0.79	0.82
辽　宁	Liaoning	1.56	1.64	1.57	1.64	1.52	1.27	1.69	1.80
吉　林	Jilin	0.87	0.84	0.92	0.92	0.95	1.01	0.94	0.84
黑龙江	Heilongjiang	1.19	1.02	1.07	1.14	1.07	1.05	0.99	0.90
上　海	Shanghai	2.81	3.11	3.37	3.56	3.66	3.73	3.82	4.00
江　苏	Jiangsu	2.07	2.17	2.38	2.49	2.54	2.57	2.66	2.63
浙　江	Zhejiang	1.78	1.85	2.08	2.16	2.26	2.36	2.43	2.45
安　徽	Anhui	1.32	1.40	1.64	1.83	1.89	1.96	1.97	2.05
福　建	Fujian	1.16	1.26	1.38	1.44	1.48	1.51	1.59	1.68
江　西	Jiangxi	0.92	0.83	0.88	0.94	0.97	1.04	1.13	1.23
山　东	Shandong	1.72	1.86	2.04	2.13	2.19	2.27	2.34	2.41
河　南	Henan	0.91	0.98	1.05	1.10	1.14	1.18	1.23	1.29
湖　北	Hubei	1.65	1.65	1.73	1.80	1.87	1.90	1.86	1.92
湖　南	Hunan	1.16	1.19	1.30	1.33	1.36	1.43	1.50	1.64
广　东	Guangdong	1.76	1.96	2.17	2.31	2.37	2.47	2.56	2.61
广　西	Guangxi	0.66	0.69	0.75	0.75	0.71	0.63	0.65	0.70
海　南	Hainan	0.34	0.41	0.48	0.47	0.48	0.46	0.54	0.52
重　庆	Chongqing	1.27	1.28	1.40	1.38	1.42	1.57	1.72	1.87
四　川	Sichuan	1.54	1.40	1.47	1.52	1.57	1.67	1.72	1.72
贵　州	Guizhou	0.65	0.64	0.61	0.58	0.60	0.59	0.63	0.71
云　南	Yunnan	0.61	0.63	0.67	0.67	0.67	0.80	0.89	0.95
西　藏	Tibet	0.29	0.19	0.25	0.28	0.26	0.30	0.19	0.22
陕　西	Shaanxi	2.15	1.99	1.99	2.12	2.07	2.18	2.19	2.10
甘　肃	Gansu	1.02	0.97	1.07	1.06	1.12	1.22	1.22	1.15
青　海	Qinghai	0.74	0.75	0.69	0.65	0.62	0.48	0.54	0.68
宁　夏	Ningxia	0.68	0.73	0.78	0.81	0.87	0.88	0.95	1.13
新　疆	Xinjiang	0.49	0.50	0.53	0.54	0.53	0.56	0.59	0.52

1-9 按执行部门分组的研究与试验发展(R&D)经费内部支出
Intramural Expenditure on R&D by Performer

单位：亿元 (100 million yuan)

年 份 Year	R&D经费内部支出 Total	企 业 Enterprises	#规上工业企业 Industrial Enterprises above Designated Size	#大中型工业企业 Large & Medium-sized Industrial Enterprises	研究与开发机构 R&D Institutions	高等学校 Higher Education	其 他 Others
1995	348.7			141.7	146.4	42.3	
1996	404.5			160.5	172.9	47.8	
1997	509.2			188.3	206.4	57.7	
1998	551.1			197.1	234.3	57.3	
1999	678.9			249.9	260.5	63.5	
2000	895.7	537.0		353.4	258.0	76.7	24.0
2001	1042.5	630.0		442.3	288.5	102.4	21.6
2002	1287.6	787.8		560.2	351.3	130.5	18.0
2003	1539.6	960.2		720.8	399.0	162.3	18.1
2004	1966.3	1314.0	1104.5	954.4	431.7	200.9	19.7
2005	2450.0	1673.8		1250.3	513.1	242.3	20.8
2006	3003.1	2134.5		1630.2	567.3	276.8	24.5
2007	3710.2	2681.9		2112.5	687.9	314.7	25.7
2008	4616.0	3381.7	3073.1	2681.3	811.3	390.2	32.9
2009	5802.1	4248.6	3775.7	3210.2	995.9	468.2	89.4
2010	7062.6	5185.5		4015.4	1186.4	597.3	93.4
2011	8687.0	6579.3	5993.8	5030.7	1306.7	688.9	112.1
2012	10298.4	7842.2	7200.6	5992.3	1548.9	780.6	126.7
2013	11846.6	9075.8	8318.4	6744.1	1781.4	856.7	132.6
2014	13015.6	10060.6	9254.3	7319.7	1926.2	898.1	130.7
2015	14169.9	10881.3	10013.9	7792.4	2136.5	998.6	153.5
2016	15676.7	12144.0	10944.7	8289.5	2260.2	1072.2	200.4
2017	17606.1	13660.2	12013.0	8976.2	2435.7	1266.0	244.2

1-10 按执行部门和支出用途分R&D经费内部支出(2017年)
Intramural Expenditure on R&D by Performer and Use (2017)

单位：亿元 (100 million yuan)

项 目	Item	R&D经费内部支出 Total	日常性支出 Routine Expenses	#人员劳务费 Labor Cost	资产性支出 Assets Expenditure	#仪器和设备 Equipment
全 国	**National Total**	**17606.1**	**15485.9**	**5262.7**	**2120.2**	**1840.1**
企 业	Enterprises	13660.2	12333.3	4374.7	1327.0	1302.0
#规上工业企业	Industrial Enterprises above Designated Size	12013.0	10762.1	3553.3	1250.8	1228.1
研究与开发机构	R&D Institutions	2435.7	1970.7	563.6	465.0	288.6
高等学校	Higher Education	1266.0	1008.8	234.0	257.2	191.7
其 他	Others	244.2	173.1	90.5	71.1	57.8

1-11 各地区按支出用途分研究与试验发展(R&D)经费内部支出(2017年)
Intramural Expenditure on R&D by Region and Use (2017)

单位：万元 (10 000 yuan)

地 区	Region	R&D经费内部支出 Total	日常性支出 Routine Expenses	#人员劳务费 Labor Cost	资产性支出 Assets Expenditure	#仪器和设备 Equipment
全 国	**National Total**	**176061295**	**154859049**	**52627228**	**21202246**	**18400669**
东部地区	Eastern Region	118848464	105568528	38137664	13279936	11628021
中部地区	Middle Region	28201677	24501836	7116575	3699840	3351741
西部地区	Western Region	21966359	18586806	5718281	3379553	2699006
东北地区	Northeast Region	7044796	6201879	1654708	842917	721901
北 京	Beijing	15796512	13857513	5018482	1939000	1496371
天 津	Tianjin	4587227	3975107	1285668	612121	409122
河 北	Hebei	4520312	3980157	1181969	540155	469686
山 西	Shanxi	1482347	1306134	355055	176213	150771
内 蒙 古	Inner Mongolia	1323278	1120151	314098	203127	186816
辽 宁	Liaoning	4298825	3841472	925915	457354	392881
吉 林	Jilin	1280073	1083274	301502	196799	187493
黑 龙 江	Heilongjiang	1465898	1277133	427292	188765	141527
上 海	Shanghai	12052052	10932150	4020099	1119903	827174
江 苏	Jiangsu	22600621	19840834	6449572	2759788	2566725
浙 江	Zhejiang	12663398	11748406	4788879	914992	842756
安 徽	Anhui	5649198	4776337	1614080	872861	780595
福 建	Fujian	5430888	4607741	1805189	823147	718984
江 西	Jiangxi	2558030	2246086	623133	311945	286542
山 东	Shandong	17530070	14993974	3960823	2536096	2437851
河 南	Henan	5820538	4995485	1500860	825053	767011
湖 北	Hubei	7006253	6113632	1609312	892621	795290
湖 南	Hunan	5685310	5064162	1414135	621148	571532
广 东	Guangdong	23436283	21450421	9552488	1985862	1843812
广 西	Guangxi	1421787	1269675	388145	152112	132840
海 南	Hainan	231099	182227	74496	48873	15540
重 庆	Chongqing	3646309	3050672	1060847	595637	510021
四 川	Sichuan	6378500	5546985	1778812	831515	597074
贵 州	Guizhou	958815	762786	232849	196029	166170
云 南	Yunnan	1577604	1344296	416962	233308	195745
西 藏	Tibet	28648	23702	13063	4947	4716
陕 西	Shaanxi	4609363	3766676	1026838	842687	627237
甘 肃	Gansu	884070	731048	209167	153022	123985
青 海	Qinghai	179109	155639	54958	23470	19016
宁 夏	Ningxia	389357	315440	87034	73918	69550
新 疆	Xinjiang	569519	499737	135509	69782	65836

1-12 按资金来源分研究与试验发展(R&D)经费内部支出
Intramural Expenditure on R&D by Sources

单位：亿元 (100 million yuan)

年 份 Year	R&D经费内部支出 Total	政府资金 Government Funds	企业资金 Self-raised Funds by Enterprises	国外资金 Foreign Funds	其他资金 Other Funds
2004	1966.3	523.6	1291.3	25.2	126.2
2005	2450.0	645.4	1642.5	22.7	139.4
2006	3003.1	742.1	2073.7	48.4	138.9
2007	3710.2	913.5	2611.0	50.0	135.8
2008	4616.0	1088.9	3311.5	57.2	158.4
2009	5802.1	1358.3	4162.7	78.1	203.0
2010	7062.6	1696.3	5063.1	92.1	211.0
2011	8687.0	1883.0	6420.6	116.2	267.2
2012	10298.4	2221.4	7625.0	100.4	351.6
2013	11846.6	2500.6	8837.7	105.9	402.5
2014	13015.6	2636.1	9816.5	107.6	455.5
2015	14169.9	3013.2	10588.6	105.2	462.9
2016	15676.7	3140.8	11923.5	103.2	509.2
2017	17606.1	3487.4	13464.9	113.3	540.5

1-13 按执行部门和来源构成分研究与试验发展(R&D)经费内部支出(2017年)
Intramural Expenditure on R&D by Performer and Sources (2017)

单位：亿元 (100 million yuan)

项 目	Item	R&D经费内部支出 Total	政府资金 Government Funds	企业资金 Self-raised Funds by Enterprises	国外资金 Foreign Funds	其他资金 Other Funds
全 国	**National Total**	**17606.1**	**3487.4**	**13464.9**	**113.3**	**540.5**
企 业	Enterprises	13660.2	469.7	12982.4	102.6	105.5
#规上工业企业	Industrial Enterprises above Designated Size	12013.0	410.1	11481.9	35.8	85.2
研究与开发机构	R&D Institutions	2435.7	2025.9	91.9	4.4	313.6
高等学校	Higher Education	1266.0	804.5	360.4	5.9	95.1
其 他	Others	244.2	187.3	30.3	0.4	26.3

1-14 各地区按资金来源分研究与试验发展(R&D)经费内部支出(2017年)
Intramural Expenditure on R&D by Region and Sources(2017)

单位：万元 (10 000 yuan)

地 区	Region	R&D经费内部支出 Total	政府资金 Government Funds	企业资金 Self-raised Funds by Enterprises	国外资金 Foreign Funds	其他资金 Other Funds
全 国	**National Total**	**176061295**	**34874471**	**134649434**	**1132862**	**5404529**
东部地区	Eastern Region	118848464	21446826	92791811	1076680	3533146
中部地区	Middle Region	28201677	4057872	23324591	18808	800405
西部地区	Western Region	21966359	7220019	13784020	21957	940363
东北地区	Northeast Region	7044796	2149753	4749012	15416	130615
北 京	Beijing	15796512	8224113	6196382	490541	885477
天 津	Tianjin	4587227	1043628	3207980	196413	139207
河 北	Hebei	4520312	679937	3746807	1568	92000
山 西	Shanxi	1482347	218363	1224496	561	38928
内蒙古	Inner Mongolia	1323278	179649	1081689	1628	60312
辽 宁	Liaoning	4298825	1126797	3098480	12892	60657
吉 林	Jilin	1280073	480565	773643	2049	23816
黑龙江	Heilongjiang	1465898	542391	876889	475	46142
上 海	Shanghai	12052052	4294526	7198011	171673	387842
江 苏	Jiangsu	22600621	1921579	19715804	70652	892586
浙 江	Zhejiang	12663398	915771	11515517	15553	216558
安 徽	Anhui	5649198	933394	4458500	7693	249611
福 建	Fujian	5430888	612210	4679503	13180	125995
江 西	Jiangxi	2558030	297427	2208766	768	51069
山 东	Shandong	17530070	1219536	15961677	54440	294417
河 南	Henan	5820538	527681	5088790	487	203580
湖 北	Hubei	7006253	1376141	5461980	6357	161775
湖 南	Hunan	5685310	704866	4882061	2942	95442
广 东	Guangdong	23436283	2404041	20475885	62483	493875
广 西	Guangxi	1421787	384486	971908	746	64647
海 南	Hainan	231099	131484	94246	179	5190
重 庆	Chongqing	3646309	507509	2973184	5139	160478
四 川	Sichuan	6378500	2455639	3602613	5505	314742
贵 州	Guizhou	958815	260656	657388	1071	39700
云 南	Yunnan	1577604	422560	1082171	1024	71848
西 藏	Tibet	28648	22358	3963		2328
陕 西	Shaanxi	4609363	2326046	2108775	5641	168900
甘 肃	Gansu	884070	335096	507112	1050	40813
青 海	Qinghai	179109	61876	114981		2252
宁 夏	Ningxia	389357	110512	275800		3044
新 疆	Xinjiang	569519	153633	404436	154	11297

1-15　研究与试验发展(R&D)经费外部支出(2017年)
External Expenditure on R&D (2017)

单位：万元　　(10 000 yuan)

项　目	Item	R&D经费外部支出 Total	对境内研究机构支出 to Domestic Research Institutions	对境内高等学校支出 to Domestic Higher Education	对境内企业支出 to Domestic Enterprises	对境外机构支出 to Foreign Institutions
全　国	**National Total**	**11189961**	**4023505**	**1242634**	**4449895**	**1212182**
按执行部门分	**by Performer**					
企　业	Enterprises	8538185	2868551	786099	3715133	1168402
#规上工业企业	Industrial Enterprises above Designated Size	6984338	2725692	700412	2458234	1100000
研究与开发机构	R&D Institutions	1565058	794416	115471	400033	479
高等学校	Higher Education	929133	333106	328531	219480	42903
其　他	Others	157585	27432	12533	115249	398
按地区分	**by Region**					
东部地区	Eastern Region	7902806	2919338	710808	3172820	970460
中部地区	Middle Region	1342135	543127	238219	475849	68030
西部地区	Western Region	1338009	412318	207306	613281	87812
东北地区	Northeast Region	607011	148723	86302	187945	85879
北　京	Beijing	1705645	754085	159295	657116	42084
天　津	Tianjin	207315	55982	29806	82514	25213
河　北	Hebei	184308	58019	28739	87899	9572
山　西	Shanxi	109716	46528	14529	33065	5240
内蒙古	Inner Mongolia	56636	14059	9198	5410	25871
辽　宁	Liaoning	350289	74390	31375	84365	63568
吉　林	Jilin	124811	32751	19285	58746	14008
黑龙江	Heilongjiang	131911	41581	35642	44835	8304
上　海	Shanghai	956056	109814	59675	453285	331771
江　苏	Jiangsu	855542	248576	126572	337519	130345
浙　江	Zhejiang	1012274	144263	59274	746519	61999
安　徽	Anhui	257322	74423	39400	119839	23174
福　建	Fujian	210063	62874	24116	69777	52476
江　西	Jiangxi	105713	51963	18138	31949	3356
山　东	Shandong	722035	211780	145261	236195	124657
河　南	Henan	146023	63669	34005	42030	6230
湖　北	Hubei	424421	220280	73462	106823	18765
湖　南	Hunan	298940	86265	58685	142143	11267
广　东	Guangdong	2026375	1257695	77539	495908	192056
广　西	Guangxi	81502	21810	9182	44178	6331
海　南	Hainan	23193	16251	533	6087	288
重　庆	Chongqing	183197	29372	24814	119795	9079
四　川	Sichuan	462114	181610	64233	191256	11223
贵　州	Guizhou	49005	17976	7811	22816	392
云　南	Yunnan	61996	14245	12091	32028	3008
西　藏	Tibet	717	523	142	52	
陕　西	Shaanxi	286438	93906	49880	112763	29479
甘　肃	Gansu	34803	13306	13703	7286	292
青　海	Qinghai	12966	2977	1734	7880	375
宁　夏	Ningxia	18903	5231	2896	9805	971
新　疆	Xinjiang	89731	17304	11621	60013	790

1-16 研究与试验发展(R&D)项目情况(2017年)
R&D Projects(2017)

项 目	Item	R&D项目(课题)数(项) R&D Projects (item)	R&D项目(课题)参加人员折合全时当量(人年) Participants (man-year)	R&D项目(课题)经费内部支出(万元) Expenditure (10 000 yuan)
全 国	**National Total**	**1596334**	**3742128**	**163612591**
按执行部门分	**by Performer**			
企 业	Enterprises	488190	2906150	136318869
#规上工业企业	Industrial Enterprises above Designated Size	445029	2551958	119902323
研究与开发机构	R&D Institutions	112472	359411	17207732
高等学校	Higher Education	966780	381984	8769921
其 他	Others	28892	94583	1316069
按地区分	**by Region**			
东部地区	Eastern Region	942188	2478657	111120527
中部地区	Middle Region	266118	629624	26767801
西部地区	Western Region	292829	474179	19609611
东北地区	Northeast Region	95199	159669	6114653
北 京	Beijing	147141	246490	13193644
天 津	Tianjin	43312	93728	4195299
河 北	Hebei	39012	103284	4232729
山 西	Shanxi	16242	45085	1377234
内 蒙 古	Inner Mongolia	12876	29151	1253886
辽 宁	Liaoning	46656	81176	3822463
吉 林	Jilin	27308	36825	1091634
黑 龙 江	Heilongjiang	21235	41668	1200556
上 海	Shanghai	83060	169286	10836820
江 苏	Jiangsu	150951	521790	21866327
浙 江	Zhejiang	147454	384281	12266015
安 徽	Anhui	53878	132716	5272020
福 建	Fujian	57597	132004	5098497
江 西	Jiangxi	31994	56489	2468657
山 东	Shandong	98523	282653	17021616
河 南	Henan	49904	149520	5619865
湖 北	Hubei	63305	125389	6560914
湖 南	Hunan	50795	120426	5469112
广 东	Guangdong	170214	540011	22258945
广 西	Guangxi	29170	33387	1187690
海 南	Hainan	4924	5131	150635
重 庆	Chongqing	40925	73852	3374737
四 川	Sichuan	71815	131361	5777526
贵 州	Guizhou	20453	25777	865479
云 南	Yunnan	25713	43518	1348603
西 藏	Tibet	1313	1032	17166
陕 西	Shaanxi	53842	88918	4071100
甘 肃	Gansu	15954	19733	713751
青 海	Qinghai	2390	4812	150613
宁 夏	Ningxia	6639	9289	334434
新 疆	Xinjiang	11739	13349	514627

1-17 科技进步贡献率
MFP Contribution on Economic Growth

单位：% (%)

项 目	Item	2001-2006	2002-2007	2003-2008	2004-2009	2005-2010	2006-2011	2007-2012	2008-2013	2009-2014	2010-2015	2011-2016	2012-2017
科技进步贡献率	MFP Contribution on Economic Growth	44.3	46.0	48.8	48.4	50.9	51.7	52.2	53.1	54.2	55.3	56.4	57.8

1-18 国家财政科技支出
Government Expenditure for Science and Technology

单位：亿元 (100 million yuan)

年 份 Year	国家公共财政支出 Total Government Budgetary Expenditure (A)	国家财政科技拨款 Appropriation for Science and Technology (B)	中央 Central Government	地方 Local Government	科学技术支出 Expenditure for Science and Technology	其他功能支出中用于科学技术的支出 Others	科技拨款占公共财政支出的比重 % of Total Government Budgetary Expenditure (B/A)
1985	2004.3	102.6					5.12
1986	2204.9	112.6					5.11
1987	2262.2	113.8					5.03
1988	2491.2	121.1					4.86
1989	2823.8	127.9					4.53
1990	3083.6	139.1	97.6	41.6			4.51
1991	3386.6	160.7	115.4	45.3			4.74
1992	3742.2	189.3	133.6	55.7			5.06
1993	4642.3	225.6	167.6	58.0			4.86
1994	5792.6	268.3	199.0	69.3			4.63
1995	6823.7	302.4	215.6	86.8			4.43
1996	7937.6	348.6	242.8	105.8			4.39
1997	9233.6	408.9	273.9	134.0			4.43
1998	10798.2	438.6	289.7	148.9			4.06
1999	13187.7	543.9	355.6	188.3			4.12
2000	15886.5	575.6	349.6	226.0			3.62
2001	18902.6	703.3	444.3	258.9			3.72
2002	22053.2	816.2	511.2	305.0			3.70
2003	24650.0	944.6	609.9	335.6			3.83
2004	28486.9	1095.3	692.4	402.9			3.84
2005	33930.3	1334.9	807.8	527.1			3.93
2006	40422.7	1688.5	1009.7	678.8			4.18
2007	49781.4	2135.7	1044.1	1091.6	1783.0	352.6	4.29
2008	62592.7	2611.0	1287.2	1323.8	2129.2	481.8	4.17
2009	76299.9	3276.8	1653.3	1623.5	2744.5	532.3	4.29
2010	89874.2	4196.7	2052.5	2144.2	3250.2	946.5	4.67
2011	109247.8	4797.0	2343.3	2453.7	3828.0	969.0	4.39
2012	125953.0	5600.1	2613.6	2986.5	4452.6	1147.5	4.45
2013	140212.1	6184.9	2728.5	3456.4	5084.3	1100.6	4.41
2014	151785.6	6454.5	2899.2	3555.4	5314.5	1140.0	4.25
2015	175877.8	7005.8	3012.1	3993.7	5862.6	1143.2	3.98
2016	187755.2	7760.7	3269.3	4491.4	6564.0	1196.7	4.13
2017	203085.5	8383.6	3421.4	4962.1	7267.0	1116.6	4.13

注：1.为规范财政科技支出统计，2013年对财政科学技术支出统计口径重新作了界定，并追溯调整了2007-2011年数据，以保持数据的可比性。
2.本表中财政科学技术支出的统计范围为公共财政支出安排的科技项目。
3.2012年中央国有资本经营支出中安排30亿元用于科学技术项目。

Note: a) To standardize the fiscal expenditure on S&T, we redifine statistical calibre of the fiscal expenditure on S&T and adjust the data of the year from 2007 to 2011 for the comparability of data.
b) In this table,statistical calibre of the fiscal expenditure on S&T is S&T projects of public fiscal expenditure.
c) There are 3000 million yuan used for S&T projects in central state-owned capital operating expenditure.

1-19 公有经济企事业单位专业技术人员
Technical Personnel in State-owned and Collective-owned Enterprises and Institutions

单位：人 (person)

年份 Year	合计 Total	小计 Subtotal	工程技术 Engineering	农业技术 Agriculture	科学研究 Scientific Research	卫生技术 Health Care	教学人员 Teaching	公有企事业单位在岗职工（万人） Staff and Workers in State-owned Enterprises (10 000 persons)	平均每万名职工中专业技术人员 Technical Personnel per 10 000 Employees
1997	28603117	20495006	5719337	611458	302684	3213762	10647765	9723	2942
1998	28773511	20913343	5656735	635929	290537	3254958	11075184	7766	3705
1999	29042988	21430140	5654863	654138	283532	3329706	11507901	7286	3986
2000	28874159	21650807	5551098	670105	274506	3371966	11783132	6820	4234
2001	28477431	21698037	5316327	674644	265554	3390233	12051279	6355	4481
2002	28344158	21860024	5289166	666998	262692	3402326	12238842	5890	4812
2003	27745585	21739699	4992867	683437	275496	3441109	12346790	5575	4977
2004	27504073	21783019	4807869	704576	282002	3532282	12456290	5375	5117
2005	27567260	21978684	4791227	705720	311166	3581181	12589390	5161	5341
2006	27739287	22298171	4893672	701930	326728	3612091	12763750	5085	5455
2007	28014657	22545110	5017747	701481	349208	3640554	12836120	5044	5554
2008	28635696	23098880	5176798	715774	368655	3888273	12949380	5006	5720
2009	28879635	23211769	5310622	714720	388150	3929037	12869240	5508	5244
2010	28157323	22697107	5415126	688651	339676	3840124	12413530	5525	5096
2011	29186650	23569312	5715561	714489	403853	4107373	12628036	5707	5114
2012	29774237	23874234	5950025	711841	416231	4144889	12651248	5764	5166
2013	30259517	24389488	6140240	733474	432018	4276401	12807355	5257	5756
2014	30611006	24675742	6341035	729434	438853	4294558	12871862	5145	5950
2015	30878358	24887415	6448210	722205	451096	4369822	12896082	4960	6226
2016	30940421	24926488	6494484	720627	462200	4372053	12877124	4860	6366
2017	31485239	20870218	3090817	679388	170035	4146937	12783041	4664	6751

注：2008年及以前年份统计口径为“国有企事业单位”，不包含集体企事业单位情况。

Note: The statistics range before 2008 contain only state-owned enterprises and institutions and does not contain collective-owned enterprises and institutions.

1-20 公有经济企事业单位分行业专业技术人员(2017年)
Technical Personnel in State-owned and Collective-owned Enterprises and Institutions by Industrial Sector (2017)

单位：万人 (10 000 persons)

行 业	Industry	合 计 Total	企 业 Enterprise	事 业 Institution
总 计	**Total**	**3148.5**	**1035.7**	**2112.8**
农林牧渔业	Farming, Forestry, Animal Husbandry and Fishery	103.3	18.1	85.1
采矿业	Mining	91.4	90.9	0.5
制造业	Manufacturing	179.4	179.3	0.2
电力、煤气及水的生产和供应业	Production and Distribution of Electricity,Gas and Water	78.8	77.4	1.5
建筑业	Construction	146.0	137.9	8.0
批发和零售业	Wholesale and Retail Trade	34.3	34.0	0.3
交通运输、仓储和邮政业	Traffic,Transport, Storage and Post	103.1	80.7	22.4
住宿和餐饮业	Information Transfer,Software and Information	3.1	2.8	0.3
信息传输、软件和信息技术服务业	Information Transfer,Software and Information Technology Services	263.5	258.2	5.3
金融业	Finance	17.4	14.5	2.8
房地产业	Real Estate	7.4	6.1	1.4
租赁和商务服务业	Tenancy and Business Services	112.6	36.6	76.0
科学研究和技术服务业	Scientific Research, Technical Service	48.5	7.2	41.3
水利、环境和公共设施管理业	Management of Water Conservancy, Environment	10.5	5.0	5.5
居民服务、修理和其他服务业	Resident Services and Other Services	1334.8	2.2	1332.6
教育	Education	421.0	7.0	414.0
卫生和社会工作	Sanitation and Social Works	62.9	11.5	51.3
文化、体育和娱乐业	Culture, Sports and Entertainment	63.0	1.4	61.7
公共管理、社会保障和社会组织	Public Management and Social Organization			
国际组织	International Organizations	67.5	65.0	2.5

1-21 各地区公有经济企事业单位专业技术人员(2017年)
Technical Personnel in State-owned and Collective-owned Enterprises and Institutions by Region (2017)

单位：人 (person)

地区	Region	合计 Total	小计 Subtotal					
				工程技术 Engineering	农业技术 Agriculture	科学研究 Scientific Research	卫生技术 Health Care	教学人员 Teaching
全国	**National Total**	**31485239**	**20870218**	**3090817**	**679388**	**170035**	**4146937**	**12783041**
东部地区	Eastern Region	9224476	7904907	1293588	164305	80166	1714778	4652070
中部地区	Middle Region	5636127	5078713	667771	134565	24494	971346	3280537
西部地区	Western Region	6802074	6145071	857278	283913	43932	1107268	3852680
东北地区	Northeast Region	1975594	1741527	272180	96605	21443	353545	997754
北京	Beijing	548938	423939	130987	4088	10126	100163	178575
天津	Tianjin	306579	259727	63688	2877	4670	60168	128324
河北	Hebei	1179365	1059455	134027	26628	4378	189917	704505
山西	Shanxi	899105	752796	192731	22509	4716	123226	409614
内蒙古	Inner Mongolia	540579	482269	63719	24095	3686	92093	298676
辽宁	Liaoning	738362	657810	94147	22288	6016	141133	394226
吉林	Jilin	533911	463984	67047	31479	7050	89560	268848
黑龙江	Heilongjiang	703321	619733	110986	42838	8377	122852	334680
上海	Shanghai	713278	449390	158443	3915	8631	103854	174547
江苏	Jiangsu	1193427	1069078	117786	25974	10379	237543	677396
浙江	Zhejiang	1047049	905545	128813	16175	6834	263594	490129
安徽	Anhui	831882	752546	98961	20818	3526	134039	495202
福建	Fujian	702224	607864	89515	12950	8565	116238	380596
江西	Jiangxi	742119	674130	79024	16410	3544	125981	449171
山东	Shandong	1836466	1598159	291325	54281	14963	311200	926390
河南	Henan	1398599	1296951	124367	30726	5178	215167	921513
湖北	Hubei	788789	725134	73878	14985	3034	176097	457140
湖南	Hunan	975633	877156	98810	29117	4496	196836	547897
广东	Guangdong	1551010	1397444	169994	13161	10992	306208	897089
广西	Guangxi	762819	700770	98226	16925	3923	129066	452630
海南	Hainan	146140	134306	9010	4256	628	25893	94519
重庆	Chongqing	486519	433258	60300	14224	2493	80240	276001
四川	Sichuan	1172989	1082018	127043	46356	10304	214339	683976
贵州	Guizhou	712168	644653	74820	25613	3337	108448	432435
云南	Yunnan	852807	784141	129919	39957	6020	119767	488478
西藏	Tibet	88757	73642	4553	8822	648	12632	46987
陕西	Shaanxi	796756	686038	135734	32364	4377	119215	394348
甘肃	Gansu	580675	522842	72744	30812	2862	85203	331221
青海	Qinghai	135265	122754	25814	8553	809	27890	59688
宁夏	Ningxia	135475	119246	15485	8572	1266	22693	71230
新疆	Xinjiang	537265	493440	48921	27620	4207	95682	317010

注：全国数据包含中央属及地方属单位的专业技术人员，分地区数据只含地方属单位。

Note: The national data indude the professional technical personnel belonging to the central government and local units,and the regional data contain only local units.

1-22 分学科研究生情况（2017年）
Number of Postgraduate Students by Field of Study (2017)

单位：人 (person)

项 目	Item	毕业生数 Graduates	博士 Doctor's Degree	硕士 Master's Degree	招生数 Entrants	博士 Doctor's Degree	硕士 Master's Degree	在校学生数 Enrolment	博士 Doctor's Degree	硕士 Master's Degree
分学科研究生数（总计）	**Total**	**578045**	**58032**	**520013**	**806103**	**83878**	**722225**	**2639561**	**361997**	**2277564**
#女	Female	299813	22802	277011	423629	35073	388556	1278134	142173	1135961
#学术型学位	Academic Degree	340479	55823	284656	401299	81178	320121	1289020	352437	936583
#专业学位	Professional Degree	237566	2209	235357	404804	2700	402104	1350541	9560	1340981
哲 学	Philosophy	3984	692	3292	4352	914	3438	14673	4319	10354
经济学	Economics	27788	2152	25636	34732	2980	31752	89247	14073	75174
法 学	Law	40753	2839	37914	51056	4098	46958	153293	18702	134591
教育学	Education	33932	1028	32904	55115	1585	53530	180208	6880	173328
文 学	Literature	31644	1940	29704	35776	2681	33095	99795	12075	87720
历史学	History	5357	731	4626	6142	1092	5050	19846	5068	14778
理 学	Science	53133	12208	40925	70081	17481	52600	216224	68121	148103
工 学	Engineering	198548	20492	178056	282095	32470	249625	1056897	150009	906888
农 学	Agriculture	20770	2654	18116	34317	3747	30570	120119	15197	104922
医 学	Medicine	66869	9567	57302	86539	11348	75191	253719	38700	215019
军事学	Military Science	203	31	172	92	12	80	536	144	392
管理学	Administrators	76147	3140	73007	120894	4669	116225	362568	25681	336887
艺术学	Art	18917	558	18359	24912	801	24111	72436	3028	69408
分学科研究生数（普通高校）	**Regular HEIs**	**570296**	**56451**	**513845**	**795938**	**81898**	**714040**	**2608029**	**353922**	**2254107**
#女	Female	296689	22209	274480	418914	34289	384625	1264730	139363	1125367
#学术型学位	Academic Degree	334382	54242	280140	394151	79203	314948	1265876	344372	921504
#专业学位	Professional Degree	235914	2209	233705	401787	2695	399092	1342153	9550	1332603
哲 学	Philosophy	3836	641	3195	4195	856	3339	14136	4102	10034
经济学	Economics	27079	1959	25120	33849	2731	31118	86662	13011	73651
法 学	Law	39818	2648	37170	49760	3827	45933	149602	17748	131854
教育学	Education	33932	1028	32904	55115	1585	53530	180208	6880	173328
文 学	Literature	31552	1899	29653	35613	2617	32996	99321	11884	87437
历史学	History	5219	700	4519	5986	1057	4929	19412	4934	14478
理 学	Science	52592	12052	40540	69335	17242	52093	213763	67158	146605
工 学	Engineering	195922	20057	175865	279167	31958	247209	1047357	147414	899943
农 学	Agriculture	19919	2432	17487	33133	3512	29621	116061	14355	101706
医 学	Medicine	66213	9437	56776	85786	11191	74595	251428	38220	213208
军事学	Military Science	199	31	168	91	12	79	534	144	390
管理学	Administrators	75293	3071	72222	119271	4567	114704	357905	25241	332664
艺术学	Art	18722	496	18226	24637	743	23894	71640	2831	68809
分学科研究生数（科研机构）	**Research Institutions**	**7749**	**1581**	**6168**	**10165**	**1980**	**8185**	**31532**	**8075**	**23457**
#女	Female	3124	593	2531	4715	784	3931	13404	2810	10594
#学术型学位	Academic Degree	6097	1581	4516	7148	1975	5173	23144	8065	15079
#专业学位	Professional Degree	1652		1652	3017	5	3012	8388	10	8378
哲 学	Philosophy	148	51	97	157	58	99	537	217	320
经济学	Economics	709	193	516	883	249	634	2585	1062	1523
法 学	Law	935	191	744	1296	271	1025	3691	954	2737
教育学	Education									
文 学	Literature	92	41	51	163	64	99	474	191	283
历史学	History	138	31	107	156	35	121	434	134	300
理 学	Science	541	156	385	746	239	507	2461	963	1498
工 学	Engineering	2626	435	2191	2928	512	2416	9540	2595	6945
农 学	Agriculture	851	222	629	1184	235	949	4058	842	3216
医 学	Medicine	656	130	526	753	157	596	2291	480	1811
军事学	Military Science	4		4	1		1	2		2
管理学	Administrators	854	69	785	1623	102	1521	4663	440	4223
艺术学	Art	195	62	133	275	58	217	796	197	599

1-23 普通本科分学科学生数（2017年）
Number of Students Regular Enrolled in Full Undergraduate Course by Field of Study (2017)

单位：人 (person)

项　目	Item	毕业生数 Graduates	招生数 Entrants	在校学生数 Enrolment
总　计	**Total**	**3841839**	**4107534**	**16486320**
#女	Female	2082178	2348669	8859530
#师范	Teacher Training	389612	375089	1544676
哲　学	Philosophy	2108	2723	9666
经济学	Economics	230543	237130	961507
法　学	Law	139048	143055	570397
教育学	Education	141863	165142	629323
文　学	Literature	370471	395437	1535997
#外语	Foreign Languages	199428	212611	814442
历史学	History	18283	19073	74618
理　学	Science	257768	287868	1103623
工　学	Engineering	1247808	1402970	5511445
农　学	Agriculture	66641	73352	283963
医　学	Medicine	261636	274537	1243628
管理学	Administrators	741061	705786	2989829
艺术学	Art	364609	400461	1572324

1-24 普通专科分学科学生数（2017年）
Number of Students Regular Enrolled in Specialized Courses by Field of Study (2017)

单位：人 (person)

项　目	Item	毕业生数 Graduates	招生数 Entrants	在校学生数 Enrolment
总　计	**Total**	**3516448**	**3507359**	**11049549**
#女	Female	1839703	1957450	5608978
#师范	Teacher Training	228521	207971	715186
农林牧渔大类	Agriculture,Forestry,Husbandry and Fishing	56420	60570	185336
资源环境与安全大类	Resources Environment and Safety	55942	43218	137756
能源动力与材料大类	Energy Power and Material	41181	37081	119951
土木建筑大类	Civil Engineering and Architecture	385930	266671	900876
水利大类	Water Resources	14309	13162	42722
装备制造大类	Equipment Manufacturing	423730	382379	1286520
生物与化工大类	Biology and Chemical Engineering	41968	28506	103623
轻工纺织大类	Light Idustry and Textile	17430	17555	52366
食品药品与粮食大类	Food,Medicine and Grain	54742	59024	181599
交通运输大类	Transportation and Communication	173918	233493	661988
电子信息大类	Electronic Information	310889	457623	1258349
医药卫生大类	Medical and Health	419970	450382	1402666
财经商贸大类	Finance,Economics and Business	775258	687966	2306098
旅游大类	Tourism	106866	116039	350421
文化艺术大类	Culture and Arts	170093	164077	519790
新闻传播大类	Journalism and Communication	27321	31050	92263
教育与体育大类	Education and Sport	361951	375891	1203727
公安与司法大类	Public Security and Justice	46750	46390	142112
公共管理与服务大类	Public Administration and Service	31780	36282	101386

1-25 中国科学院院士和中国工程院院士
Academicians of China Academy of Sciences and Academicians of China Academy of Engineering

单位：人 (person)

项 目	Item	2004	2005	2006	2007	2008	2009	2010	2011	2012	2013	2014	2015	2016	2017
中国科学院院士合计①	**Academicians of China Academy of Sciences**	**672**	**706**	**692**	**709**	**692**	**714**	**694**	**727**	**710**	**750**	**730**	**777**	**753**	**800**
数学物理学部	Division of Mathematics and Physics	126	130	130	135	134	137	133	139	136	143	139	148	144	154
化学部	Division of Chemistry	119	125	121	124	120	125	121	126	123	128	125	131	124	128
生命科学和医学学部	Division of Life Sciences and Medical Sciences	117	126	123	129	124	126	120	128	124	132	131	143	140	150
地学部	Division of Earth Sciences	113	119	117	117	113	116	112	119	116	124	122	127	124	132
信息技术科学部	Division of Information Technological Sciences	76	81	79	80	79	83	82	83	82	88	85	90	88	95
技术科学部	Division of Technological Sciences	121	125	122	124	122	127	126	132	129	135	128	138	133	141
中国工程院院士合计	**Academicians of China Academy of Engineering**	**655**	**701**	**694**	**718**	**711**	**749**	**736**	**766**	**763**	**802**	**786**	**836**	**822**	**869**
机械与运载工程学部	Division of Mechanical and Vehicle Engineering	96	104	102	105	103	106	105	110	110	117	115	121	119	124
信息与电子工程学部	Division of Information and Electronic Engineering	104	107	106	105	105	108	106	110	109	114	113	120	118	125
化工、冶金与材料工程学部	Division of Chemical, Metallurgic and Material	88	93	92	94	92	95	93	98	98	101	98	104	103	109
能源与矿业工程学部	Division of Energy and Mining Engineering	88	95	94	95	95	100	98	102	102	107	105	113	112	118
土木、水利与建筑工程学部	Division of Civil , Hydraulic and Architecture Engineering	86	93	93	97	96	100	98	101	101	105	103	108	104	108
环境与轻纺工程学部②	Division of Environment, Light and Textile Industries Engineering	91	97	95	37	36	42	41	43	43	47	46	51	51	55
农业学部	Division of Agriculture				64	64	70	70	71	71	74	72	75	71	77
医药与卫生学部	Division of Medical and Health	94	101	101	107	107	112	109	112	110	115	112	116	116	120
工程管理学部③	Division of Engineering Management	36	39	39	41	41	44	44	46	46	48	49	55	54	33

注：① 2006年中国科学院另有53位外籍院士。
② 2007年以前数据包括农业学部。
③ 2013年和2016年工程管理学部中有26人是跨学部院士；2011年、2012年、2014年和2015年工程管理学部中有27人是跨学部院士。

Note: ① There were 53 foreign academicians of Chinese Academy of Sciences in 2006.
② Data befor 2007 included Pivision of Agriculture.
③ In 2013 and 2016, there are 26 academicians in Division of Engineering Management were interdisciplinary academicians. In 2011,2012,2014 and 2015,there are 27 academicians in Divicion of Enginerring Management were interdisciplinary academicians.

1-26 中国科学院全体院士名单

一、数学物理学部(154人)

于敏	王小云（女）	王诗宬	文兰	艾国祥	白以龙	朱邦芬	孙义燧	杜江峰	李家春
于渌	王广厚	王贻芳	方成	石钟慈	邝宇平	朱诗尧	孙昌璞	李大潜	李惕碚
万哲先	王元	王恩哥	方守贤	龙以明	冯端	向涛	孙鑫	李方华（女）	李德平
马志明	王世绩	王梓坤	方复全	叶叔华（女）	邢定钰	江松	严加安	李邦河	李儒新
马余刚	王业宁（女）	王绶琯	邓小刚	叶朝辉	曲钦岳	汤定元	苏定强	李安民	杨乐
王乃彦	王迅	王鼎盛	甘子钊	田刚	吕敏	汤涛	苏肇冰	李家明	杨应昌
杨国桢	何祚庥	沈学础	张恭庆	张殿琳	陈式刚	陈难先	欧阳颀	周恒	赵政国
杨振宁	邹广田	张仁和	张焕乔	张肇西	陈志明	陈彪	罗民兴	周毓麟	郝柏林
杨福家	闵乃本	张平文	张淑仪（女）	陈十一	陈和生	武向平	罗俊	郑厚植	胡仁宇
励建书	汪承灏	张伟平	张涵信	陈木法	陈佳洱	范海福	周又元	郑晓静（女）	胡和生（女）
吴岳良	汪景琇	张杰	张维岩	陈仙辉	陈建生	林群	周光召	赵光达	姜伯驹
何国威	沈文庆	张宗烨（女）	张裕恒	陈永川	陈恕行	欧阳钟灿	周向宇	赵忠贤	洪家兴
洪朝生	徐红星	唐孝威	章综	童秉纲	潘建伟	郭柏灵	鄂维南	景益鹏	蔡荣根
贺贤土	徐叙瑢	陶瑞宝	彭实戈	谢心澄	霍裕平	席南华	崔向群（女）	程开甲	熊大闰
袁亚湘	高鸿钧	龚昌德	葛墨林	詹文龙	戴元本	夏道行	解思深	魏宝文	徐至展
莫毅明	郭尚平	龚新高	韩占文						

二、化学部(128人)

丁奎岭	王夔	田昭武	朱清时	刘忠范	孙世刚	李灿	杨学明	何鸣元	沈家骢
于吉红（女）	支志明	白春礼	朱道本	江龙	麦松威	李洪钟	吴云东	佟振合	宋礼成
万立骏	方维海	包信和	任詠华（女）	江明	严纯华	李静海	吴奇	余国琮	张玉奎
万惠霖	计亮年	冯小明	刘元方	江桂斌	李玉良	杨万泰	吴养洁	汪尔康	张东辉
王方定	田中群	冯守华	刘云圻	江雷	李永舫	杨玉良	吴新涛	沙国河	张礼和
王佛松	田禾	朱起鹤	刘若庄	安立佳	李亚栋	杨秀荣（女）	何国钟	沈之荃（女）	张存浩
张希	陆熙炎	陈洪渊	岳建民	赵东元	侯建国	袁权	高松	唐勇	麻生明
张俐娜（女）	陈小明	陈家镛	周同惠	赵宇亮	俞汝勤	袁承业	郭子建	涂永强	梁敬魁
张洪杰	陈庆云	陈新滋	周其凤	赵进才	洪茂椿	柴之芳	郭景坤	黄乃正	彭孝军
张涛	陈军	陈懿	周其林	胡英	费维扬	钱逸泰	席振峰	黄本立	韩布兴
张乾二	陈凯先	林国强	郑兰荪	查全性	姚守拙	倪嘉缵	唐本忠	黄春辉（女）	程津培
张锁江	陈俊武	卓仁禧	赵玉芬（女）	段雪	姚建年	徐如人	唐有祺	曹镛	程镕时
谢在库	颜德岳	谢毓元	谭蔚泓	谢作伟	戴立信	谢毅（女）	黎乐民		

三、生命科学和医学学部(150人)

王大成	王福生	孔祥复	印象初	庄巧生	孙大业	李季伦	杨雄里	沈允钢	张永莲（女）
王文采	毛江森	邓子新	匡廷云（女）	刘以训	孙汉董	李振声	杨福愉	沈自尹	张亚平
王正敏	卞修武	石元春	朱玉贤	刘允怡	孙曼霁	李家洋	吴孟超	沈岩	张旭
王志珍（女）	方荣祥	卢永根	朱兆良	刘新垣	孙儒泳	李朝义	吴祖泽	沈善炯	张启发
王志新	方精云	叶玉如（女）	朱作言	刘耀光	苏国辉	李蓬（女）	吴常信	宋微波	张明杰
王恩多（女）	尹文英（女）	田波	庄文颖（女）	许智宏	李林	杨焕明	汪忠镐	张友尚	张学敏
张春霆	陈化兰（女）	陈宜张	邵峰	金力	郑儒永（女）	种康	施蕴渝（女）	桂建芳	唐守正
张新时	陈文新（女）	陈宜瑜	武维华	金国章	孟安明	段树民	洪国藩	顾东风	唐崇惕（女）
陆士新	陈可冀	陈晓亚	林其谁	周俊	赵玉沛	侯凡凡（女）	洪德元	徐国良	黄荷凤（女）
陆林	陈孝平	陈晔光	林鸿宣	周琪	赵进东	饶子和	姚开泰	徐涛	黄路生
陈义汉	陈国强	陈润生	尚永丰	郑光美	赵国屏	施一公	贺林	高福	曹文宣
陈子元	陈竺	陈霖	季维智	郑守仪（女）	赵继宗	施教耐	贺福初	郭爱克	曹晓风（女）
戚正武	隋森芳	韩家淮	曾毅	翟中和	阎锡蕴（女）	蒋华良	舒红兵	强伯勤	魏于全
常文瑞	葛均波	韩斌	谢华安	樊嘉	梁栋材	韩启德	童坦君	赫捷	魏江春
康乐	蒋有绪	程和平	谢联辉	鞠躬	梁智仁	韩济生	曾益新	裴钢	魏辅文

四、地学部(132人)

丁仲礼	王　水	文圣常	叶嘉安	任纪舜	安芷生	李吉均	杨元喜	吴国雄	汪集旸
丁　林	王成善	丑纪范	冯士筰	刘丛强	许志琴（女）	李廷栋	杨文采	吴新智	沈其韩
丁国瑜	王会军	邓起东	戎嘉余	刘光鼎	许厚泽	李崇银	杨经绥	吴福元	沈树忠
万卫星	王铁冠	石广玉	吕达仁	刘昌明	孙　枢	李德仁	杨树锋	邱占祥	张人禾
马宗晋	王　颖（女）	石耀霖	朱日祥	刘宝珺	孙鸿烈	李德生	肖序常	邹才能	张宏福
马　瑾（女）	王德滋	叶大年	伍荣生	刘嘉麒	苏纪兰	李曙光	吴立新	汪品先	张国伟
张弥曼（女）	陈　旭	邵明安	周成虎	郑　度	钟大赉	莫宣学	高　俊	黄荣辉	彭平安
张　经	陈运泰	林学钰（女）	周志炎	赵其国	侯增谦	贾承造	高　锐	龚健雅	程国栋
张培震	陈俊勇	欧阳自远	周秀骥	赵柏林	姚振兴	夏　军	郭正堂	常印佛	傅伯杰
陆大道	陈晓非	金之钧	周忠和	赵鹏大	姚檀栋	徐义刚	郭华东	崔　鹏	焦念志
陈大可	陈　骏	金振民	於崇文	郝　芳	秦大河	徐冠华	涂传诒	符淙斌	舒德干
陈发虎	陈　颙	周卫健（女）	郑永飞	胡敦欣	袁道先	殷鸿福	陶　澍	巢纪平	童庆禧
曾庆存	潘永信	窦贤康	穆　穆	翟裕生	戴金星	翟明国	戴民汉	滕吉文	魏奉思
曾融生	薛禹群								

五、信息技术科学部(95人)

干福熹	王阳元	王　巍	朱中梁	许宁生	杨学军	吴德馨（女）	张景中	陈定昌	林惠民
王之江	王启明	毛军发	刘永坦	李　未	杨德仁	何积丰	张嗣瀛	陈星旦	林尊琪
王占国	王育竹	尹　浩	刘国治	李启虎	吴一戎	沈绪榜	陆元九	陈星弼	金亚秋
王立军	王建宇	包为民	刘　明（女）	李树深	吴宏鑫	怀进鹏	陆汝钤	陈俊亮	周兴铭
王永良	王家骐	匡定波	刘颂豪	李衍达	吴培亨	宋　健	陆建华	陈桂林	周志鑫
王　圩	王　越	吕　建	刘盛纲	杨芙清（女）	吴朝晖	张　钹	陈国良	陈翰馥	周炳琨
周巢尘	郝　跃	姚期智	郭　雷	梅　宏	褚君浩	郑建华	侯朝焕	顾　瑛（女）	黄宏嘉
郑有炓	保　铮	秦国刚	黄民强	龚旗煌	管晓宏	郑耀宗	姜　杰（女）	徐宗本	黄　维
郑志明	侯　洵	夏建白	黄如（女）	彭堃墀	谭铁牛	房建成	姚建铨	郭光灿	黄　琳
董韫美	薛永祺	雷啸霖	戴汝为	简水生					

六、技术科学部(141人)

丁　汉	王希季	方岱宁	田永君	朱森元	刘竹生	孙　钧	李述汤	杨孟飞	邱　勇
于起峰	王补宣	卢　柯	邢球痕	朱　静（女）	刘昌胜	孙家栋	李依依（女）	杨　槱	何雅玲（女）
王大中	王崇愚	卢　强	过增元	伍小平（女）	刘宝镛	芮筱亭	李济生	吴良镛	何满潮
王立鼎	王淀佐	叶恒强	成会明	任露泉	刘维民	严陆光	杨　卫	吴承康	余梦伦
王光谦	王锡凡	叶培建	朱位秋	庄逢辰	齐　康	李　天	杨　伟	吴硕贤	邹世昌
王自强	王　曦	申长雨	朱　荻	刘广均	闫楚良	李应红	杨叔子	邱大洪	邹志刚
闵桂荣	宋振骐	张清杰	范守善	周尧和	郑哲敏	柳百新	姜中宏	顾诵芬	高德利
汪卫华	宋家树	张楚汉	林　皋	周　远	赵淳生	钟万勰	宣益民	顾逸东	郭万林
汪　耕	张兴钤	陈云敏	欧阳予	周孝信	胡文瑞	段文晖	祝世宁	倪晋仁	郭烈锦
沈志云	张佑启	陈创天	欧阳明高	周国治	胡聿贤	俞大鹏	姚　熹	徐性初	唐叔贤
沈保根	张　泽	陈祖煜	金红光	郑　平	胡海岩	俞鸿儒	都有为	徐建中	陶文铨
宋玉泉	张统一	陈维江	金展鹏	郑时龄	南策文	闻邦椿	顾秉林	高镇同	黄克智
曹春晓	韩祯祥	蔡其巩	薛其坤	常　青	程耿东	翟婉明	魏悦广	葛昌纯	赖远明
曹楚南	程时杰	雒建斌	魏炳波	彭一刚	温诗铸	熊有伦	滕锦光	韩杰才	路甬祥
潘际銮									

注：名单截止到2017年12月31日。
Note: List at December 31th, 2017.

1-27　中国工程院全体院士名单

一、机械与运载工程学部(124人)

陈学东　邓宗全　丁荣军　董春鹏　杜善义　樊会涛　冯培德　冯煜芳　甘晓华　高金吉
关杰　郭东明　何琳　侯晓　黄庆学　黄先祥　蒋庄德　金东寒　李椿萱　李德群
李骏　李魁武　李培根　李钊　林忠钦　刘人怀　刘怡昕　刘永才　卢秉恒　路甬祥
马伟明　邱志明　孙聪　孙逢春　谭建荣　唐长红　田红旗(女)　王华明　王玉明　王振国
吴光辉　吴有生　夏长亮　杨德森　杨凤田　杨华勇　杨绍卿　尹泽勇　尤政　张军
张彦仲　赵煦　钟志华　周济　周志成　朱能鸿　朱英富

资深院士:

陈懋章　陈一坚　陈予恕　丁衡高　段正澄　朵英贤　范本尧　顾国彪　顾诵芬　关桥
郭重庆　郭孔辉　胡正寰　黄崇祺　黄瑞松　黄文虎　黄旭华　乐嘉陵　李鹤林　李鸿志
李明　梁晋才　林尚扬　林宗虎　柳百成　刘大响　刘友梅　龙乐豪　陆元九　孟执中
闵桂荣　潘健生　潘镜芙　戚发轫　钱清泉　饶芳权　阮雪榆　沈闻孙　沈志云　苏哲子
孙敬良　唐任远　涂铭旌　王浚　汪顺亭　王兴治　王永志　汪槱生　王哲荣　温俊峰
谢友柏　徐滨士　徐德民　徐芑南　徐志磊　杨士莪　于本水　臧克茂　曾广商　张福泽
张贵田　张金麟　张立同(女)　钟掘(女)　钟群鹏　周勤之　朱英浩

二、信息与电子工程学部(125人)

柴天佑　陈纯　陈杰　陈鲸　陈良惠　陈志杰　陈左宁(女)　戴浩　戴琼海　邓中翰
丁文华　段宝岩　樊邦奎　范滇元　方滨兴　方家熊　费爱国　封锡盛　高文　龚惠兴
桂卫华　何新贵　何友　姜会林　李伯虎　李德仁　李德毅　李国杰　李天初　李同保
廖湘科　刘玠　刘永坚　刘韵洁　刘泽金　陆军　卢锡城　吕跃广　倪光南　宁滨
潘云鹤　沈昌祥　孙家广　孙优贤　谭久彬　王恩东　王沙飞　王天然　王小谟　韦钰(女)
吴澄　邬贺铨　邬江兴　吴建平　吴曼青　吴伟仁　吾守尔·斯拉木　徐扬生　许祖彦　杨小牛
叶尚福　于全　余少华　张广军　张尧学　张钟华　赵沁平　郑南宁　庄松林

资深院士:

贲德　蔡鹤皋　蔡吉人　陈敬熊　陈俊亮　高洁　宫先仪　龚知本　郭桂蓉　何德全
胡光镇　胡启恒(女)　黄培康　姜景山　姜文汉　金国藩　金怡濂　李乐民　李三立　李幼平
梁骏吾　林祥棣　林永年　凌永顺　刘尚合　刘永坦　陆建勋　马远良　毛二可　潘君骅
宋健　苏君红　孙玉　孙忠良　汪成为　王任享　王越　王子才　魏正耀　魏子卿
许居衍　杨士中　姚骏恩　叶铭汉　叶声华　张光义　张履谦　张明高　张锡祥　赵伊君
赵梓森　钟山　周立伟　周寿桓　周仲义　朱高峰

三、化工、冶金与材料工程学部(109人)

才鸿年　曹湘洪　陈芬儿　陈建峰　陈立泉　陈祥宝　戴厚良　丁文江　付贤智　干勇
高从堦　何季麟　胡永康　黄伯云　黄小卫(女)　蹇锡高　姜德生　李冠兴　李卫　李言荣
李元元　李仲平　刘炯天　刘中民　毛新平　聂祚仁　欧阳平凯　潘复生　彭金辉　钱锋
钱旭红　邱定蕃　邱冠周　桑凤亭　舒兴田　孙传尧　谭天伟　屠海令　王国栋　王海舟
汪旭光　王一德　王迎军(女)　王玉忠　王震西　翁宇庆　吴锋　吴以成　谢建新　徐德龙
徐惠彬　徐南平　薛群基　张联盟　张生勇　张文海　张耀明　郑裕国　周济　周克崧
周廉　周玉

资深院士:

陈丙珍(女)　陈景　陈清如　陈蕴博　崔崑　戴永年　丁传贤　傅恒志　顾真安　关兴亚
侯芙生　江东亮　金涌　柯伟　李大东　李东英　李恒德　李俊贤　李龙土　李正名
刘业翔　毛炳权　沈寅初　唐明述　王淀佐　王静康(女)　汪燮卿　王泽山　武胜　吴慰祖
徐承恩　徐匡迪　杨启业　殷国茂　殷瑞钰　余永富　袁晴棠(女)　袁渭康　张国成　张寿荣
张兴栋　赵连城　赵振业　周光耀　朱永濬　邹竞(女)　左铁镛

四、能源与矿业工程学部(118人)

蔡美峰　陈念念　陈森玉　陈勇　邓建军　邓运华　多吉　樊明武　范维澄　顾大钊
顾金才　郭剑波　何多慧　黄其励　蒋洪德　康红普　雷清泉　李根生　李建刚　李立浧
李晓红　李阳　李焯芬　刘吉臻　罗安　罗平亚　马永生　毛景文　欧阳晓平　彭苏萍
彭先觉　邱爱慈(女)　沈国荣　苏万华　苏义脑　孙承纬　孙金声　孙龙德　汤广福　唐立
万元熙　王国法　王双明　闻雪友　武强　夏佳文　谢和平　谢克昌　薛禹胜　于俊崇
袁亮　袁士义　岳光溪　曾恒一　张铁岗　张玉卓　赵文智　赵宪庚　郑健超　周守为

资深院士:

安继刚　陈清泉　岑可法　常印佛　陈毓川　杜祥琬　范维唐　傅依备　古德生　顾心怿
韩大匡　韩英铎　何继善　洪伯潜　胡见义　胡思得　金庆焕　康玉柱　李庆忠　梁维燕
毛用泽　倪维斗　潘垣　潘自强　裴荣富　彭士禄　钱皋韵　钱鸣高　钱绍钧　秦裕琨
邱中建　沈忠厚　孙玉发　唐西生　汤中立　童晓光　王德民　王思敬　王仲奇　翁史烈
鲜学福　徐大懋　徐銤　许绍燮　杨奇逊　杨裕生　叶奇蓁　衣宝廉　于润沧　余贻鑫
翟光明　张信威　张勇传　赵文津　郑绵平　周邦新　周世宁　周永茂

五、土木、水利与建筑工程学部(108人)

陈湘生 陈政清 崔恺 邓铭江 杜彦良 龚晓南 郭仁忠 何华武 胡春宏 黄卫
江欢成 江亿 孔宪京 李华军 李建成 梁文灏 刘加平 刘经南 刘先林 马国馨
马洪琪 孟建民 缪昌文 聂建国 钮新强 欧进萍 彭永臻 秦顺全 任辉启 任南琪
谭述森 王超 王复明 王浩 王建国 王梦恕 王瑞珠 王小东 吴志强 吴中如
肖绪文 谢礼立 谢先启 杨秀敏 杨永斌 岳清瑞 张超然 张建民 张建云 郑健龙
郑皆连 郑守仁 钟登华 周福霖 周绪红

资深院士:

陈厚群 陈肇元 程泰宁 崔俊芝 董石麟 冯叔瑜 傅熹年 葛修润 关肇邺 韩其为
何镜堂 黄熙龄 李道增 李圭白 李玶 李猷嘉 廖振鹏 林元培 龙驭球 卢耀如
罗绍基 马克俭 茆智 孟兆祯 宁津生 钱七虎 钱正英(女) 容柏生 沙庆林 沈世钊
施仲衡 孙伟(女) 王光远 王家耀 王景全 魏敦山 文伏波 吴良镛 项海帆 谢世楞
许其凤 叶可明 张杰 张锦秋(女) 张祖勋 郑颖人 郑哲敏 钟训正 周丰峻 周镜
周君亮 朱伯芳 邹德慈

六、环境与轻纺工程学部(55人)

陈坚 陈克复 丁德文 丁一汇 段宁 方国洪 郝吉明 贺泓 贺克斌 侯保荣
侯立安 蒋兴伟 李家彪 刘文清 潘德炉 庞国芳 瞿金平 曲久辉 石碧 宋君强
孙宝国 孙晋良 王琪(女) 魏复盛 吴丰昌 吴清平 谢剑平 许健民 徐祥德 杨志峰
俞建勇 岳国君 张全兴 张偲 张懿(女) 张远航 朱蓓薇(女) 朱利中

资深院士:

蔡道基 陈联寿 季国标 蒋士成 金翔龙 李泽椿 刘鸿亮 伦世仪 钱易(女) 任阵海
汤鸿霄 唐孝炎(女) 王文兴 姚穆 郁铭芳 袁业立 周翔(女)

七、农业学部(77人)

包振民 曹福亮 陈焕春 陈剑平 陈温福 陈学庚 程顺和 邓秀新 方智远 傅廷栋
管华诗 蒋剑春 金宁一 康绍忠 康振生 李德发 李坚 李天来 李玉 刘秀梵
刘旭 罗锡文 麦康森 南志标 沈建忠 宋宝安 宋湛谦 唐华俊 唐启升 万建民
王汉中 吴孔明 夏咸柱 辛世文 尹伟伦 印遇龙 喻树迅 于振文 张福锁 张改平
张洪程 张守攻 张新友 赵春江 赵振东 朱有勇 邹学校

资深院士:

陈宗懋 戴景瑞 范云六(女) 盖钧镒 官春云 侯锋 蒋亦元 李佩成 李文华 林浩然
刘守仁 刘兴土 马建章 任继周 荣廷昭 山仑 沈国舫 石元春 石玉林 束怀瑞
孙九林 汪懋华 王明庥 吴明珠(女) 向仲怀 徐洵(女) 颜龙安 袁隆平 张子仪 赵法箴

八、医药卫生学部(120人)

巴德年 曹雪涛 陈赛娟(女) 陈香美(女) 陈肇隆 陈志南 程京 程书钧 丛斌 丁健
董家鸿 樊代明 范上达 付小兵 高长青 高润霖 顾晓松 韩德民 韩雅玲(女) 郝希山
侯惠民 胡盛寿 黄璐琦 郎景和 李春岩 李大鹏 李兰娟(女) 李松 李兆申 廖万清
林东昕 刘昌孝 刘德培 刘志红(女) 马丁 宁光 乔杰(女) 邱贵兴 阮长耿 桑国卫
沈倍奋(女) 沈祖尧 孙颖浩 田志刚 王辰 王广基 王红阳(女) 王锐 王威琪 王学浩
王永炎 吴以岭 夏照帆(女) 谢立信 徐建国 杨宝峰 杨胜利 于金明 袁国勇 曾溢滔
詹启敏 张伯礼 张心湜 张英泽 张运 张志愿 郑树森 周宏灏 周良辅

资深院士:

陈灏珠 陈洪铎 陈冀胜 陈君石 陈亚珠(女) 程天民 池志强 戴尅戎 顾健人 顾玉东
郭应禄 洪涛 侯云德 胡亚美(女) 胡之璧(女) 黎介寿 李连达 刘耀 刘玉清 陆道培
卢世璧 彭司勋 秦伯益 邱蔚六 沈渔邨(女) 盛志勇 石学敏 孙燕 唐希灿 汤钊猷
王琳芳(女) 王正国 王振义 闻玉梅(女) 吴天一 吴咸中 夏家辉 项坤三 肖碧莲(女) 肖培根
姚新生 于德泉 俞梦孙 俞永新 张金哲 赵铠 甄永苏 钟南山 钟世镇 朱晓东
庄辉

九、工程管理学部(33人，其他25人为跨学部院士)

巴德年 曹耀峰 柴洪峰 陈晓红(女) 丁烈云 范国滨 胡文瑞 黄维和 金智新 凌文
刘德培 刘合 刘玠 刘人怀 卢春房 栾恩杰 邵安林 孙永福 王安 王基铭
王金南 王礼恒 王陇德 王玉普 向巧(女) 杨善林 赵晓哲 郑静晨 郑南宁 周建平

资深院士:

陈清泉 程天民 杜祥琬 傅志寰 郭重庆 郭桂蓉 何继善 蒋士成 李东英 李京文
陆佑楣 罗绍基 钱七虎 饶芳权 沈荣骏 汪应洛 王众托 徐滨士 徐匡迪 许庆瑞
徐寿波 叶可明 殷瑞钰 袁晴棠(女) 翟光明 张寿荣 朱高峰 朱晓东

注：名单截止到2018年7月20日。
Note: List at July 20th, 2018.

二、工业企业
Industrial Enterprises

2-1 规模以上工业企业
Basic Statistics on Science and Technology Activities

指　　标	Item	2000	2004	2008
企业基本情况	**Statistics on Industrial Enterprises**			
有R&D活动企业数(个)	Number of Enterprises Having R&D Activities(unit)	17272	17075	27278
有R&D活动企业所占比重(%)	Percentage of Enterprises Having R&D Activities to Total Number of Enterprises(%)	10.6	6.2	6.5
研究与试验发展(R&D)活动情况	**Statitstics on R&D Activities**			
R&D人员全时当量(万人年)	Full-time Equivalent of R&D Personnel (10 000 man-years)	43.9	54.2	123.0
R&D经费内部支出(亿元)	Expenditure on R&D(100 million yuan)	489.7	1104.5	3073.1
R&D经费内部支出与主营业务收入之比 (%)	Percentage of Expenditure on R&D to Sales Revenue(%)	0.58	0.56	0.61
R&D项目数(项)	R&D Projects(item)	65289	53641	143448
R&D项目经费内部支出(亿元)	Expenditure on R&D Projects (100 million yuan)	417.6	921.2	2902.0
企业办R&D机构情况	**Statistics on R&D Institutions**			
机构数(个)	Number of R&D Institutions(unit)	15529	17555	26177
机构人员数(万人)	R&D Personnel(10 000 persons)	60.1	64.4	130.4
机构经费支出(亿元)	Expenditure on R&D(100 million yuan)	435.8	841.6	2634.8
新产品开发及生产情况	**Statitstics on New Products Development and Production**			
新产品开发项目数(个)	Number of New Products(unit)	91880	76176	184859
新产品开发经费支出(亿元)	Expenditure on New Products Development (100 million yuan)	529.5	965.7	3676.0
新产品销售收入(亿元)	Sales Revenue of New Products (100 million yuan)	9369.5	22808.6	57027.1
#新产品出口	Export	1728.4	5312.2	14081.6
专利情况	**Statistics on Patents**			
专利申请数(件)	Patent Applications(piece)	26184	64569	173573
#发明专利	Inventions	7970	20456	59254
有效发明专利数(件)	Inventions In Force(piece)	15333	30315	80252
技术获取和技术改造情况	**Statistics on Technology Acquisition and Technology Reconstruction**			
引进国外技术经费支出(亿元)	Expenditure for Acquisition of Foreign Technology (100 million yuan)	304.9	397.4	466.9
引进技术消化吸收经费支出(亿元)	Expenditure for Assimilation of Technology (100 million yuan)	22.8	61.2	122.7
购买国内技术经费支出(亿元)	Expenditure for Purchase of Domestic Technology (100 million yuan)	34.5	82.5	184.2
技术改造经费支出(亿元)	Expenditure for Technical Renovation (100 million yuan)	1291.5	2953.5	4672.7

注：从2011年起，规模以上工业企业的统计范围从年主营业务收入为500万元及以上的法人工业企业调整为年主营业务收入为2000万元及以上的法人工业企业。以下各表同。

的科技活动基本情况
of Industrial Enterprises above Designated Size

2009	2011	2012	2013	2014	2015	2016	2017
36387	37467	47204	54832	63676	73570	86891	102218
8.5	11.5	13.7	14.8	16.9	19.2	23.0	27.4
144.7	193.9	224.6	249.4	264.2	263.8	270.2	273.6
3775.7	5993.8	7200.6	8318.4	9254.3	10013.9	10944.7	12013.0
0.69	0.71	0.77	0.80	0.84	0.90	0.94	1.06
194400	232158	287524	322567	342507	309895	360997	445029
3185.9	5052.0	6230.6	7294.5	8163.0	9146.7	10064.3	11990.2
29879	31320	45937	51625	57199	62954	72963	82667
155.0	181.6	226.8	238.8	246.4	266.8	292.4	325.4
2983.6	3957.0	5233.4	5941.5	6257.6	6793.9	7664.5	8955.5
237754	266232	323448	358287	375863	326286	391872	477861
4482.0	6845.9	7998.5	9246.7	10123.2	10270.8	11766.3	13497.8
65838.2	100582.7	110529.8	128460.7	142895.3	150856.5	174604.2	191568.7
11572.5	20223.1	21894.2	22853.5	26904.4	29132.7	32713.1	34944.8
265808	386075	489945	560918	630561	638513	715397	817037
92450	134843	176167	205146	239925	245688	286987	320626
118245	201089	277196	335401	448885	573765	769847	933990
422.2	449.0	393.9	393.9	387.5	414.1	475.4	399.3
182.0	202.2	156.8	150.6	143.2	108.4	109.2	118.5
203.4	220.5	201.7	214.4	213.5	229.9	208.0	200.9
4344.7	4293.7	4161.8	4072.1	3798.0	3147.6	3016.6	3103.4

Note: From 2011, the statistics range of industrial enterprises above designated size change form the industrial enterprises with the sales revenue above 5 million RMB to the industrial enterprises with the sales revenue above 20 million RMB. The same applies to the following table.

2-2 按企业规模及登记注册类型分规上工业企业数量情况(2017年)

Number of Enterprises on Industrial Enterprises above Designated Size by Scale and Registration Status (2017)

单位：个 (unit)

注册类型	Type of Registration	有研发机构的企业数 Number of Enterprises Having R&D Institutions	有R&D活动的企业数 Number of Enterprises Having R&D Activities
总　计	**Total**	**70636**	**102218**
#大型企业	Large-sized Industrial Enterprises	5118	6261
中型企业	Medium-sized Industrial Enterprises	16987	22239
内资企业	**Domestic Funded**	**57928**	**86671**
国有企业	State-owned Enterprises	271	419
集体企业	Collective-owned Enterprises	129	177
股份合作企业	Cooperative Enterprises	90	179
联营企业	Joint Ownership Enterprises	11	11
国有联营企业	State Joint Ownership Enterprises	3	4
集体联营企业	Collective Joint Ownership Enterprises	2	3
国有与集体联营企业	Joint State-collective Enterprises	2	1
其他联营企业	Other Joint Ownership Enterprises	4	3
有限责任公司	Limited Liability Corporations	16615	25483
国有独资公司	State Sole Funded Corporations	718	1094
其他有限责任公司	Other Limited Liability Corporations	15897	24389
股份有限公司	Share-holding Corporations Ltd.	4731	6665
私营企业	Private Enterprises	36034	53668
私营独资企业	Private-funded Enterprises	796	1213
私营合伙企业	Private Partnership Enterprises	76	157
私营有限责任公司	Private Limited Liability Corporations	32648	48593
私营股份有限公司	Private Share-holding Corporations Ltd.	2514	3705
其他企业	Other Enterprises	47	69
港澳台商投资企业	**Enterprises with Funds from Hong Kong, Macau and Taiwan**	**6497**	**7581**
与港澳台商合资经营企业	Joint-venture Enterprises with Funds from Hong Kong, Macau and Taiwan	2228	2845
与港澳台商合作经营企业	Cooperative Enterprises with Funds from Hong Kong, Macau and Taiwan	132	139
港澳台商独资经营企业	Enterprises with Sole Funds from Hong Kong, Macau and Taiwan	3894	4281
港澳台商投资股份有限公司	Share-holding Corporations Ltd. with Funds from Hong Kong, Macau and Taiwan	187	241
外商投资企业	**Foreign Funded Enterprises**	**6211**	**7966**
中外合资经营企业	Joint-venture Enterprises	2315	3303
中外合作经营	Cooperation Enterprises	94	118
外资企业	Enterprises with Sole Foreign Funds	3571	4271
外商投资股份有限公司	Share-holding Corporations Ltd.with Foreign Funds	155	173

注：大型企业指同时满足年末从业人员人数在1000人及以上、年主营业务收入在4亿元及以上的工业企业；中型企业指年末从业人员人数介于300人(含)至1000人(不含),并且年主营业务收入介于2000万元(含)至4亿元(不含)的工业企业。

Note: Large-sized Industrial Enterprises: Industrial Enterprises with Employes above 1000 persons and sales revenue abore 400 million RMB.
Medium-sized Industrial Enterprises: Industrial Enterprises with Employes between 300 Persons (including) and 1000 Persons (excluding), and sales revenue between 20 million RMB (including) and 400 million RMB (excluding).

2-3 按行业分规上工业企业数量情况(2017年)
Number of Enterprises on Industrial Enterprises above Designated Size by Industrial Sector (2017)

单位：个 (unit)

行 业	Industry	#有研发机构的企业数 Number of Enterprises Having R&D Institutions	#有R&D活动的企业数 Number of Enterprises Having R&D Activities
总 计	**Total**	**70636**	**102218**
煤炭开采和洗选业	Mining and Washing of Coal	123	284
石油和天然气开采业	Extraction of Petroleum and Natural Gas	24	36
黑色金属矿采选业	Mining of Ferrous Metal Ores	41	79
有色金属矿采选业	Mining of Non-ferrous Metal Ores	73	172
非金属矿采选业	Mining and Processing of Nonmetal Ores	116	229
农副食品加工业	Processing of Food from Agricultural Products	2358	3921
食品制造业	Manufacture of Foods	1302	2045
酒、饮料和精制茶制造业	Manufacture of Liquor, Beverages and Refined Tea	760	1328
烟草制品业	Manufacture of Tobacco	41	64
纺织业	Manufacture of Textile	2690	3530
纺织服装、服饰业	Manufacture of Textile, Apparel and Accessories	1593	2061
皮革、毛皮、羽毛及其制品和制鞋业	Manufacture of Leather, Fur, Feather and Related Products and Shoes	970	1231
木材加工和木、竹、藤、棕、草制品业	Processing of Timbers and Manufacture of Wood,Bamboo, Rattan, Palm and Straw	810	1275
家具制造业	Manufacture of Furniture	779	997
造纸和纸制品业	Manufacture of Paper and Paper Products	848	1218
印刷和记录媒介复制业	Printing,Reproduction of Recording Media	769	1102
文教、工美、体育和娱乐用品制造业	Manufacture of Artworks, and Articles for Culture, Education, Sports and Recreation	1520	2016
石油加工、炼焦和核燃料加工业	Processing of Petroleum ,Coking and Processing of Nucleus Fuel	268	439
化学原料和化学制品制造业	Manufacture of Chemical Raw Material and Chemical Products	5496	8252
医药制造业	Manufacture of Medicines	2511	4043
化学纤维制造业	Manufacture of Chemical Fiber	499	640
橡胶和塑料制品业	Manufacture of Rubber and Plastic	3497	4880
非金属矿物制品业	Manufacture of Non-metallic Mineral Products	3526	5744
黑色金属冶炼和压延加工业	Manufacture and Processing of Ferrous Metals	1166	1697
有色金属冶炼和压延加工业	Manufacture and Processing of Non-ferrous Metals	1410	2184
金属制品业	Manufacture of Metal Products	3744	5282
通用设备制造业	Manufacture of General Purpose Machinery	6290	9298
专用设备制造业	Manufacture of Special Purpose Machinery	5228	7806
汽车制造业	Manufacture of Motor Vehicles	3420	5276
铁路、船舶、航空航天和其他运输设备制造业	Manufacture of Railway Equipment, Ships, Aerospace Equipment and Other Transport Equipment	1168	1807
电气机械和器材制造业	Manufacture of Electrical Machinery and Equipment	8226	10803
计算机、通信和其他电子设备制造业	Manufacture of Computer, Communication and Other Electronic Equipment	6563	8194
仪器仪表制造业	Manufacture of Measuring Instrument and Meter	1742	2503
其他制造业	Other Manufacturing	330	465
金属制品、机械和设备修理业	Repaire Service of Metal Products, Machinery and Equipment	58	87
电力、热力生产和供应业	Production and Supply of Electric Power and Heat Power	329	611
燃气生产和供应业	Production and Distribution of Gas	59	118
水的生产和供应业	Production and Distribution of Water	115	187

2-4 各地区规上工业企业数量情况(2017年)
Number of Enterprises on Industrial Enterprises above Designated Size by Region (2017)

单位：个，人，万元 (unit)

地区	Region	#有研发机构的企业数 Number of Enterprises Having R&D Institutions	#有R&D活动的企业数 Number of Enterprises Having R&D Activities
全国	**National Total**	**70636**	**102218**
东部地区	Eastern Region	55135	71636
中部地区	Middle Region	10558	18820
西部地区	Western Region	4222	9546
东北地区	Northeast Region	721	2216
北京	Beijing	546	1192
天津	Tianjin	464	1714
河北	Hebei	1181	2218
山西	Shanxi	364	468
内蒙古	Inner Mongolia	119	345
辽宁	Liaoning	452	1420
吉林	Jilin	142	386
黑龙江	Heilongjiang	127	410
上海	Shanghai	558	2057
江苏	Jiangsu	19514	19323
浙江	Zhejiang	10135	15517
安徽	Anhui	3967	4697
福建	Fujian	1419	3825
江西	Jiangxi	1698	2506
山东	Shandong	3802	8920
河南	Henan	1788	3526
湖北	Hubei	1040	3566
湖南	Hunan	1701	4057
广东	Guangdong	17494	16793
广西	Guangxi	214	543
海南	Hainan	22	77
重庆	Chongqing	1052	1906
四川	Sichuan	986	2674
贵州	Guizhou	368	946
云南	Yunnan	563	1003
西藏	Tibet	4	12
陕西	Shaanxi	448	1180
甘肃	Gansu	153	397
青海	Qinghai	33	57
宁夏	Ningxia	167	255
新疆	Xinjiang	115	228

2-5 按企业规模及登记注册类型分规上工业企业R&D人员(2017年)
R&D Personnel in Industrial Enterprises above Designated Size by Scale and Registration Status(2017)

单位：人，人年 (person, man-year)

注册类型	Type of Registration	R&D人员 R&D Personnel	#女性 Female	R&D人员折合全时当量 Full-time Equivalent	#研究人员 Researchers
总　计	**Total**	**4045058**	**902163**	**2736244**	**884729**
#大型企业	Large-sized Industrial Enterprises	1726881	382412	1200498	440961
中型企业	Medium-sized Industrial Enterprises	1078761	248248	730921	213626
内资企业	**Domestic Funded**	**3195338**	**702016**	**2119652**	**702926**
国有企业	State-owned Enterprises	92915	21544	55692	25153
集体企业	Collective-owned Enterprises	9474	2392	4372	1757
股份合作企业	Cooperative Enterprises	2963	642	1930	471
联营企业	Joint Ownership Enterprises	370	92	267	102
国有联营企业	State Joint Ownership Enterprises	250	62	183	80
集体联营企业	Collective Joint Ownership Enterprises	65	20	47	7
国有与集体联营企业	Joint State-collective Enterprises	22	2	22	12
其他联营企业	Other Joint Ownership Enterprises	33	8	15	2
有限责任公司	Limited Liability Corporations	1279817	276574	832012	293647
国有独资公司	State Sole Funded Corporations	193046	40305	124067	51930
其他有限责任公司	Other Limited Liability Corporations	1086771	236269	707945	241717
股份有限公司	Share-holding Corporations Ltd.	618619	137670	431937	162497
私营企业	Private Enterprises	1188072	262122	790796	218101
私营独资企业	Private-funded Enterprises	13261	3292	8715	2390
私营合伙企业	Private Partnership Enterprises	2318	353	1386	348
私营有限责任公司	Private Limited Liability Corporations	1032953	228206	686971	187598
私营股份有限公司	Private Share-holding Corporations Ltd.	139540	30271	93725	27764
其他企业	Other Enterprises	3108	980	2645	1197
港澳台商投资企业	**Enterprises with Funds from Hong Kong, Macau and Taiwan**	**427185**	**105280**	**303102**	**80029**
与港澳台商合资经营企业	Joint-venture Enterprises with Funds from Hong Kong, Macau and Taiwan	157917	36466	116521	31479
与港澳台商合作经营企业	Cooperative Enterprises with Funds from Hong Kong, Macau and Taiwan	5221	1238	3131	707
港澳台商独资经营企业	Enterprises with Sole Funds from Hong Kong, Macau and Taiwan	232059	59414	159338	39801
港澳台商投资股份有限公司	Share-holding Corporations Ltd. with Funds from Hong Kong, Macau and Taiwan	28344	7311	21615	7402
外商投资企业	**Foreign Funded Enterprises**	**422535**	**94867**	**313490**	**101775**
中外合资经营企业	Joint-venture Enterprises	197420	41171	144901	49869
中外合作经营	Cooperation Enterprises	4905	971	3310	1023
外资企业	Enterprises with Sole Foreign Funds	194929	46341	146057	43740
外商投资股份有限公司	Share-holding Corporations Ltd.with Foreign Funds	21513	5593	16495	6310

2-6 按行业分规上工业企业R&D人员(2017年)
R&D Personnel in Industrial Enterprises above Designated Size by Industrial Sector(2017)

单位：人，人年 (person, man-year)

行 业	Industry	R&D人员 R&D Personnel	#女性 Female	R&D人员折合全时当量 Full-time Equivalent	#研究人员 Researchers
总 计	**Total**	**4045058**	**902163**	**2736244**	**884729**
煤炭开采和洗选业	Mining and Washing of Coal	75474	6146	41987	13856
石油和天然气开采业	Extraction of Petroleum and Natural Gas	32638	10766	21463	10644
黑色金属矿采选业	Mining of Ferrous Metal Ores	3253	515	2236	793
有色金属矿采选业	Mining of Non-ferrous Metal Ores	8450	1192	4420	1227
非金属矿采选业	Mining and Processing of Nonmetal Ores	5034	1113	3255	1131
农副食品加工业	Processing of Food from Agricultural Products	82168	22732	51693	15411
食品制造业	Manufacture of Foods	51986	17781	32381	10070
酒、饮料和精制茶制造业	Manufacture of Liquor, Beverages and Refined Tea	38605	10622	22864	7085
烟草制品业	Manufacture of Tobacco	6893	1696	3960	1652
纺织业	Manufacture of Textile	99136	37325	64955	14313
纺织服装、服饰业	Manufacture of Textile, Apparel and Accessories	55832	26727	35669	8032
皮革、毛皮、羽毛及其制品和制鞋业	Manufacture of Leather, Fur, Feather and Related Products and Shoes	29704	10304	20856	3446
木材加工和木、竹、藤、棕、草制品业	Processing of Timbers and Manufacture of Wood,Bamboo, Rattan, Palm and Straw	22613	5444	14684	3672
家具制造业	Manufacture of Furniture	30357	7504	19648	4178
造纸和纸制品业	Manufacture of Paper and Paper Products	38161	8026	24826	5717
印刷和记录媒介复制业	Printing,Reproduction of Recording Media	28082	7231	18384	4135
文教、工美、体育和娱乐用品制造业	Manufacture of Artworks, and Articles for Culture, Education, Sports and Recreation	49261	14435	33772	7884
石油加工、炼焦和核燃料加工业	Processing of Petroleum ,Coking and Processing of Nucleus Fuel	21221	4586	12944	4867
化学原料和化学制品制造业	Manufacture of Chemical Raw Material and Chemical Products	251854	58051	168484	53360
医药制造业	Manufacture of Medicines	176801	73257	121517	47220
化学纤维制造业	Manufacture of Chemical Fiber	27695	6587	19391	4498
橡胶和塑料制品业	Manufacture of Rubber and Plastic	125809	29198	82991	20106
非金属矿物制品业	Manufacture of Non-metallic Mineral Products	145333	29371	91975	25591
黑色金属冶炼和压延加工业	Manufacture and Processing of Ferrous Metals	132496	20942	92831	29942
有色金属冶炼和压延加工业	Manufacture and Processing of Non-ferrous Metals	99038	16942	63952	18284
金属制品业	Manufacture of Metal Products	147851	28875	97733	26724
通用设备制造业	Manufacture of General Purpose Machinery	289608	51059	199775	61565
专用设备制造业	Manufacture of Special Purpose Machinery	257396	43950	177067	60362
汽车制造业	Manufacture of Motor Vehicles	337408	59871	234798	85909
铁路、船舶、航空航天和其他运输设备制造业	Manufacture of Railway Equipment, Ships, Aerospace Equipment and Other Transport Equipment	136417	29220	95677	38022
电气机械和器材制造业	Manufacture of Electrical Machinery and Equipment	426243	87041	285025	85440
计算机、通信和其他电子设备制造业	Manufacture of Computer, Communication and Other Electronic Equipment	628592	139465	457960	166328
仪器仪表制造业	Manufacture of Measuring Instrument and Meter	95952	18523	68735	25425
其他制造业	Other Manufacturing	15106	3909	11019	3751
金属制品、机械和设备修理业	Repaire Service of Metal Products, Machinery and Equipment	6260	1205	4404	1725
电力、热力生产和供应业	Production and Supply of Electric Power and Heat Power	43608	6152	18875	7390
燃气生产和供应业	Production and Distribution of Gas	4235	786	2801	936
水的生产和供应业	Production and Distribution of Water	3996	1005	2415	885

2-7 各地区规上工业企业R&D人员(2017年)
R&D Personnel in Industrial Enterprises above Designated Size by Region(2017)

单位：人，人年 (person, man-year)

地区	Region	R&D人员 R&D Personnel	#女性 Female	R&D人员折合全时当量 Full-time Equivalent	#研究人员 Researchers
全国	**National Total**	**4045058**	**902163**	**2736244**	**884729**
东部地区	Eastern Region	2672803	600818	1871832	575554
中部地区	Middle Region	769359	160252	492525	164973
西部地区	Western Region	450133	104080	277322	103231
东北地区	Northeast Region	152763	37013	94565	40969
北京	Beijing	73416	19923	52719	22755
天津	Tianjin	89510	22021	57881	20801
河北	Hebei	124457	26386	79135	27946
山西	Shanxi	48968	9197	31757	10972
内蒙古	Inner Mongolia	31704	7697	23243	8565
辽宁	Liaoning	79365	17413	49463	19739
吉林	Jilin	38213	10624	21056	10239
黑龙江	Heilongjiang	35185	8976	24046	10991
上海	Shanghai	120229	26326	88967	35447
江苏	Jiangsu	589366	134806	455468	135227
浙江	Zhejiang	444307	100171	333646	83589
安徽	Anhui	167242	30477	103598	32207
福建	Fujian	145529	33877	105533	31186
江西	Jiangxi	68877	15217	45082	14668
山东	Shandong	385752	93778	239170	86907
河南	Henan	193623	40399	123619	40733
湖北	Hubei	154580	34884	94241	32521
湖南	Hunan	136069	30078	94228	33872
广东	Guangdong	696385	142303	457342	130987
广西	Guangxi	28296	6097	16163	6221
海南	Hainan	3852	1227	1971	709
重庆	Chongqing	87140	18786	56416	19656
四川	Sichuan	123718	28381	71968	27968
贵州	Guizhou	32616	7399	18786	6167
云南	Yunnan	33180	7371	21393	6327
西藏	Tibet	279	62	202	98
陕西	Shaanxi	70156	17984	44672	18581
甘肃	Gansu	17436	4069	10096	4386
青海	Qinghai	3837	788	1799	671
宁夏	Ningxia	10619	2403	6392	2024
新疆	Xinjiang	11152	3043	6191	2567

2-8 按企业规模及登记注册类型分规上
Intramural Expenditure on R&D in Industrial Enterprises

单位：万元

注册类型	Type of Registration	R&D经费内部支出 Intramural Expenditure on R&D	#试验发展支出 Experimental Development	日常性支出 Routine Expenses
总　计	**Total**	**120129589**	**116781143**	**107621174**
#大型企业	Large-sized Industrial Enterprises	61717921	59406278	56239678
中型企业	Medium-sized Industrial Enterprises	28043954	27591853	24944282
内资企业	**Domestic Funded**	**94230092**	**91175444**	**83927446**
国有企业	State-owned Enterprises	2134367	2028619	1923002
集体企业	Collective-owned Enterprises	614040	609709	566453
股份合作企业	Cooperative Enterprises	60081	60081	53981
联营企业	Joint Ownership Enterprises	7980	7828	6689
国有联营企业	State Joint Ownership Enterprises	3758	3758	3193
集体联营企业	Collective Joint Ownership Enterprises	2799	2648	2222
国有与集体联营企业	Joint State-collective Enterprises	242	242	240
其他联营企业	Other Joint Ownership Enterprises	1181	1181	1036
有限责任公司	Limited Liability Corporations	41020715	39054579	36545510
国有独资公司	State Sole Funded Corporations	6341613	6041444	5520619
其他有限责任公司	Other Limited Liability Corporations	34679103	33013135	31024891
股份有限公司	Share-holding Corporations Ltd.	18472440	18079255	16901036
私营企业	Private Enterprises	31880597	31297386	27894498
私营独资企业	Private-funded Enterprises	365205	359289	298995
私营合伙企业	Private Partnership Enterprises	50983	50372	42825
私营有限责任公司	Private Limited Liability Corporations	27671200	27171479	24109643
私营股份有限公司	Private Share-holding Corporations Ltd.	3793208	3716247	3443035
其他企业	Other Enterprises	39873	37987	36278
港澳台商投资企业	**Enterprises with Funds from Hong Kong, Macau and Taiwan**	**11150543**	**10994398**	**10089010**
与港澳台商合资经营企业	Joint-venture Enterprises with Funds from Hong Kong, Macau and Taiwan	4413474	4362928	3938353
与港澳台商合作经营企业	Cooperative Enterprises with Funds from Hong Kong, Macau and Taiwan	136403	136295	125174
港澳台商独资经营企业	Enterprises with Sole Funds from Hong Kong, Macau and Taiwan	5714531	5612178	5194843
港澳台商投资股份有限公司	Share-holding Corporations Ltd. with Funds from Hong Kong, Macau and Taiwan	766832	764941	718347
外商投资企业	**Foreign Funded Enterprises**	**14748955**	**14611300**	**13604718**
中外合资经营企业	Joint-venture Enterprises	7826267	7746885	7229255
中外合作经营	Cooperation Enterprises	163054	161819	138345
外资企业	Enterprises with Sole Foreign Funds	5709369	5657224	5273993
外商投资股份有限公司	Share-holding Corporations Ltd.with Foreign Funds	957247	953199	877736

工业企业R&D经费内部支出(2017年)

above Designated Size by Scale and Registration Status(2017)

(10 000 yuan)

# 人员劳务费 Labor Cost	资产性支出 Assets Expenditure	# 仪器和设备 Equipment	政府资金 Government Funds	企业资金 Self-raised Funds by Enterprises	境外资金 Foreign Funds	其他资金 Other Funds
35533459	**12508414**	**12281173**	**4101098**	**114818640**	**358174**	**851676**
19473953	5478243	5353386	2536235	58638577	229711	313398
8085716	3099672	3052711	754053	26957252	77322	255327
26967896	**10302645**	**10107111**	**3708631**	**89709083**	**85510**	**726867**
530308	211365	201699	309683	1791687	1778	31219
145412	47587	43443	10446	600321		3272
17927	6100	6042	1750	57609		722
1982	1291	1273	420	7560		
1155	566	566		3758		
394	578	560	420	2379		
136	2	2		242		
297	145	145		1181		
12074453	4475205	4385774	1947386	38688550	44629	340150
1654860	820994	797459	601507	5702707	975	36424
10419592	3654211	3588315	1345879	32985843	43654	303726
6054511	1571404	1536079	725535	17638453	16148	92304
8135291	3986099	3929254	708204	30891369	22956	258068
75414	66210	65094	3665	355246	685	5610
9113	8158	7921	1639	44948		4396
6983786	3561558	3510472	574005	26849684	19420	228091
1066978	350173	345766	128896	3641490	2851	19971
8013	3595	3547	5207	33534		1133
3692209	**1061532**	**1049884**	**208422**	**10824734**	**48477**	**68909**
1272443	475120	470081	80036	4305872	2489	25077
31932	11229	11172	1830	134237	11	324
2040731	519687	513864	100900	5533121	45921	34589
323055	48484	47835	14943	743619		8270
4873353	**1144237**	**1124178**	**184045**	**14284824**	**224187**	**55899**
2317199	597012	586126	109968	7600142	93371	22786
44309	24708	24471	1095	160012	97	1849
2176477	435376	427748	45640	5555002	79307	29420
304642	79511	78237	25901	881655	48831	860

2-9 按行业分规上工业

Intramural Expenditure on R&D in Industrial Enterprises

单位：万元

行业	Industry	R&D经费内部支出 Intramural Expenditure on R&D	#试验发展支出 Experimental Development	日常性支出 Routine Expenses
总计	**Total**	**120129589**	**116781143**	**107621174**
煤炭开采和洗选业	Mining and Washing of Coal	1489056	1305588	1265253
石油和天然气开采业	Extraction of Petroleum and Natural Gas	572560	489512	550398
黑色金属矿采选业	Mining of Ferrous Metal Ores	72514	70727	61576
有色金属矿采选业	Mining of Non-ferrous Metal Ores	311921	302634	253622
非金属矿采选业	Mining and Processing of Nonmetal Ores	118732	110446	103358
农副食品加工业	Processing of Food from Agricultural Products	2745770	2666096	2343011
食品制造业	Manufacture of Foods	1480532	1444200	1260481
酒、饮料和精制茶制造业	Manufacture of Liquor, Beverages and Refined Tea	997942	951041	864357
烟草制品业	Manufacture of Tobacco	197869	184460	172504
纺织业	Manufacture of Textile	2331792	2289049	2019384
纺织服装、服饰业	Manufacture of Textile, Apparel and Accessories	1104852	1093793	974588
皮革、毛皮、羽毛及其制品和制鞋业	Manufacture of Leather, Fur, Feather and Related Products and Shoes	651003	638192	584930
木材加工和木、竹、藤、棕、草制品业	Processing of Timbers and Manufacture of Wood, Bamboo, Rattan, Palm and Straw	602743	587573	495924
家具制造业	Manufacture of Furniture	554273	546962	505698
造纸和纸制品业	Manufacture of Paper and Paper Products	1445953	1432717	1306203
印刷和记录媒介复制业	Printing,Reproduction of Recording Media	539399	529558	465547
文教、工美、体育和娱乐用品制造业	Manufacture of Artworks, and Articles for Culture, Education, Sports and Recreation	1004695	983784	887700
石油加工、炼焦和核燃料加工业	Processing of Petroleum ,Coking and Processing of Nucleus Fuel	1465965	1386707	1187042
化学原料和化学制品制造业	Manufacture of Chemical Raw Material and Chemical Products	9124767	8943399	8046356
医药制造业	Manufacture of Medicines	5341769	5207488	4734176
化学纤维制造业	Manufacture of Chemical Fiber	1060666	1051397	943582
橡胶和塑料制品业	Manufacture of Rubber and Plastic	3071880	3026287	2737465
非金属矿物制品业	Manufacture of Non-metallic Mineral Products	3628147	3554406	3082560
黑色金属冶炼和压延加工业	Manufacture and Processing of Ferrous Metals	6387463	6164017	5725185
有色金属冶炼和压延加工业	Manufacture and Processing of Non-ferrous Metals	4616196	4472687	4011479
金属制品业	Manufacture of Metal Products	3431676	3352267	3033432
通用设备制造业	Manufacture of General Purpose Machinery	6968194	6871154	6287661
专用设备制造业	Manufacture of Special Purpose Machinery	6369444	6259894	5842361
汽车制造业	Manufacture of Motor Vehicles	11645572	11570924	10550459
铁路、船舶、航空航天和其他运输设备制造业	Manufacture of Railway Equipment, Ships, Aerospace Equipment and Other Transport Equipment	4288296	4144282	3977190
电气机械和器材制造业	Manufacture of Electrical Machinery and Equipment	12423807	12299910	11352444
计算机、通信和其他电子设备制造业	Manufacture of Computer, Communication and Other Electronic Equipment	20027613	18888504	18447200
仪器仪表制造业	Manufacture of Measuring Instrument and Meter	2102352	2081186	1928120
其他制造业	Other Manufacturing	326394	318656	288800
金属制品、机械和设备修理业	Repaire Service of Metal Products, Machinery and Equipment	146564	145910	133611
电力、热力生产和供应业	Production and Supply of Electric Power and Heat Power	857748	811715	627683
燃气生产和供应业	Production and Distribution of Gas	110867	110008	99555
水的生产和供应业	Production and Distribution of Water	95827	91593	79974

企业R&D经费内部支出(2017年)
above Designated Size by Industrial Sector(2017)

(10 000 yuan)

#人员劳务费 Labor Cost	资产性支出 Assets Expenditure	#仪器和设备 Equipment	政府资金 Government Funds	企业资金 Self-raised Funds by Enterprises	境外资金 Foreign Funds	其他资金 Other Funds
35533459	**12508414**	**12281173**	**4101098**	**114818640**	**358174**	**851676**
477204	223802	214466	30503	1446559	1327	10666
238646	22162	20212	74748	496867	51	895
21116	10937	10856	2174	68426		1914
53834	58299	57693	4388	307345		188
28747	15373	15003	2360	114669	67	1636
548805	402759	395126	76713	2643319	3272	22466
359215	220050	216923	35856	1419592	2765	22319
274450	133585	128366	28152	959370	253	10167
69490	25365	21240	1331	195067		1471
601196	312408	308583	25509	2276735	991	28557
350704	130264	128830	10928	1078395	2684	12845
200504	66073	65367	5652	637791	352	7208
130812	106819	105198	8025.5	584912	1590	8215
184176	48576	47871	5441	544368	1092	3373
262291	139750	138056	15373	1420090		10490
159442	73852	72632	7053	525291	724	6331
292177	116995	115093	15856	979414	2560	6865
182609	278923	273441	26407	1429208	88	10261
1964675	1078412	1059873	175926	8856381	15653	76807
1423322	607594	596299	206096	5090937	12065	32671
206048	117084	115890	12003	1042371	705	5587
809983	334415	330259	42842	3010994	760	17284
867958	545587	537285	83513	3509009	1609	34015
1025381	662278	647184	54134	6320953	1484	10892
753973	604717	596431	131967	4455552	2039	26638
922894	398245	393116	114895	3290398	2372	24011
2245856	680533	669915	249346	6670971	11984	35894
2038965	527083	517798	292180	6013398	24958	38908
3734214	1095113	1072110	205882	11312554	67768	59369
1226603	311106	305235	904849	3263647	12120	107680
3473581	1071364	1050704	262697	12067937	32953	60220
9008266	1580413	1557855	797828	18960848	147470	121468
861009	174232	169726	99890	1980732	5747	15984
91446	37594	36441	43250	274632	65	8447
57376	12953	12743	8635	136537		1392
225156	230065	225053	15464	836987	216	5080
32930	11311	11219	1822	108691	177	176
25288	15853	15666	3677	90116		2034

2-10 各地区规上工业
Intramural Expenditure on R&D in Industrial Enterprises

单位：万元

地 区	Region	R&D经费内部支出 Intramural Expenditure on R&D	#试验发展支出 Experimental Development	日常性支出 Routine Expenses	#人员劳务费 Labor Cost
全 国	**National Total**	**120129589**	**116781143**	**107621174**	**35533459**
东部地区	Eastern Region	81502031	79415267	73707998	25933760
中部地区	Middle Region	21729998	20990505	19057807	5374216
西部地区	Western Region	12572270	12178015	10850670	3259689
东北地区	Northeast Region	4325290	4197357	4004700	965793
北 京	Beijing	2690851	2667898	2590379	1041376
天 津	Tianjin	2411418	2379868	2220797	716789
河 北	Hebei	3509684	3400601	3168230	930061
山 西	Shanxi	1122323	1009070	994969	254936
内 蒙 古	Inner Mongolia	1082640	1055598	913908	249254
辽 宁	Liaoning	2749477	2681975	2568651	580140
吉 林	Jilin	749958	719857	663012	141367
黑 龙 江	Heilongjiang	825854	795525	773036	244286
上 海	Shanghai	5399953	5379319	5137348	2030865
江 苏	Jiangsu	18338832	18149838	16199484	5128159
浙 江	Zhejiang	10301447	10280388	9634380	3627005
安 徽	Anhui	4361175	4284276	3767529	1249440
福 建	Fujian	4487934	4471777	3890579	1424554
江 西	Jiangxi	2216865	2159319	1979810	516468
山 东	Shandong	15636785	15175444	13415608	3363465
河 南	Henan	4722542	4595323	4100874	1174338
湖 北	Hubei	4689377	4638938	4093525	1109249
湖 南	Hunan	4617716	4303578	4121099	1069785
广 东	Guangdong	18650313	17435368	17380238	7653921
广 西	Guangxi	935996	921316	862915	263583
海 南	Hainan	74815	74766	70955	17566
重 庆	Chongqing	2799986	2754985	2406576	788028
四 川	Sichuan	3010846	2917837	2657088	965680
贵 州	Guizhou	648576	626409	525440	138333
云 南	Yunnan	885588	862439	746250	174479
西 藏	Tibet	3186	3176	2643	1283
陕 西	Shaanxi	1963697	1829236	1666133	442246
甘 肃	Gansu	466912	457018	403286	82202
青 海	Qinghai	83276	80354	74726	23007
宁 夏	Ningxia	291101	281725	235784	60211
新 疆	Xinjiang	400468	387922	355923	71383

企业R&D经费内部支出(2017年)
above Designated Size by Region(2017)

(10 000 yuan)

资产性支出 Assets Expenditure	#仪器和设备 Equipment	政府资金 Government Funds	企业资金 Self-raised Funds by Enterprises	境外资金 Foreign Funds	其他资金 Other Funds
12508414	**12281173**	**4101098**	**114818640**	**358174**	**851676**
7794033	7662478	1917210	78694039	327945	562837
2672191	2617776	870362	20697424	10014	152199
1721600	1687602	1008405	11436102	11395	116367
320590	313317	305121	3991076	8820	20273
100473	98143	147120	2449055	12018	82658
190621	187482	89683	2158730	146875	16130
341454	336441	57311	3428674	970	22730
127354	116560	36780	1072819	106	12618
168732	166345	39731	1027348	1543	14018
180826	177642	119769	2609385	7371	12953
86946	84554	30754	713800	1449	3956
52818	51120	154598	667891		3365
262604	257788	326402	5029388	20931	23232
2139348	2103602	259381	17941250	60583	77618
667066	657596	150037	10065315	9445	76651
593645	586051	220179	4115904	3108	21985
597354	590008	113305	4317763	12168	44698
237056	233999	61247	2137368	694	17555
2221177	2182719	297291	15136828	26122	176544
621668	607634	107367	4574383	293	40499
595852	585717	214225	4430764	3365	41024
496617	487816	230565	4366186	2448	18518
1270076	1244899	473459	18095611	38834	42410
73081	71520	36617	896603	459	2316
3860	3802	3222	71426		167
393410	386214	104018	2665070	4693	26205
353758	344337	247855	2719933	2280	40778
123136	121749	73466	559695	740	14675
139338	137116	45519	836117		3952
543	543	4	3175		7
297564	290721	394907	1558488	1579	8723
63625	62223	22570	439679	49	4614
8550	8467	7042	75863		370
55318	53951	21387	269439		276
44545	44415	15291	384691	51	435

2-11 按企业规模及登记注册类型分规上工业企业R&D经费外部支出(2017年)

External Expenditure on R&D in Industrial Enterprises above Designated Size by Scale and Registration Status(2017)

单位：万元 (10 000 yuan)

注册类型	Type of Registration	R&D经费外部支出 External Expenditure on R&D	#对境内研究机构支出 to Domestic Research Institutions	#对境内高校支出 to Domestic Higher Education
总　计	**Total**	**6984338**	**2725692**	**700412**
#大型企业	Large-sized Industrial Enterprises	5033217	2029103	385059
中型企业	Medium-sized Industrial Enterprises	1088026	429976	115028
内资企业	**Domestic Funded**	**5443888**	**2435930**	**634350**
国有企业	State-owned Enterprises	251193	65404	38711
集体企业	Collective-owned Enterprises	64888	3528	3574
股份合作企业	Cooperative Enterprises	1796	1150	134
联营企业	Joint Ownership Enterprises	269		100
国有联营企业	State Joint Ownership Enterprises	100		100
集体联营企业	Collective Joint Ownership Enterprises			
国有与集体联营企业	Joint State-collective Enterprises			
其他联营企业	Other Joint Ownership Enterprises	169		
有限责任公司	Limited Liability Corporations	2458464	1143672	248850
国有独资公司	State Sole Funded Corporations	650021	201943	73396
其他有限责任公司	Other Limited Liability Corporations	1808444	941729	175454
股份有限公司	Share-holding Corporations Ltd.	1182624	295246	142370
私营企业	Private Enterprises	1479841	926883	196423
私营独资企业	Private-funded Enterprises	6318	2405	1663
私营合伙企业	Private Partnership Enterprises	558	237	151
私营有限责任公司	Private Limited Liability Corporations	1378944	892413	170005
私营股份有限公司	Private Share-holding Corporations Ltd.	94022	31829	24604
其他企业	Other Enterprises	4812	48	4189
港澳台商投资企业	**Enterprises with Funds from Hong Kong, Macau and Taiwan**	**384999**	**114287**	**35570**
与港澳台商合资经营企业	Joint-venture Enterprises with Funds from Hong Kong, Macau and Taiwan	169748	57310	12448
与港澳台商合作经营企业	Cooperative Enterprises with Funds from Hong Kong, Macau and Taiwan	11969	4289	918
港澳台商独资经营企业	Enterprises with Sole Funds from Hong Kong, Macau and Taiwan	186435	48909	20316
港澳台商投资股份有限公司	Share-holding Corporations Ltd. with Funds from Hong Kong, Macau and Taiwan	15714	3576	1827
外商投资企业	**Foreign Funded Enterprises**	**1155452**	**175474**	**30491**
中外合资经营企业	Joint-venture Enterprises	770865	116530	19463
中外合作经营	Cooperation Enterprises	3879	827	1298
外资企业	Enterprises with Sole Foreign Funds	323101	45325	8020
外商投资股份有限公司	Share-holding Corporations Ltd.with Foreign Funds	54627	12515	1556

2-12 按行业分规上工业企业R&D经费外部支出(2017年)
External Expenditure on R&D in Industrial Enterprises above Designated Size by Industrial Sector(2017)

单位：万元 (10 000 yuan)

行业	Industry	R&D经费外部支出 External Expenditure on R&D	#对境内研究机构支出 to Domestic Research Institutions	#对境内高校支出 to Domestic Higher Education
总计	**Total**	**6984338**	**2725692**	**700412**
煤炭开采和洗选业	Mining and Washing of Coal	90932	27596	28775
石油和天然气开采业	Extraction of Petroleum and Natural Gas	133692	19708	29863
黑色金属矿采选业	Mining of Ferrous Metal Ores	4886	3074	1276
有色金属矿采选业	Mining of Non-ferrous Metal Ores	15419	8443	4417
非金属矿采选业	Mining and Processing of Nonmetal Ores	5293	612	3356
农副食品加工业	Processing of Food from Agricultural Products	98980	25222	38899
食品制造业	Manufacture of Foods	92655	15523	19058
酒、饮料和精制茶制造业	Manufacture of Liquor, Beverages and Refined Tea	36479	12256	12235
烟草制品业	Manufacture of Tobacco	39055	8973	6405
纺织业	Manufacture of Textile	43591	15060	10441
纺织服装、服饰业	Manufacture of Textile, Apparel and Accessories	28744	4928	3865
皮革、毛皮、羽毛及其制品和制鞋业	Manufacture of Leather, Fur, Feather and Related Products and Shoes	8688	1744	2791
木材加工和木、竹、藤、棕、草制品业	Processing of Timbers and Manufacture of Wood,Bamboo, Rattan, Palm and Straw	7530	3712	2675
家具制造业	Manufacture of Furniture	15277	8036	936
造纸和纸制品业	Manufacture of Paper and Paper Products	14649	6033	4094
印刷和记录媒介复制业	Printing,Reproduction of Recording Media	8844	1273	2382
文教、工美、体育和娱乐用品制造业	Manufacture of Artworks, and Articles for Culture, Education, Sports and Recreation	20965	7293	5656
石油加工、炼焦和核燃料加工业	Processing of Petroleum ,Coking and Processing of Nucleus Fuel	71602	22966	10763
化学原料和化学制品制造业	Manufacture of Chemical Raw Material and Chemical Products	219491	90825	63927
医药制造业	Manufacture of Medicines	688622	326477	60136
化学纤维制造业	Manufacture of Chemical Fiber	15922	2618	4300
橡胶和塑料制品业	Manufacture of Rubber and Plastic	71615	20407	12336
非金属矿物制品业	Manufacture of Non-metallic Mineral Products	64752	23422	18717
黑色金属冶炼和压延加工业	Manufacture and Processing of Ferrous Metals	130189	43903	33595
有色金属冶炼和压延加工业	Manufacture and Processing of Non-ferrous Metals	61744	22411	21499
金属制品业	Manufacture of Metal Products	69269	18297	19043
通用设备制造业	Manufacture of General Purpose Machinery	271605	41279	36046
专用设备制造业	Manufacture of Special Purpose Machinery	160482	33832	34031
汽车制造业	Manufacture of Motor Vehicles	1288723	299458	28520
铁路、船舶、航空航天和其他运输设备制造业	Manufacture of Railway Equipment, Ships, Aerospace Equipment and Other Transport Equipment	722470	255464	54817
电气机械和器材制造业	Manufacture of Electrical Machinery and Equipment	414032	122390	45104
计算机、通信和其他电子设备制造业	Manufacture of Computer, Communication and Other Electronic Equipment	1728947	1149673	23613
仪器仪表制造业	Manufacture of Measuring Instrument and Meter	93656	10395	10608
其他制造业	Other Manufacturing	21024	3437	4429
金属制品、机械和设备修理业	Repaire Service of Metal Products, Machinery and Equipment	5605	4057	191
电力、热力生产和供应业	Production and Supply of Electric Power and Heat Power	196069	61404	37016
燃气生产和供应业	Production and Distribution of Gas	2454	74	244
水的生产和供应业	Production and Distribution of Water	4186	779	408

2-13 各地区规上工业企业R&D经费外部支出(2017年)
External Expenditure on R&D in Industrial Enterprises above Designated Size by Region(2017)

单位：万元 (10 000 yuan)

地区	Region	R&D经费外部支出 External Expenditure on R&D	#对境内研究机构支出 to Domestic Research Institutions	#对境内高校支出 to Domestic Higher Education
全国	**National Total**	**6984338**	**2725692**	**700412**
东部地区	Eastern Region	4812778	2066575	359772
中部地区	Middle Region	965447	349577	175125
西部地区	Western Region	835699	216783	129272
东北地区	Northeast Region	370414	92757	36243
北京	Beijing	371840	180950	9526
天津	Tianjin	131960	36305	12528
河北	Hebei	150191	40973	24305
山西	Shanxi	92743	44799	11410
内蒙古	Inner Mongolia	50214	12218	7160
辽宁	Liaoning	184317	46787	12906
吉林	Jilin	111566	28171	13896
黑龙江	Heilongjiang	74532	17800	9441
上海	Shanghai	717514	61882	21485
江苏	Jiangsu	651542	209795	92596
浙江	Zhejiang	393010	120912	29571
安徽	Anhui	241565	67196	35356
福建	Fujian	149578	27939	16947
江西	Jiangxi	75324	30379	12378
山东	Shandong	632169	188361	121436
河南	Henan	127852	56679	29643
湖北	Hubei	227961	80884	37316
湖南	Hunan	200002	69640	49023
广东	Guangdong	1592014	1183260	30898
广西	Guangxi	64984	12285	6522
海南	Hainan	22961	16198	481
重庆	Chongqing	138758	21307	13878
四川	Sichuan	214943	61722	43395
贵州	Guizhou	39866	14287	5837
云南	Yunnan	46400	8312	8268
西藏	Tibet	127	87	40
陕西	Shaanxi	142479	54309	19160
甘肃	Gansu	28927	11171	12249
青海	Qinghai	11905	2472	1206
宁夏	Ningxia	12801	4036	1555
新疆	Xinjiang	84295	14577	10003

2-14 按企业规模及登记注册类型分规上工业企业R&D项目情况(2017年)
R&D Projects in Industrial Enterprises above Designated Size by Scale and Registration Status(2017)

注册类型	Type of Registration	项目数(项) R&D Projects (item)	项目人员折合全时当量(人年) FTE of R&D Personnel (man-year)	项目经费支出(万元) Expenditure on R&D Project (10 000 yuan)
总计	**Total**	**445029**	**2551958**	**119902323**
#大型企业	Large-sized Industrial Enterprises	98737	1097007	61593065
中型企业	Medium-sized Industrial Enterprises	116769	687253	27996986
内资企业	**Domestic Funded**	**367708**	**1969807**	**94034537**
国有企业	State-owned Enterprises	6225	44588	2124702
集体企业	Collective-owned Enterprises	855	4142	609896
股份合作企业	Cooperative Enterprises	566	1874	60022
联营企业	Joint Ownership Enterprises	35	238	7962
国有联营企业	State Joint Ownership Enterprises	17	162	3758
集体联营企业	Collective Joint Ownership Enterprises	12	47	2781
国有与集体联营企业	Joint State-collective Enterprises	3	17	242
其他联营企业	Other Joint Ownership Enterprises	3	13	1181
有限责任公司	Limited Liability Corporations	131045	769057	40931279
国有独资公司	State Sole Funded Corporations	16406	111477	6318079
其他有限责任公司	Other Limited Liability Corporations	114639	657580	34613200
股份有限公司	Share-holding Corporations Ltd.	56425	396759	18437112
私营企业	Private Enterprises	172422	750837	31823739
私营独资企业	Private-funded Enterprises	1865	8322	364088
私营合伙企业	Private Partnership Enterprises	229	1262	50747
私营有限责任公司	Private Limited Liability Corporations	151560	652067	27620106
私营股份有限公司	Private Share-holding Corporations Ltd.	18768	89187	3788799
其他企业	Other Enterprises	135	2310	39825
港澳台商投资企业	**Enterprises with Funds from Hong Kong, Macau and Taiwan**	**36837**	**289078**	**11138893**
与港澳台商合资经营企业	Joint-venture Enterprises with Funds from Hong Kong, Macau and Taiwan	15300	111716	4408434
与港澳台商合作经营企业	Cooperative Enterprises with Funds from Hong Kong, Macau and Taiwan	649	3054	136346
港澳台商独资经营企业	Enterprises with Sole Funds from Hong Kong, Macau and Taiwan	18737	151340	5708707
港澳台商投资股份有限公司	Share-holding Corporations Ltd. with Funds from Hong Kong, Macau and Taiwan	1810	20552	766182
外商投资企业	**Foreign Funded Enterprises**	**40484**	**293072**	**14728893**
中外合资经营企业	Joint-venture Enterprises	18986	133714	7815381
中外合作经营	Cooperation Enterprises	637	3086	162817
外资企业	Enterprises with Sole Foreign Funds	18650	138566	5701738
外商投资股份有限公司	Share-holding Corporations Ltd.with Foreign Funds	1762	15060	955972

2-15　按行业分规上工业企业R&D项目情况(2017年)
R&D Projects in Industrial Enterprises above Designated Size by Industrial Sector(2017)

行　业	Industry	项目数(项) R&D Projects (item)	项目人员折合全时当量(人年) FTE of R&D Personnel (man-year)	项目经费支出(万元) Expenditure on R&D Project (10 000 yuan)
总　计	**Total**	**445029**	**2551958**	**119902323**
煤炭开采和洗选业	Mining and Washing of Coal	3324	38550	1479720
石油和天然气开采业	Extraction of Petroleum and Natural Gas	2652	17738	570610
黑色金属矿采选业	Mining of Ferrous Metal Ores	344	1990	72432
有色金属矿采选业	Mining of Non-ferrous Metal Ores	754	4018	311314
非金属矿采选业	Mining and Processing of Nonmetal Ores	563	3020	118361
农副食品加工业	Processing of Food from Agricultural Products	10227	48039	2738137
食品制造业	Manufacture of Foods	7157	29960	1477401
酒、饮料和精制茶制造业	Manufacture of Liquor, Beverages and Refined Tea	4199	20421	992724
烟草制品业	Manufacture of Tobacco	1372	3598	193744
纺织业	Manufacture of Textile	9605	61628	2327967
纺织服装、服饰业	Manufacture of Textile, Apparel and Accessories	4637	33398	1103419
皮革、毛皮、羽毛及其制品和制鞋业	Manufacture of Leather, Fur, Feather and Related Products and Shoes	2735	19875	650297
木材加工和木、竹、藤、棕、草制品业	Processing of Timbers and Manufacture of Wood, Bamboo, Rattan, Palm and Straw	2564	14008	601122
家具制造业	Manufacture of Furniture	3292	19027	553569
造纸和纸制品业	Manufacture of Paper and Paper Products	4373	23729	1444258
印刷和记录媒介复制业	Printing,Reproduction of Recording Media	3586	17622	538178
文教、工美、体育和娱乐用品制造业	Manufacture of Artworks, and Articles for Culture, Education, Sports and Recreation	5987	32179	1002793
石油加工、炼焦和核燃料加工业	Processing of Petroleum ,Coking and Processing of Nucleus Fuel	2490	11767	1460482
化学原料和化学制品制造业	Manufacture of Chemical Raw Material and Chemical Products	35540	157520	9106224
医药制造业	Manufacture of Medicines	27784	112850	5330475
化学纤维制造业	Manufacture of Chemical Fiber	2849	18350	1059472
橡胶和塑料制品业	Manufacture of Rubber and Plastic	17487	79277	3067723
非金属矿物制品业	Manufacture of Non-metallic Mineral Products	16708	86676	3619842
黑色金属冶炼和压延加工业	Manufacture and Processing of Ferrous Metals	10738	85485	6372368
有色金属冶炼和压延加工业	Manufacture and Processing of Non-ferrous Metals	10115	58678	4607911
金属制品业	Manufacture of Metal Products	19645	92485	3426547
通用设备制造业	Manufacture of General Purpose Machinery	40179	187989	6957572
专用设备制造业	Manufacture of Special Purpose Machinery	35366	164322	6360155
汽车制造业	Manufacture of Motor Vehicles	30989	214807	11622569
铁路、船舶、航空航天和其他运输设备制造业	Manufacture of Railway Equipment, Ships, Aerospace Equipment and Other Transport Equipment	11227	85335	4282425
电气机械和器材制造业	Manufacture of Electrical Machinery and Equipment	51279	268330	12403148
计算机、通信和其他电子设备制造业	Manufacture of Computer, Communication and Other Electronic Equipment	42905	431947	20005050
仪器仪表制造业	Manufacture of Measuring Instrument and Meter	13058	64446	2097845
其他制造业	Other Manufacturing	1710	9885	325241
金属制品、机械和设备修理业	Repaire Service of Metal Products, Machinery and Equipment	630	4006	146354
电力、热力生产和供应业	Production and Supply of Electric Power and Heat Power	4093	16060	852736
燃气生产和供应业	Production and Distribution of Gas	391	2657	110774
水的生产和供应业	Production and Distribution of Water	580	2330	95640

2-16 各地区规上工业企业R&D项目情况(2017年)
R&D Projects in Industrial Enterprises above Designated Size by Region (2017)

地 区	Region	项目数 (项) R&D Projects (item)	项目人员折合全时当量 (人年) FTE of R&D Personnel (man-year)	项目经费支出 (万元) Expenditure on R&D Project (10 000 yuan)
全 国	**National Total**	**445029**	**2551958**	**119902323**
东部地区	Eastern Region	315218	1766336	81370455
中部地区	Middle Region	70320	454686	21675582
西部地区	Western Region	44693	250984	12538270
东北地区	Northeast Region	14798	79951	4318016
北 京	Beijing	7904	46830	2688522
天 津	Tianjin	13456	52270	2408278
河 北	Hebei	11295	71285	3504670
山 西	Shanxi	3454	30207	1111528
内 蒙 古	Inner Mongolia	2353	21367	1080252
辽 宁	Liaoning	8533	44390	2746294
吉 林	Jilin	2439	15111	747567
黑 龙 江	Heilongjiang	3826	20450	824155
上 海	Shanghai	12557	82293	5395134
江 苏	Jiangsu	67205	425512	18303078
浙 江	Zhejiang	69180	322823	10291973
安 徽	Anhui	20010	98366	4353581
福 建	Fujian	15944	99926	4480587
江 西	Jiangxi	7504	42028	2213809
山 东	Shandong	43666	222249	15598326
河 南	Henan	15973	113472	4708508
湖 北	Hubei	12968	83754	4679242
湖 南	Hunan	10411	86859	4608915
广 东	Guangdong	73439	441338	18625129
广 西	Guangxi	2795	15227	934435
海 南	Hainan	572	1810	74757
重 庆	Chongqing	10624	52769	2792789
四 川	Sichuan	12359	64191	3001425
贵 州	Guizhou	2758	16883	647188
云 南	Yunnan	4122	20539	883366
西 藏	Tibet	32	178	3186
陕 西	Shaanxi	5125	39054	1956854
甘 肃	Gansu	1650	7967	465509
青 海	Qinghai	310	1433	83193
宁 夏	Ningxia	1404	6014	289734
新 疆	Xinjiang	1161	5362	400338

2-17 按企业规模及登记注册类型分规上工业企业办研发机构情况(2017年)
R&D Institutions in Industrial Enterprises above Designated Size by Scale and Registration Status(2017)

注册类型	Type of Registration	机构数(个) Institutions (unit)	机构人员(人) Personnel (person)	#博士和硕士 Doctor and Master	机构经费支出(万元) Expenditure on S&T Institutions (10 000 yuan)	仪器和设备原价(万元) Equipment (10 000 yuan)
总　计	**Total**	**82667**	**3254179**	**443966**	**89554910**	**88837085**
#大型企业	Large-sized Industrial Enterprises	9098	1463753	277885	51386158	43771868
中型企业	Medium-sized Industrial Enterprises	20879	899197	85247	20028541	23911706
内资企业	**Domestic Funded**	**68201**	**2453664**	**367240**	**66641469**	**65014951**
国有企业	State-owned Enterprises	513	50872	14105	1360226	2422986
集体企业	Collective-owned Enterprises	146	4493	1395	167097	151111
股份合作企业	Cooperative Enterprises	94	1657	124	34107	42181
联营企业	Joint Ownership Enterprises	11	380	39	6441	6848
国有联营企业	State Joint Ownership Enterprises	3	261	26	2559	4512
集体联营企业	Collective Joint Ownership Enterprises	2	40	3	671	532
国有与集体联营企业	Joint State-collective Enterprises	2	42	9	267	919
其他联营企业	Other Joint Ownership Enterprises	4	37	1	2944	885
有限责任公司	Limited Liability Corporations	20223	948089	167897	29387080	29122350
国有独资公司	State Sole Funded Corporations	1195	113956	26909	3282053	6437150
其他有限责任公司	Other Limited Liability Corporations	19028	834133	140988	26105028	22685200
股份有限公司	Share-holding Corporations Ltd.	7158	540617	105959	15029077	14440230
私营企业	Private Enterprises	39998	905175	77143	20616584	18775681
私营独资企业	Private-funded Enterprises	831	8915	612	199408	104663
私营合伙企业	Private Partnership Enterprises	80	1013	42	22558	10317
私营有限责任公司	Private Limited Liability Corporations	35837	777738	62867	17328432	16264788
私营股份有限公司	Private Share-holding Corporations Ltd.	3250	117509	13622	3066186	2395913
其他企业	Other Enterprises	58	2381	578	40856	53564
港澳台商投资企业	**Enterprises with Funds from Hong Kong, Macau and Taiwan**	**7479**	**424107**	**31574**	**10445729**	**8740241**
与港澳台商合资经营企业	Joint-venture Enterprises with Funds from Hong Kong, Macau and Taiwan	2601	138159	9766	3790989	3835984
与港澳台商合作经营企业	Cooperative Enterprises with Funds from Hong Kong, Macau and Taiwan	144	5267	392	123614	161573
港澳台商独资经营企业	Enterprises with Sole Funds from Hong Kong, Macau and Taiwan	4395	247935	17645	5773295	4183118
港澳台商投资股份有限公司	Share-holding Corporations Ltd. with Funds from Hong Kong, Macau and Taiwan	281	30170	3650	691879	497218
外商投资企业	**Foreign Funded Enterprises**	**6987**	**376408**	**45152**	**12467713**	**15081893**
中外合资经营企业	Joint-venture Enterprises	2713	170114	23974	6785147	7804990
中外合作经营	Cooperation Enterprises	102	3187	257	112839	105698
外资企业	Enterprises with Sole Foreign Funds	3898	178752	15922	4704843	5990078
外商投资股份有限公司	Share-holding Corporations Ltd. with Foreign Funds	186	21362	4809	791805	1120267

2-18 按行业分规上工业企业办研发机构情况(2017年)
R&D Institutions in Industrial Enterprises above Designated Size by Industrial Sector(2017)

行业	Industry	机构数(个) Institutions (unit)	机构人员(人) Personnel (person)	#博士和硕士 Doctor and Master	机构经费支出(万元) Expenditure on S&T Institutions (10 000 yuan)	仪器和设备原价(万元) Equipment (10 000 yuan)
总　计	**Total**	**82667**	**3254179**	**443966**	**89554910**	**88837085**
煤炭开采和洗选业	Mining and Washing of Coal	212	19110	3296	414330	379873
石油和天然气开采业	Extraction of Petroleum and Natural Gas	84	27811	8301	583674	482113
黑色金属矿采选业	Mining of Ferrous Metal Ores	46	2093	522	50993	55287
有色金属矿采选业	Mining of Non-ferrous Metal Ores	86	4276	642	166112	74502
非金属矿采选业	Mining and Processing of Nonmetal Ores	124	2791	280	50679	47673
农副食品加工业	Processing of Food from Agricultural Products	2700	58095	8611	1571076	1322080
食品制造业	Manufacture of Foods	1499	39305	5444	954768	861118
酒、饮料和精制茶制造业	Manufacture of Liquor, Beverages and Refined Tea	967	32007	3438	727613	991686
烟草制品业	Manufacture of Tobacco	49	3354	1265	296478	401788
纺织业	Manufacture of Textile	2932	69734	3724	1576152	1564726
纺织服装、服饰业	Manufacture of Textile, Apparel and Accessories	1756	43816	1796	750802	564243
皮革、毛皮、羽毛及其制品和制鞋业	Manufacture of Leather, Fur, Feather and Related Products and Shoes	1039	25894	862	418982	236788
木材加工和木、竹、藤、棕、草制品业	Processing of Timbers and Manufacture of Wood, Bamboo, Rattan, Palm and Straw	875	14538	1151	344453	307773
家具制造业	Manufacture of Furniture	826	26534	814	486659	409687
造纸和纸制品业	Manufacture of Paper and Paper Products	918	30690	1405	1069271	909103
印刷和记录媒介复制业	Printing,Reproduction of Recording Media	817	22820	976	383657	856591
文教、工美、体育和娱乐用品制造业	Manufacture of Artworks, and Articles for Culture, Education, Sports and Recreation	1659	44912	2231	710606	492104
石油加工、炼焦和核燃料加工业	Processing of Petroleum ,Coking and Processing of Nucleus Fuel	334	14995	1624	800931	1275376
化学原料和化学制品制造业	Manufacture of Chemical Raw Material and Chemical Products	6738	183504	25445	5671346	5296092
医药制造业	Manufacture of Medicines	3318	143375	33293	3917352	3843915
化学纤维制造业	Manufacture of Chemical Fiber	592	21196	1659	735953	1273660
橡胶和塑料制品业	Manufacture of Rubber and Plastic	3817	105279	6332	2286799	2549277
非金属矿物制品业	Manufacture of Non-metallic Mineral Products	4029	99737	8484	2052603	2305879
黑色金属冶炼和压延加工业	Manufacture and Processing of Ferrous Metals	1354	64256	7040	2842832	2366774
有色金属冶炼和压延加工业	Manufacture and Processing of Non-ferrous Metals	1690	64910	7383	2231770	3232240
金属制品业	Manufacture of Metal Products	4167	117701	7482	2235803	2957780
通用设备制造业	Manufacture of General Purpose Machinery	7294	228362	21496	4908780	5994262
专用设备制造业	Manufacture of Special Purpose Machinery	6195	208329	28684	4381973	4331909
汽车制造业	Manufacture of Motor Vehicles	3922	271209	37519	10044933	8320781
铁路、船舶、航空航天和其他运输设备制造业	Manufacture of Railway Equipment, Ships, Aerospace Equipment and Other Transport Equipment	1400	101590	17920	2545782	4464887
电气机械和器材制造业	Manufacture of Electrical Machinery and Equipment	9828	382042	40772	9568401	8167878
计算机、通信和其他电子设备制造业	Manufacture of Computer, Communication and Other Electronic Equipment	8055	643494	133464	22038624	17608026
仪器仪表制造业	Manufacture of Measuring Instrument and Meter	2120	90065	11437	1759135	2556977
其他制造业	Other Manufacturing	357	11230	1241	207570	164888
金属制品、机械和设备修理业	Repaire Service of Metal Products, Machinery and Equipment	72	4033	423	63691	65893
电力、热力生产和供应业	Production and Supply of Electric Power and Heat Power	395	19101	5474	431880	1702246
燃气生产和供应业	Production and Distribution of Gas	70	2433	240	47165	57969
水的生产和供应业	Production and Distribution of Water	125	2805	520	56604	60401

2-19　各地区规上工业企业办研发机构情况(2017年)
R&D Institutions in Industrial Enterprises above Designated Size by Region(2017)

地　区	Region	机构数 (个) Institutions (unit)	机构人员 (人) Personnel (person)	#博士和硕士 Doctor and Master	机构经费支出 (万元) Expenditure on S&T Institutions (10 000 yuan)	仪器和设备原价 (万元) Equipment (10 000 yuan)
全　国	**National Total**	**82667**	**3254179**	**443966**	**89554910**	**88837085**
东部地区	Eastern Region	63288	2443014	315096	70101892	60704738
中部地区	Middle Region	13014	479776	71239	11737370	17289148
西部地区	Western Region	5445	251568	41653	5768649	7389397
东北地区	Northeast Region	920	79821	15978	1947000	3453801
北　京	Beijing	657	47605	13171	1835027	1229366
天　津	Tianjin	561	38381	6484	884648	1282471
河　北	Hebei	1466	84768	10636	1754004	1813113
山　西	Shanxi	378	26705	3767	353235	626536
内蒙古	Inner Mongolia	224	15624	2528	236745	344875
辽　宁	Liaoning	581	45013	7144	1147597	2347394
吉　林	Jilin	180	17391	5353	537543	703625
黑龙江	Heilongjiang	159	17417	3481	261859	402782
上　海	Shanghai	621	69410	21041	3737468	2857424
江　苏	Jiangsu	22007	601425	64088	16519967	18196966
浙　江	Zhejiang	10893	366936	26708	9122593	7930099
安　徽	Anhui	5110	137027	17503	3465474	5905566
福　建	Fujian	1665	81348	8796	2062124	1758010
江　西	Jiangxi	1880	60902	7114	1779356	3566056
山　东	Shandong	5361	240466	43819	7857349	7244323
河　南	Henan	2397	112076	15091	2299846	2360602
湖　北	Hubei	1266	66379	11883	1545523	2081625
湖　南	Hunan	1983	76687	15881	2293937	2748764
广　东	Guangdong	20030	911119	120186	26301879	18372468
广　西	Guangxi	305	15876	2018	394853	722774
海　南	Hainan	27	1556	167	26833	20498
重　庆	Chongqing	1264	51764	7069	1610584	1264506
四　川	Sichuan	1270	70345	14226	1403704	2050172
贵　州	Guizhou	442	15167	2192	345844	403695
云　南	Yunnan	648	17992	1880	490583	562092
西　藏	Tibet	4	173	15	248	69
陕　西	Shaanxi	652	34221	7008	803125	1088043
甘　肃	Gansu	228	11139	1861	126517	328087
青　海	Qinghai	50	2995	393	41192	83926
宁　夏	Ningxia	198	7852	857	104520	220097
新　疆	Xinjiang	160	8420	1606	210734	321062

2-20 按企业规模及登记注册类型分规上工业企业新产品开发和销售(2017年)
New Products Development and Sale of Industrial Enterprises above Designated Size by Scale and Registration Status (2017)

单位：万元 (10 000 yuan)

注册类型	Type of Registration	新产品开发项目数(项) New Products (unit)	新产品开发经费支出 Expenditure on New Products Development	新产品销售收入 Sales Revenue of New Products	#出口 Exports
总　计	**Total**	**477861**	**134978371**	**1915686889**	**349447537**
#大型企业	Large-sized Industrial Enterprises	94581	69246541	1190309442	254236347
中型企业	Medium-sized Industrial Enterprises	127867	31393976	409260055	63368543
内资企业	**Domestic Funded**	**388276**	**103371254**	**1334941713**	**172039156**
国有企业	State-owned Enterprises	5313	2677167	47571230	944556
集体企业	Collective-owned Enterprises	826	619605	8246890	1312709
股份合作企业	Cooperative Enterprises	566	61493	650819	64327
联营企业	Joint Ownership Enterprises	38	10521	68439	5314
国有联营企业	State Joint Ownership Enterprises	17	3837	18796	5314
集体联营企业	Collective Joint Ownership Enterprises	6	2482	4700	
国有与集体联营企业	Joint State-collective Enterprises	9	588	38697	
其他联营企业	Other Joint Ownership Enterprises	6	3614	6247	
有限责任公司	Limited Liability Corporations	133898	44143289	559755412	70968504
国有独资公司	State Sole Funded Corporations	14189	6167601	86522152	9538115
其他有限责任公司	Other Limited Liability Corporations	119709	37975687	473233260	61430390
股份有限公司	Share-holding Corporations Ltd.	58706	20454872	289845422	43256360
私营企业	Private Enterprises	188834	35374844	428471495	55484336
私营独资企业	Private-funded Enterprises	1848	371229	2983960	170249
私营合伙企业	Private Partnership Enterprises	225	47992	231271	25216
私营有限责任公司	Private Limited Liability Corporations	166142	30585005	368468504	47461081
私营股份有限公司	Private Share-holding Corporations Ltd.	20619	4370618	56787759	7827790
其他企业	Other Enterprises	95	29465	332007	3050
港澳台商投资企业	**Enterprises with Funds from Hong Kong, Macau and Taiwan**	**43324**	**13694049**	**260442342**	**102579702**
与港澳台商合资经营企业	Joint-venture Enterprises with Funds from Hong Kong, Macau and Taiwan	16968	5080101	82445328	15134800
与港澳台商合作经营企业	Cooperative Enterprises with Funds from Hong Kong, Macau and Taiwan	747	184988	2205571	555514
港澳台商独资经营企业	Enterprises with Sole Funds from Hong Kong, Macau and Taiwan	23144	7441282	159062220	83937783
港澳台商投资股份有限公司	Share-holding Corporations Ltd. with Funds from Hong Kong, Macau and Taiwan	2146	894281	14539338	2698265
外商投资企业	**Foreign Funded Enterprises**	**46261**	**17913068**	**320302834**	**74828679**
中外合资经营企业	Joint-venture Enterprises	21430	9410439	198557393	28355885
中外合作经营	Cooperation Enterprises	636	168567	3246482	1820706
外资企业	Enterprises with Sole Foreign Funds	22101	7301380	102191938	41325410
外商投资股份有限公司	Share-holding Corporations Ltd. with Foreign Funds	1591	924943	14530279	2874182

2-21 按行业分规上工业企业新产品开发和销售(2017年)
New Products Development and Sale of Industrial Enterprises above Designated Size by Industrial Sector (2017)

单位：万元 (10 000 yuan)

行业	Industry	新产品开发项目数(项) New Products (unit)	新产品开发经费支出 Expenditure on New Products Development	新产品销售收入 Sales Revenue of New Products	#出口 Exports
总　计	**Total**	**477861**	**134978371**	**1915686889**	**349447537**
煤炭开采和洗选业	Mining and Washing of Coal	1292	753211	10090782	254303
石油和天然气开采业	Extraction of Petroleum and Natural Gas	835	159306	1112342	
黑色金属矿采选业	Mining of Ferrous Metal Ores	236	62092	630161	
有色金属矿采选业	Mining of Non-ferrous Metal Ores	282	135580	2372374	13
非金属矿采选业	Mining and Processing of Nonmetal Ores	425	97897	966090	20980
农副食品加工业	Processing of Food from Agricultural Products	11323	3014682	33601202	1677884
食品制造业	Manufacture of Foods	7877	1670110	15705490	1401014
酒、饮料和精制茶制造业	Manufacture of Liquor, Beverages and Refined Tea	4082	1039929	11018384	657346
烟草制品业	Manufacture of Tobacco	1069	267622	16890810	29214
纺织业	Manufacture of Textile	9982	2380515	51245343	7141578
纺织服装、服饰业	Manufacture of Textile, Apparel and Accessories	5114	1264756	18967209	4729777
皮革、毛皮、羽毛及其制品和制鞋业	Manufacture of Leather, Fur, Feather and Related Products and Shoes	3316	785189	9634579	2301444
木材加工和木、竹、藤、棕、草制品业	Processing of Timbers and Manufacture of Wood, Bamboo, Rattan, Palm and Straw	2339	586929	6125699	755776
家具制造业	Manufacture of Furniture	4061	681163	9976306	3639733
造纸和纸制品业	Manufacture of Paper and Paper Products	4537	1457380	24290960	1701063
印刷和记录媒介复制业	Printing,Reproduction of Recording Media	3609	603330	8135556	1044212
文教、工美、体育和娱乐用品制造业	Manufacture of Artworks, and Articles for Culture, Education, Sports and Recreation	7279	1229010	14920826	5406833
石油加工、炼焦和核燃料加工业	Processing of Petroleum ,Coking and Processing of Nucleus Fuel	1851	903400	26836000	330057
化学原料和化学制品制造业	Manufacture of Chemical Raw Material and Chemical Products	34054	8142838	118211469	11995172
医药制造业	Manufacture of Medicines	28584	5886028	57132498	4996442
化学纤维制造业	Manufacture of Chemical Fiber	2948	1229238	20362192	1460213
橡胶和塑料制品业	Manufacture of Rubber and Plastic	20128	3645534	41568851	7576349
非金属矿物制品业	Manufacture of Non-metallic Mineral Products	16827	3691508	41788670	4698916
黑色金属冶炼和压延加工业	Manufacture and Processing of Ferrous Metals	9272	6088864	90985290	8090522
有色金属冶炼和压延加工业	Manufacture and Processing of Non-ferrous Metals	9083	3801627	75496509	4584692
金属制品业	Manufacture of Metal Products	21437	3844541	44718345	6489919
通用设备制造业	Manufacture of General Purpose Machinery	44181	7924954	93864598	13189301
专用设备制造业	Manufacture of Special Purpose Machinery	39780	7599517	73561409	10100462
汽车制造业	Manufacture of Motor Vehicles	34806	14613834	287901752	11265234
铁路、船舶、航空航天和其他运输设备制造业	Manufacture of Railway Equipment, Ships, Aerospace Equipment and Other Transport Equipment	12131	5094870	60611870	13591339
电气机械和器材制造业	Manufacture of Electrical Machinery and Equipment	58584	15017158	212862746	40376314
计算机、通信和其他电子设备制造业	Manufacture of Computer, Communication and Other Electronic Equipment	54162	26970176	398752318	175435292
仪器仪表制造业	Manufacture of Measuring Instrument and Meter	15367	2654968	23449650	3386177
其他制造业	Other Manufacturing	1863	340241	3208098	509645
金属制品、机械和设备修理业	Repaire Service of Metal Products, Machinery and Equipment	683	158018	1655222	442303
电力、热力生产和供应业	Production and Supply of Electric Power and Heat Power	2599	735766	3350245	16695
燃气生产和供应业	Production and Distribution of Gas	264	74529	693055	
水的生产和供应业	Production and Distribution of Water	354	60419	236201	

2-22 各地区规上工业企业新产品开发和销售(2017年)
New Products Development and Sale of Industrial Enterprise above Designated Size by Region (2017)

单位：万元 (10 000 yuan)

地　区	Region	新产品开发项目数(项) New Products (unit)	新产品开发经费支出 Expenditure on New Products Development	新产品销售收入 Sales Revenue of New Products	#出口 Exports
全　国	**National Total**	**477861**	**134978371**	**1915686889**	**349447537**
东部地区	Eastern Region	346900	94769515	1302706240	273041208
中部地区	Middle Region	73434	22442626	374488235	52631238
西部地区	Western Region	43256	12867457	166958609	18470846
东北地区	Northeast Region	14271	4898773	71533806	5304246
北　京	Beijing	10490	3454456	41192831	2861883
天　津	Tianjin	11373	2060101	40949317	8433010
河　北	Hebei	10238	3422205	46623294	4016522
山　西	Shanxi	3119	895493	15434765	1954765
内蒙古	Inner Mongolia	1606	672557	11244704	352483
辽　宁	Liaoning	8228	3058148	36962037	4011798
吉　林	Jilin	2791	1171236	27746957	511277
黑龙江	Heilongjiang	3252	669389	6824812	781171
上　海	Shanghai	16121	6787046	100681518	13040804
江　苏	Jiangsu	69653	21506492	285790192	57081068
浙　江	Zhejiang	72083	11074026	211501500	41552462
安　徽	Anhui	22904	5117102	88430765	8192150
福　建	Fujian	14971	4234896	44766789	12027814
江　西	Jiangxi	11689	2949584	38571746	3330683
山　东	Shandong	38273	13834842	181263978	23328451
河　南	Henan	13058	3982301	70958863	31773692
湖　北	Hubei	12460	4640613	75234883	3591500
湖　南	Hunan	10204	4857534	85857213	3788448
广　东	Guangdong	103149	28286496	348630305	110517202
广　西	Guangxi	3232	1120030	22492207	984717
海　南	Hainan	549	108956	1306518	181992
重　庆	Chongqing	11227	3252278	53227016	13021817
四　川	Sichuan	11583	3107379	36830600	1741911
贵　州	Guizhou	2537	577811	6055568	357346
云　南	Yunnan	4208	1026693	8086166	364647
西　藏	Tibet	22	3270	94173	
陕　西	Shaanxi	5093	2042467	17148934	470698
甘　肃	Gansu	1209	369544	3461052	584327
青　海	Qinghai	369	87570	1027045	3302
宁　夏	Ningxia	1194	182203	3352269	424094
新　疆	Xinjiang	976	425657	3938875	165505

2-23 按企业规模及登记注册类型分规上工业企业专利(2017年)
Statistics on Patent of Industrial Enterprises above Designated Size by Scale and Registration Status (2017)

单位：件 (piece)

注册类型	Type of Registration	专利申请数 Patent Applications	#发明专利 Inventions	有效发明专利数 Inventions in Force
总　计	**Total**	**817037**	**320626**	**933990**
#大型企业	Large-sized Industrial Enterprises	313051	156561	426799
中型企业	Medium-sized Industrial Enterprises	183209	61815	205928
内资企业	**Domestic Funded**	**688531**	**274490**	**771070**
国有企业	State-owned Enterprises	17360	8782	19778
集体企业	Collective-owned Enterprises	7672	5385	3213
股份合作企业	Cooperative Enterprises	505	148	598
联营企业	Joint Ownership Enterprises	28	24	97
国有联营企业	State Joint Ownership Enterprises	9	5	57
集体联营企业	Collective Joint Ownership Enterprises	1	1	1
国有与集体联营企业	Joint State-collective Enterprises	3	3	24
其他联营企业	Other Joint Ownership Enterprises	15	15	15
有限责任公司	Limited Liability Corporations	247913	112503	305070
国有独资公司	State Sole Funded Corporations	35665	17581	42866
其他有限责任公司	Other Limited Liability Corporations	212248	94922	262204
股份有限公司	Share-holding Corporations Ltd.	144682	63069	210065
私营企业	Private Enterprises	270129	84468	231855
私营独资企业	Private-funded Enterprises	1089	379	670
私营合伙企业	Private Partnership Enterprises	140	38	59
私营有限责任公司	Private Limited Liability Corporations	237041	73018	194508
私营股份有限公司	Private Share-holding Corporations Ltd.	31859	11033	36618
其他企业	Other Enterprises	242	111	394
港澳台商投资企业	**Enterprises with Funds from Hong Kong, Macau and Taiwan**	**67597**	**24272**	**81769**
与港澳台商合资经营企业	Joint-venture Enterprises with Funds from Hong Kong, Macau and Taiwan	26256	8960	27646
与港澳台商合作经营企业	Cooperative Enterprises with Funds from Hong Kong, Macau and Taiwan	796	192	810
港澳台商独资经营企业	Enterprises with Sole Funds from Hong Kong, Macau and Taiwan	35894	13209	47328
港澳台商投资股份有限公司	Share-holding Corporations Ltd. with Funds from Hong Kong, Macau and Taiwan	4349	1843	5755
外商投资企业	**Foreign Funded Enterprises**	**60909**	**21864**	**81151**
中外合资经营企业	Joint-venture Enterprises	30379	10299	37063
中外合作经营	Cooperation Enterprises	672	195	684
外资企业	Enterprises with Sole Foreign Funds	25365	9599	36867
外商投资股份有限公司	Share-holding Corporations Ltd. with Foreign Funds	3876	1606	5910

2-24 按行业分规上工业企业专利(2017年)
Statistics on Patent of Industrial Enterprises above Designated Size by Industrial Sector (2017)

单位：件 (piece)

行业	Industry	专利申请数 Patent Applications	#发明专利 Inventions	有效发明专利数 Inventions In Force
总　计	**Total**	**817037**	**320626**	**933990**
煤炭开采和洗选业	Mining and Washing of Coal	3179	821	2366
石油和天然气开采业	Extraction of Petroleum and Natural Gas	3140	1332	2261
黑色金属矿采选业	Mining of Ferrous Metal Ores	428	229	1038
有色金属矿采选业	Mining of Non-ferrous Metal Ores	509	168	578
非金属矿采选业	Mining and Processing of Nonmetal Ores	456	198	503
农副食品加工业	Processing of Food from Agricultural Products	10966	4378	8657
食品制造业	Manufacture of Foods	8293	3781	9344
酒、饮料和精制茶制造业	Manufacture of Liquor, Beverages and Refined Tea	4440	1546	3891
烟草制品业	Manufacture of Tobacco	3557	1455	3796
纺织业	Manufacture of Textile	12667	3705	8320
纺织服装、服饰业	Manufacture of Textile, Apparel and Accessories	5653	1412	3161
皮革、毛皮、羽毛及其制品和制鞋业	Manufacture of Leather, Fur, Feather and Related Products and Shoes	4917	835	1989
木材加工和木、竹、藤、棕、草制品业	Processing of Timbers and Manufacture of Wood,Bamboo, Rattan, Palm and Straw	3375	1026	2091
家具制造业	Manufacture of Furniture	10064	1386	4085
造纸和纸制品业	Manufacture of Paper and Paper Products	5184	1487	5027
印刷和记录媒介复制业	Printing,Reproduction of Recording Media	5081	1249	3792
文教、工美、体育和娱乐用品制造业	Manufacture of Artworks, and Articles for Culture, Education, Sports and Recreation	15007	2455	7589
石油加工、炼焦和核燃料加工业	Processing of Petroleum ,Coking and Processing of Nucleus Fuel	2682	1198	3606
化学原料和化学制品制造业	Manufacture of Chemical Raw Material and Chemical Products	39389	19968	54262
医药制造业	Manufacture of Medicines	19878	10886	41673
化学纤维制造业	Manufacture of Chemical Fiber	2526	759	2643
橡胶和塑料制品业	Manufacture of Rubber and Plastic	24726	7514	22150
非金属矿物制品业	Manufacture of Non-metallic Mineral Products	24215	8126	23267
黑色金属冶炼和压延加工业	Manufacture and Processing of Ferrous Metals	14784	6371	18308
有色金属冶炼和压延加工业	Manufacture and Processing of Non-ferrous Metals	13324	4798	16250
金属制品业	Manufacture of Metal Products	29243	8619	28081
通用设备制造业	Manufacture of General Purpose Machinery	64164	20065	65982
专用设备制造业	Manufacture of Special Purpose Machinery	68462	24089	81588
汽车制造业	Manufacture of Motor Vehicles	58579	16701	45168
铁路、船舶、航空航天和其他运输设备制造业	Manufacture of Railway Equipment, Ships, Aerospace Equipment and Other Transport Equipment	25267	10971	29490
电气机械和器材制造业	Manufacture of Electrical Machinery and Equipment	136915	49526	109179
计算机、通信和其他电子设备制造业	Manufacture of Computer, Communication and Other Electronic Equipment	145303	83246	274170
仪器仪表制造业	Manufacture of Measuring Instrument and Meter	23449	8055	26170
其他制造业	Other Manufacturing	2984	1003	3560
金属制品、机械和设备修理业	Repaire Service of Metal Products, Machinery and Equipment	756	300	766
电力、热力生产和供应业	Production and Supply of Electric Power and Heat Power	19914	9576	15613
燃气生产和供应业	Production and Distribution of Gas	432	115	224
水的生产和供应业	Production and Distribution of Water	488	155	619

2-25 各地区规上工业企业专利(2017年)
Statistics on Patent of Industrial Enterprises above Designated Size by Region (2017)

单位：件 (piece)

地区	Region	专利申请数 Patent Applications	#发明专利 Inventions	有效发明专利数 Inventions in Force
全国	**National Total**	**817037**	**320626**	**933990**
东部地区	Eastern Region	574528	224494	675705
中部地区	Middle Region	142627	56935	138905
西部地区	Western Region	81996	31324	91074
东北地区	Northeast Region	17886	7873	28306
北京	Beijing	19653	10119	34497
天津	Tianjin	15770	5463	22346
河北	Hebei	13855	4798	14750
山西	Shanxi	4398	1632	6567
内蒙古	Inner Mongolia	3796	1733	3837
辽宁	Liaoning	11206	4994	19028
吉林	Jilin	2894	1231	3518
黑龙江	Heilongjiang	3786	1648	5760
上海	Shanghai	27581	12329	43416
江苏	Jiangsu	124980	45719	140346
浙江	Zhejiang	85639	21817	49158
安徽	Anhui	52916	24394	49810
福建	Fujian	31433	8810	24222
江西	Jiangxi	19383	3949	10806
山东	Shandong	55881	28448	56076
河南	Henan	22367	7704	19457
湖北	Hubei	22244	10112	25568
湖南	Hunan	21319	9144	26697
广东	Guangdong	199293	86724	289238
广西	Guangxi	5428	2502	6557
海南	Hainan	443	267	1656
重庆	Chongqing	17269	5149	12472
四川	Sichuan	26687	10335	32598
贵州	Guizhou	5344	2542	6805
云南	Yunnan	5389	1891	6510
西藏	Tibet	20	12	96
陕西	Shaanxi	9232	3939	14806
甘肃	Gansu	3102	1052	2796
青海	Qinghai	729	271	399
宁夏	Ningxia	1978	937	1633
新疆	Xinjiang	3022	961	2565

2-26 按企业规模及登记注册类型分规上工业企业技术获取和技术改造(2017年)

Technology Acquisition and Renovation of Industrial Enterprises above Designated Size by Scale and Registration Status (2017)

单位：万元 (10 000 yuan)

注册类型	Type of Registration	引进技术经费支出 Expenditure for Acquisition of Foreign Technology	消化吸收经费支出 Expenditure for Assimilation of Technology	购买境内技术经费支出 Expenditure for Purchase of Domestic Technology	技术改造经费支出 Expenditure for Technical Renovation
总　计	**Total**	**3993153**	**1185389**	**2008696**	**31033792**
#大型企业	Large-sized Industrial Enterprises	3295071	1059449	1545391	21419776
中型企业	Medium-sized Industrial Enterprises	407226	88932	275333	5631711
内资企业	**Domestic Funded**	**1515026**	**523899**	**1752905**	**25167642**
国有企业	State-owned Enterprises	198316	151731	142436	1309311
集体企业	Collective-owned Enterprises	6954	1787	2950	38924
股份合作企业	Cooperative Enterprises			5	5187
联营企业	Joint Ownership Enterprises				4649
国有联营企业	State Joint Ownership Enterprises				300
集体联营企业	Collective Joint Ownership Enterprises				3580
国有与集体联营企业	Joint State-collective Enterprises				
其他联营企业	Other Joint Ownership Enterprises				770
有限责任公司	Limited Liability Corporations	542991	170629	619058	11813325
国有独资公司	State Sole Funded Corporations	73300	19921	108620	3654955
其他有限责任公司	Other Limited Liability Corporations	469691	150708	510437	8158369
股份有限公司	Share-holding Corporations Ltd.	332680	119959	388561	6880668
私营企业	Private Enterprises	434085	79722	599892	5101721
私营独资企业	Private-funded Enterprises	1287	147	262	58892
私营合伙企业	Private Partnership Enterprises			67	12696
私营有限责任公司	Private Limited Liability Corporations	408388	62370	543129	4308813
私营股份有限公司	Private Share-holding Corporations Ltd.	24410	17205	56434	721320
其他企业	Other Enterprises		72	3	13857
港澳台商投资企业	**Enterprises with Funds from Hong Kong, Macau and Taiwan**	**157368**	**126195**	**141363**	**2465484**
与港澳台商合资经营企业	Joint-venture Enterprises with Funds from Hong Kong, Macau and Taiwan	58753	10906	87007	1321313
与港澳台商合作经营企业	Cooperative Enterprises with Funds from Hong Kong, Macau and Taiwan	48	38	7468	26006
港澳台商独资经营企业	Enterprises with Sole Funds from Hong Kong, Macau and Taiwan	95923	114586	46220	1039843
港澳台商投资股份有限公司	Share-holding Corporations Ltd. with Funds from Hong Kong, Macau and Taiwan	1006	424	533	74645
外商投资企业	**Foreign Funded Enterprises**	**2320759**	**535294**	**114429**	**3400666**
中外合资经营企业	Joint-venture Enterprises	1955328	481851	63478	2456880
中外合作经营	Cooperation Enterprises	1440	1303	8	48265
外资企业	Enterprises with Sole Foreign Funds	340603	37178	20506	637155
外商投资股份有限公司	Share-holding Corporations Ltd. with Foreign Funds	20091	14856	29894	116848

2-27 按行业分规上工业企业技术获取和技术改造(2017年)
Technology Acquisition and Renovation of Industrial Enterprises above Designated Size by Industrial Sector (2017)

单位：万元 (10 000 yuan)

行业	Industry	引进技术经费支出 Expenditure for Acquisition of Foreign Technology	消化吸收经费支出 Expenditure for Assimilation of Technology	购买境内技术经费支出 Expenditure for Purchase of Domestic Technology	技术改造经费支出 Expenditure for Technical Renovation
总　计	**Total**	**3993153**	**1185389**	**2008696**	**31033792**
煤炭开采和洗选业	Mining and Washing of Coal	27689	4335	40247	1029981
石油和天然气开采业	Extraction of Petroleum and Natural Gas			341	9542
黑色金属矿采选业	Mining of Ferrous Metal Ores		92	322	35440
有色金属矿采选业	Mining of Non-ferrous Metal Ores	12	5	342	111397
非金属矿采选业	Mining and Processing of Nonmetal Ores			1126	42315
农副食品加工业	Processing of Food from Agricultural Products	10687	9210	28531	439852
食品制造业	Manufacture of Foods	38920	10513	12683	454694
酒、饮料和精制茶制造业	Manufacture of Liquor, Beverages and Refined Tea	9752	4480	21670	457056
烟草制品业	Manufacture of Tobacco	6146	483	58863	802425
纺织业	Manufacture of Textile	41449	21120	11424	553929
纺织服装、服饰业	Manufacture of Textile, Apparel and Accessories	9304	5274	10113	111841
皮革、毛皮、羽毛及其制品和制鞋业	Manufacture of Leather, Fur, Feather and Related Products and Shoes	2313	938	2072	59213
木材加工和木、竹、藤、棕、草制品业	Processing of Timbers and Manufacture of Wood, Bamboo, Rattan, Palm and Straw	6227	287	542	170516
家具制造业	Manufacture of Furniture	891	139	313	59898
造纸和纸制品业	Manufacture of Paper and Paper Products	50158	21823	8359	346259
印刷和记录媒介复制业	Printing,Reproduction of Recording Media	536	193	8311	81319
文教、工美、体育和娱乐用品制造业	Manufacture of Artworks, and Articles for Culture, Education, Sports and Recreation	3303	4462	5025	142317
石油加工、炼焦和核燃料加工业	Processing of Petroleum ,Coking and Processing of Nucleus Fuel	37415	62585	46094	1706211
化学原料和化学制品制造业	Manufacture of Chemical Raw Material and Chemical Products	125523	53041	110674	2199467
医药制造业	Manufacture of Medicines	44080	26795	273121	853489
化学纤维制造业	Manufacture of Chemical Fiber	7634	7414	10843	307078
橡胶和塑料制品业	Manufacture of Rubber and Plastic	62698	13012	37191	619933
非金属矿物制品业	Manufacture of Non-metallic Mineral Products	32781	7061	20761	1224260
黑色金属冶炼和压延加工业	Manufacture and Processing of Ferrous Metals	79040	22366	264181	2952109
有色金属冶炼和压延加工业	Manufacture and Processing of Non-ferrous Metals	28222	5834	38867	1438588
金属制品业	Manufacture of Metal Products	23110	3722	25631	582427
通用设备制造业	Manufacture of General Purpose Machinery	205208	57848	69303	1169621
专用设备制造业	Manufacture of Special Purpose Machinery	68655	19314	33771	833196
汽车制造业	Manufacture of Motor Vehicles	2202176	623505	208269	3776949
铁路、船舶、航空航天和其他运输设备制造业	Manufacture of Railway Equipment, Ships, Aerospace Equipment and Other Transport Equipment	85879	10977	86604	1064139
电气机械和器材制造业	Manufacture of Electrical Machinery and Equipment	211168	63336	85202	1780635
计算机、通信和其他电子设备制造业	Manufacture of Computer, Communication and Other Electronic Equipment	484838	14392	434622	2740065
仪器仪表制造业	Manufacture of Measuring Instrument and Meter	16360	5832	14987	189606
其他制造业	Other Manufacturing	175	15	565	54057
金属制品、机械和设备修理业	Repaire Service of Metal Products, Machinery and Equipment	788		833	18921
电力、热力生产和供应业	Production and Supply of Electric Power and Heat Power	68419	450	19693	1974982
燃气生产和供应业	Production and Distribution of Gas		104440	16704	60836
水的生产和供应业	Production and Distribution of Water	1236		181	404822

2-28 各地区规上工业企业技术获取和技术改造(2017年)
Technology Acquisition and Renovation of Industrial Enterprises above Designated Size by Region(2017)

单位：万元 (10 000 yuan)

地 区	Region	引进技术经费支出 Expenditure for Acquisition of Foreign Technology	消化吸收经费支出 Expenditure for Assimilation of Technology	购买境内技术经费支出 Expenditure for Purchase of Domestic Technology	技术改造经费支出 Expenditure for Technical Renovation
全 国	**National Total**	**3993153**	**1185389**	**2008696**	**31033792**
东部地区	Eastern Region	3029708	845597	1339648	18148480
中部地区	Middle Region	350759	93942	243383	6683704
西部地区	Western Region	469019	64177	309728	4670935
东北地区	Northeast Region	143668	181673	115937	1530674
北 京	Beijing	265947	108628	37019	671225
天 津	Tianjin	62699	8244	7334	363736
河 北	Hebei	89304	13540	29860	1262379
山 西	Shanxi	36597	4397	16157	527376
内蒙古	Inner Mongolia	29289	20925	4918	248334
辽 宁	Liaoning	76311	35003	99934	1046231
吉 林	Jilin	52282	144095	325	262979
黑龙江	Heilongjiang	15075	2575	15678	221465
上 海	Shanghai	965059	473977	216144	1616021
江 苏	Jiangsu	294264	73582	122016	4696552
浙 江	Zhejiang	75805	18892	140841	1855348
安 徽	Anhui	28518	17070	47056	1554425
福 建	Fujian	199628	26561	93260	1939794
江 西	Jiangxi	48914	1350	66635	537309
山 东	Shandong	130882	83306	246961	2577329
河 南	Henan	18999	7034	49015	1053359
湖 北	Hubei	162376	13573	29755	729899
湖 南	Hunan	55355	50519	34766	2281336
广 东	Guangdong	946120	38867	443884	3141214
广 西	Guangxi	8060	3183	32623	789279
海 南	Hainan			2329	24883
重 庆	Chongqing	344998	4600	54684	628000
四 川	Sichuan	35602	6384	67240	852742
贵 州	Guizhou	2870	392	66507	461488
云 南	Yunnan	12554	775	44418	353495
西 藏	Tibet				12
陕 西	Shaanxi	30224	2800	25544	456105
甘 肃	Gansu	862		4488	375682
青 海	Qinghai		19704	257	57442
宁 夏	Ningxia	2275	549	7738	318648
新 疆	Xinjiang	2285	4865	1313	129709

三、研究与开发机构
R&D Institutions

3-1 研究与开发机构基本情况
Basic Statistics on Scientific Research and Development Institutions

指　　标	Item	2009	2010	2011	2012	2013	2014	2015	2016	2017
机构基本情况	**Basic Statistics on Institutions**									
机构数（个）	Number of R&D Institutions(unit)	3707	3696	3673	3674	3651	3677	3650	3611	3547
#中央属	Subordinated to Central Level	691	686	686	710	711	720	715	734	728
地方属	Subordinated to Local Level	3016	3010	2987	2964	2940	2957	2935	2877	2819
研究与试验发展(R&D)投入情况	**Statistics on R&D Input**									
R&D人员（万人）	R&D Personnel(10 000 persons)	32.3	34.2	36.2	38.8	40.9	42.3	43.6	45.0	46.2
R&D人员全时当量（万人年）	Full-time Equivalent of R&D Personnel (10 000 man-year)	27.7	29.3	31.6	34.4	36.4	37.4	38.4	39.0	40.6
#基础研究	Basic Research	4.1	4.2	5.0	5.7	6.1	6.6	7.1	8.4	8.4
应用研究	Applied Research	10.3	10.9	11.3	12.1	13.0	12.8	13.1	12.7	14.3
试验发展	Experimental Development	13.4	14.2	15.2	16.5	17.3	18.0	18.1	17.9	17.8
R&D经费内部支出（亿元）	Intramural Expenditure on R&D (100 million yuan)	996.0	1186.4	1306.7	1548.9	1781.4	1926.2	2136.5	2260.2	2435.7
#基础研究	Basic Research	110.6	129.9	160.2	197.9	221.6	258.9	295.3	337.4	384.4
应用研究	Applied Research	350.9	387.6	417.2	469.3	525.8	552.9	618.4	642.1	699.4
试验发展	Experimental Development	534.4	668.9	729.3	881.7	1034.0	1114.4	1222.8	1280.7	1351.9
#政府资金	Government Funds	849.5	1036.5	1106.1	1292.7	1481.2	1581.0	1802.7	1851.6	2025.9
企业资金	Self-raised Funds by Enterprises	29.8	34.2	39.9	47.4	60.9	62.9	65.4	90.4	91.9
国外资金	Forein Funds	4.2	3.4	4.9	5.1	5.7	9.1	5.0	3.9	4.4
其他资金	Other Funds	112.4	112.2	155.8	203.8	233.5	273.8	263.4	314.2	313.6
研究与试验发展(R&D)项目(课题)情况	**Statistics on R&D Projects**									
R&D项目(课题)数（项）	R&D Projects(item)	61135	67050	70967	79343	85069	91465	99559	100925	112472
R&D项目(课题)人员全时当量（万人年）	Participants(10 000 man-year)	23.7	25.4	27.3	31.1	32.7	34.0	34.9	34.4	35.9
R&D项目(课题)经费内部支出（亿元）	Intramural Expenditure (100 million yuan)	579.8	681.5	807.1	1078.3	1221.7	1272.7	1513.8	1592.5	1720.8
科技产出及成果情况	**Statistics on S&T Outputs and Results**									
发表科技论文(篇)	Scientific Papers Issued(piece)	138119	140818	148039	158647	164440	171928	169989	175169	177572
#国外发表	Published in Foreign Periodicals	25882	26862	31598	35173	41072	47032	47301	50010	54500
出版科技著作（种）	Publication on Science and Technology (kind)	4788	3922	4292	4458	4619	5023	5662	5714	5459
专利申请数　（件）	Number of Patent Applications(piece)	15773	19192	24059	30418	37040	41966	46559	52331	56267
#发明专利	Inventions	12361	14979	18227	23406	28628	32265	35092	39854	43426
专利授权数　（件）	Number of Patent Grants(piece)	6391	8698	12126	16551	20095	24870	30104	32442	35350
#发明专利	Inventions	4077	5249	7862	10935	12542	15786	19720	21816	24283

3-2 按隶属关系和学科分研究与开发机构R&D人员(2017年)

R&D Personnel in R&D Institutions by Subordination and Subject (2017)

项 目	Item	机构数(个) R&D Institutions (unit)	从业人员(人) Employed Persons (person)	R&D人员合计(人) R&D Personnel (person)	#女性 Female	#博士毕业 Doctor	#硕士毕业 Master	#本科毕业 Under-graduate
总 计		**3547**	**775526**	**462213**	**154457**	**81962**	**164660**	**148483**
按隶属关系分组	**by Subordination**							
中央部门属	Subordinated to Central Level	728	541767	352652	110494	67731	128517	105100
#中国科学院	Chinese Academy of Sciences	112	62985	96609	34519	36794	30429	17398
地方部门属	Subordi-nated to Local Level	2819	233759	109561	43963	14231	36143	43383
省级部门属	Provincial Level	1403	166529	84730	34897	12776	29541	31883
副省级城市部门属	Sub-provincial Cities Level	172	13005	3738	1527	386	1366	1510
地市级部门属	Miniciple Level	1244	54225	21093	7539	1069	5236	9990
按门类学科分组	**by Subject**							
自然科学	Natural sciences	265	62437	78743	29124	29287	24432	16285
农业科学	Agricultural Sciences	1247	97308	60318	22717	10014	18466	20951
医药科学	Medical Science	285	69350	31966	17081	6908	9358	11698
工程与技术科学	Engineering and Technological Sciences	1111	509916	273374	77476	30642	106630	94199
人文与社会科学	Humanities and Social Sciences	639	36515	17812	8059	5111	5774	5350

项 目	Item	#全时人员 Full-time Personnel	R&D人员全时当量(人年) Full-time Equivalent of R&D Personnel (man-year)	#研究人员 Resear-chers	基础研究 Basic Research	应用研究 Applied Research	试验发展 Experi-mental Develop-ment
总 计		**368573**	**405711**	**287258**	**84427**	**142911**	**178373**
按隶属关系分组	**by Subordination**						
中央部门属	Subordinated to Central Level	291285	314595	226342	67718	112932	133945
#中国科学院	Chinese Academy of Sciences	62429	76334	56570	36055	35475	4804
地方部门属	Subordi-nated to Local Level	77288	91116	60916	16709	29979	44428
省级部门属	Provincial Level	59949	70923	47718	15094	25319	30510
副省级城市部门属	Sub-provincial Cities Level	2630	3046	1939	299	1004	1743
地市级部门属	Miniciple Level	14709	17147	11259	1316	3656	12175
按门类学科分组	**by Subject**						
自然科学	Natural sciences	53093	63967	46957	34109	23218	6640
农业科学	Agricultural Sciences	46627	52072	34969	9075	12268	30729
医药科学	Medical Science	21585	26426	16597	8037	12850	5539
工程与技术科学	Engineering and Technological Sciences	233496	247867	176616	27847	86168	133852
人文与社会科学	Humanities and Social Sciences	13772	15379	12119	5359	8407	1613

3-3 各地区研究与开发

R&D Personnel in R&D

地区	Region	机构数（个）R&D Institutions (unit)	从业人员（人）Employed Persons (person)	R&D 人员合计（人）R&D Personnel (person)	#女性 Female	#博士毕业 Doctor
全国	**National Total**	**3547**	**775526**	**462213**	**154457**	**81962**
东部地区	Eastern Region	1419	398327	254067	90805	57417
中部地区	Middle Region	733	123056	61610	17169	7545
西部地区	Western Region	985	206134	113750	36211	11992
东北地区	Northeast Region	410	48009	32786	10272	5008
北京	Beijing	391	170666	119429	44730	35343
天津	Tianjin	61	21837	13206	4905	1010
河北	Hebei	80	20921	10435	2957	767
山西	Shanxi	162	15991	5633	2206	518
内蒙古	Inner Mongolia	96	9551	3789	1459	321
辽宁	Liaoning	159	22720	16409	4977	2377
吉林	Jilin	104	12100	8873	2852	1915
黑龙江	Heilongjiang	147	13189	7504	2443	716
上海	Shanghai	132	43871	32821	11348	6156
江苏	Jiangsu	133	59205	28364	8876	4295
浙江	Zhejiang	98	16396	9572	2902	1844
安徽	Anhui	100	21796	12187	3257	2666
福建	Fujian	99	7837	5703	1923	1080
江西	Jiangxi	114	12538	6242	1115	341
山东	Shandong	198	21668	14624	5504	2977
河南	Henan	122	31438	14897	4304	920
湖北	Hubei	116	28009	14816	3854	2465
湖南	Hunan	119	13284	7835	2433	635
广东	Guangdong	199	31408	17635	6710	3501
广西	Guangxi	119	11550	5198	2075	434
海南	Hainan	28	4518	2278	950	444
重庆	Chongqing	31	12484	5954	2168	689
四川	Sichuan	169	76330	39830	10578	4067
贵州	Guizhou	76	6437	4020	1398	476
云南	Yunnan	118	11612	8563	3428	1140
西藏	Tibet	17	1348	523	171	20
陕西	Shaanxi	104	57638	32108	9912	1985
甘肃	Gansu	106	10633	7524	2857	1723
青海	Qinghai	25	1355	1137	397	284
宁夏	Ningxia	20	838	697	300	45
新疆	Xinjiang	104	6358	4407	1468	808

机构R&D人员(2017年)
Institutions by Region(2017)

#硕士毕业 Master	#本科毕业 Undergraduate	#全时人员 Full-time Personnel	R&D人员全时当量(人年) Full-time Equivalent of R&D Personnel (man-year)	#研究人员 Researchers	基础研究 Basic Research	应用研究 Applied Research	试验发展 Experimental Development
164660	**148483**	**368573**	**405711**	**287258**	**84427**	**142911**	**178373**
91590	74368	201514	222635	157630	54091	83752	84792
22020	21287	48435	52692	39730	8413	18789	25490
38799	41711	94281	101909	70767	15847	30605	55457
12251	11117	24343	28475	19131	6076	9765	12634
42924	27675	94458	102538	72991	29915	40819	31804
4147	5103	11731	12333	7845	2390	5603	4340
3552	5346	9468	9627	8458	753	3677	5197
2126	2375	4199	4669	3705	653	1596	2420
1035	1768	2181	3032	2039	539	856	1637
6389	5320	12198	14298	9856	2363	4886	7049
2806	2690	5640	7292	4145	1933	2557	2802
3056	3107	6505	6885	5130	1780	2322	2783
11694	10213	26061	29331	17563	6090	9450	13791
12064	9862	23802	26578	20168	3854	10588	12136
3570	3182	6118	7839	5836	995	2955	3889
4019	3387	10094	10891	8824	3037	3681	4173
2154	1978	3915	4747	2745	1641	1465	1641
1593	3014	5250	5643	4016	501	1251	3891
4833	4880	12182	13220	10013	3801	4733	4686
5477	4902	9777	10858	8065	797	3154	6907
6057	4752	12742	13661	10464	2664	6459	4538
2748	2857	6373	6970	4656	761	2648	3561
5975	5587	11953	14466	10715	3814	3851	6801
1826	2012	3789	4574	2961	1092	1937	1545
677	542	1826	1956	1296	838	611	507
1789	2541	4026	5032	3212	1232	1895	1905
14236	14135	34724	35889	25010	2846	8326	24717
1341	1749	3204	3601	2527	1273	986	1342
2534	3341	7004	7611	5781	2561	2049	3001
193	210	522	522	463	178	178	166
11285	11061	28866	30190	19819	2255	10815	17120
2308	2624	5792	6488	5015	2464	1544	2480
332	377	470	752	444	256	244	252
312	268	573	620	514	78	227	315
1608	1625	3130	3598	2982	1073	1548	977

3-4 各地区地方部门属研究与
R&D Personnel in R&D Institutions on

地 区	Region	机构数（个） R&D Institutions (unit)	从业人员（人） Employed Persons (person)	R&D 人员合计（人） R&D Personnel (person)	#女性 Female	#博士毕业 Doctor
全 国	**National Total**	**2819**	**233759**	**109561**	**43963**	**14231**
东部地区	Eastern Region	899	86118	45386	19104	8570
中部地区	Middle Region	665	45108	18314	6366	1905
西部地区	Western Region	874	75401	33670	13814	2831
东北地区	Northeast Region	381	27132	12191	4679	925
北 京	Beijing	50	7227	5042	2768	1359
天 津	Tianjin	41	3128	1696	846	290
河 北	Hebei	72	3997	1899	825	273
山 西	Shanxi	157	10167	2582	1066	228
内蒙古	Inner Mongolia	88	7576	2653	1081	219
辽 宁	Liaoning	144	8656	3245	1356	294
吉 林	Jilin	97	8346	3508	1415	269
黑龙江	Heilongjiang	140	10130	5438	1908	362
上 海	Shanghai	80	9155	4355	2013	1340
江 苏	Jiangsu	104	15898	6521	2626	1201
浙 江	Zhejiang	83	7368	4352	1630	924
安 徽	Anhui	91	4508	2726	842	242
福 建	Fujian	94	6100	3494	1166	360
江 西	Jiangxi	110	8376	3439	1022	307
山 东	Shandong	187	16087	8708	3517	1457
河 南	Henan	107	8001	3162	1148	428
湖 北	Hubei	87	6001	2304	857	343
湖 南	Hunan	113	8055	4101	1431	357
广 东	Guangdong	172	15761	8870	3547	1341
广 西	Guangxi	117	10362	4286	1868	395
海 南	Hainan	16	1397	449	166	25
重 庆	Chongqing	28	10914	4576	1768	499
四 川	Sichuan	141	13135	4864	2228	587
贵 州	Guizhou	69	4535	2503	1001	188
云 南	Yunnan	107	7176	5270	2173	254
西 藏	Tibet	17	1348	523	171	20
陕 西	Shaanxi	68	6680	2052	849	166
甘 肃	Gansu	96	6717	3210	1257	197
青 海	Qinghai	23	922	389	117	36
宁 夏	Ningxia	20	838	697	300	45
新 疆	Xinjiang	100	5198	2647	1001	225

开发机构R&D人员(2017年)
Local Governments by Region (2017)

#硕士毕业 Master	#本科毕业 Undergraduate	#全时人员 Full-time Personnel	R&D人员全时当量(人年) Full-time Equivalent of R&D Personnel (man-year)	#研究人员 Researchers	基础研究 Basic Research	应用研究 Applied Research	试验发展 Experimental Development
36143	**43383**	**77288**	**91116**	**60916**	**16709**	**29979**	**44428**
15467	16076	31691	37335	24738	7069	13179	17087
5620	7357	13582	15534	10321	2575	4659	8300
10590	14646	23069	27734	19241	5557	8668	13509
4466	5304	8946	10513	6616	1508	3473	5532
1659	1542	3600	4332	2635	948	1913	1471
573	724	1003	1332	819	161	446	725
626	756	1475	1596	1232	102	365	1129
982	1149	1768	2163	1371	451	614	1098
680	1329	1316	1944	1115	327	461	1156
1189	1407	2065	2709	1677	50	642	2017
1016	1487	2319	2862	1482	373	822	1667
2261	2410	4562	4942	3457	1085	2009	1848
1419	1251	2617	3182	2030	339	1684	1159
2622	2187	4898	5654	3513	619	2797	2238
1756	1342	2192	3033	2015	416	668	1949
893	1070	2086	2291	1514	634	846	811
1188	1532	2306	2743	1652	502	800	1441
894	1368	2604	2892	1792	472	1069	1351
2807	3305	7355	7906	5869	2279	2733	2894
1013	1182	2559	2827	2090	263	503	2061
753	841	1726	2018	1353	217	654	1147
1085	1747	2839	3343	2201	538	973	1832
2704	3239	5829	7136	4723	1559	1673	3904
1524	1616	2877	3662	2221	960	1329	1373
113	198	416	421	250	144	100	177
1429	1799	2743	3685	2178	580	1437	1668
1477	2022	3615	3853	2902	630	1075	2148
901	1088	1711	2096	1495	598	780	718
1479	2445	4000	4452	3292	732	1286	2434
193	210	522	522	463	178	178	166
622	834	929	1504	1090	277	339	888
830	1730	2682	2893	2042	569	700	1624
115	199	73	265	89	81	80	104
312	268	573	620	514	78	227	315
1028	1106	2028	2238	1840	547	776	915

3-5 按服务的国民经济行业分研究与
R&D Personnel in R&D Institutions by Industrial Sector

行业	Industry	机构数（个） R&D Institutions (unit)	从业人员（人） Employed Persons (person)	R&D人员合计（人） R&D Personnel (person)
总　计	**Total**	**3547**	**775526**	**462213**
农、林、牧、渔服务业小计	**Farming, Forestry, Animal Husbandry and Fishery**	**1158**	**91802**	**57089**
农　业	Farming	548	51244	32563
林　业	Forestry	192	10801	6356
畜牧业	Animal Husbandry	75	6994	4198
渔　业	Fishery	54	4570	3101
农、林、牧、渔服务业	Service Activities for Agriculture, Forestry, Farming of Animals and Fishing	289	18193	10871
采矿业小计	**Mining**	**8**	**789**	**359**
煤炭开采和洗选业	Mining and Washing of Coal	6	507	165
有色金属矿采选业	Mining of Non-ferrous Metal Ores	2	282	194
其他采矿业	Other Minerals Mining and Dressing			
制造业小计	**Manufacturing**	**569**	**421666**	**220039**
农副食品加工业	Processing of Food from Agricultural Products	28	2056	1281
食品制造业	Manufacture of Foods	9	267	93
酒、饮料和精制茶制造业	Manufacture of Liquor, Beverages and Refined Tea	3	185	65
烟草制品业	Manufacture of Tobacco	1	37	
纺织业	Manufacture of Textile	8	316	39
纺织服装、服饰业	Manufacture of Textile, Apparel and Accessories	5	74	6
皮革、毛皮、羽毛及其制品和制鞋业	Manufacture of Leather, Fur, Feather and Related Products and Shoes	3	39	18
木材加工及木、竹、藤、棕、草制品业	Processing of Timbers and Manufacture of Wood, Bamboo, Rattan, Palm and Straw	2	231	157
家具制造业	Manufacture of Furniture	1	17	
造纸及纸制品业	Manufacture of Paper and Paper Products	2	82	20
印刷和记录媒介复制业	Printing,Reproduction of Recording Media	1	26	
文教、工美、体育和娱乐用品制造业	Manufacture of Artworks, and Articles for Culture, Education, Sports and Recreation	4	60	
石油加工、炼焦及核燃料加工业	Processing of Petroleum ,Coking and Processing of Nucleus Fuel	21	20645	9094
化学原料及化学制品制造业	Manufacture of Chemical Raw Material and Chemical Products	32	2236	1830
医药制造业	Manufacture of Medicines	41	7194	5249
化学纤维制造业	Manufacture of Chemical Fiber	4	109	62
塑料制品业	Manufacture of Rubber and Plastic	4	253	96
非金属矿物制品业	Manufacture of Non-metallic Mineral Products	15	1118	393
黑色金属冶炼及压延加工业	Manufacture and Processing of Ferrous Metals	3	72	31

开发机构R&D人员(2017年)
in which the R&D Institutions Served (2017)

#女性 Female	#博士毕业 Doctor	#硕士毕业 Master	#本科毕业 Under-graduate	#全时人员 Full-time Personnel	R&D人员全时当量(人年) Full-time Equivalent of R&D Personnel (man-year)	#研究人员 Researchers	基础研究 Basic Research	应用研究 Applied Research	试验发展 Experimental Development
154457	**81962**	**164660**	**148483**	**368573**	**405711**	**287258**	**84427**	**142911**	**178373**
21680	**9607**	**17673**	**19420**	**44361**	**49562**	**33249**	**9019**	**11458**	**29085**
12415	4934	10414	11028	25805	28453	19162	4699	6138	17616
2432	1044	1761	2553	4786	5472	3568	984	1101	3387
1531	703	1192	1325	3173	3644	2278	758	1229	1657
1030	673	968	1013	2162	2483	1764	503	657	1323
4272	2253	3338	3501	8435	9510	6477	2075	2333	5102
152	**21**	**104**	**174**	**253**	**304**	**212**	**15**	**105**	**184**
61	1	28	100	97	117	86	3	81	33
91	20	76	74	156	187	126	12	24	151
60087	**17280**	**85957**	**80678**	**200264**	**206241**	**148618**	**20137**	**65494**	**120610**
547	205	431	441	913	1106	687	248	160	698
36	2	25	54	83	86	47		42	44
27	10	32	22	40	43	33	1	10	32
12		7	14	33	36	19		6	30
4			6	4	5	3			5
8		5	13	11	16	8		6	10
70	29	41	55	83	110	87	69	13	28
8		6	10	20	20	12			20
2460	652	3214	3625	6686	6822	6316	2397	2686	1739
677	389	451	614	1381	1509	1218	598	538	373
2631	1330	1569	1727	3994	4461	3132	1014	1901	1546
23		5	31	43	46	30			46
38	8	55	28	78	91	46	27	26	38
55	6	54	308	278	318	241	1	173	144
8		4	24	28	28	27		28	

3-5 续表 1

行 业	Industry	机构数（个） R&D Institutions (unit)	从业人员（人） Employed Persons (person)	R&D 人员合计（人） R&D Personnel (person)
有色金属冶炼和压延加工业	Manufacture and Processing of Non-ferrous Metals	1	81	12
金属制品业	Manufacture of Metal Products	1	61	44
通用设备制造业	Manufacture of General Purpose Machinery	19	4846	1034
专用设备制造业	Manufacture of Special Purpose Machinery	68	5667	3025
汽车制造业	Manufacture of Motor Vehicles	2	110	
铁路、船舶、航空航天和其他运输设备制造业	Manufacture of Railway, Ships, Aerospace and Other Transport Equipment	184	199377	114978
电气机械和器材制造业	Manufacture of Electrical Machinery and Equipment	4	104	71
计算机、通信和其他电子设备制造业	Manufacture of Computer, Communication and Other Electronic Equipment	65	126065	57197
仪器仪表制造业	Manufacture of Measuring Instrument and Meter	10	886	408
其他制造业	Other Manufacturing	28	49452	24836
电力、热力、燃气及水生产和供应业小计	**Production and Distribution of Electricity, Gas and Water**	**7**	**1716**	**1178**
电力、热力的生产和供应业	Production and Supply of Electric Power and Heat Power	6	1691	1153
燃气生产和供应业	Production and Distribution of Gas	1	25	25
水的生产和供应业	Production and Distribution of Water			
建筑业小计	**Construction**	**32**	**5643**	**1298**
房屋建筑业	Construction of Building	16	2596	470
土木工程建筑业	Construction of Civil Engineering	12	2855	750
建筑安装业	Construction Installation			
建筑装饰和其他建筑业	Building Decoration and Other Construction	4	192	78
批发和零售业小计	**Wholesale and Retail Trade**	**2**	**39**	
批发业	Wholesale	1	12	
零售业	Retail trade	1	27	
交通运输、仓储和邮政业小计	**Traffic,Transport, Storage and Post**	**16**	**3339**	**1850**
铁路运输业	Railway Transportation	1	61	
道路运输业	Transport via Road	11	2339	1333
水上运输业	Water Transport	3	670	326
航空运输业	Air Transport	1	269	191
装卸搬运和运输代理业	Loading, Unloading, Portage and Other Transport Services			
信息传输、软件和信息技术服务业小计	**Information Transfer,Software and Information Technology Services**	**36**	**5279**	**4242**
电信、广播电视和卫星传输服务	Telecommunications, Broadcasting,Television and Satellite Transmission Services	8	2070	1683
互联网和相关服务	Internet and Related Services	3	379	327
软件和信息技术服务业	Software and Information Technology Services	25	2830	2232

continued

#女性 Female	#博士毕业 Doctor	#硕士毕业 Master	#本科毕业 Under-graduate	#全时人员 Full-time Personnel	R&D人员全时当量(人年) Full-time Equivalent of R&D Personnel (man-year)	#研究人员 Researchers	基础研究 Basic Research	应用研究 Applied Research	试验发展 Experimental Development
6		4	8	2	5	3			5
15	14	9	5	27	42	28	27	11	4
279	210	589	212	412	666	272	1	91	574
769	241	1016	1375	2102	2573	1551	196	810	1567
30536	8029	49856	38633	107386	110729	75649	7561	32403	70765
7	3	18	34	71	71	50			71
15462	3529	20382	23364	51903	52603	41906	5608	19006	27989
119	79	194	86	307	343	244	51	90	202
6290	2544	7990	9989	24379	24512	17009	2338	7494	14680
426	**480**	**366**	**270**	**1119**	**1144**	**615**	**74**	**791**	**279**
421	476	357	265	1094	1119	596	74	773	272
5	4	9	5	25	25	19		18	7
309	**160**	**613**	**431**	**807**	**1064**	**750**	**76**	**344**	**644**
115	37	170	198	255	349	234	6	95	248
169	113	400	212	481	644	445	63	186	395
25	10	43	21	71	71	71	7	63	1
531	**318**	**878**	**567**	**1241**	**1441**	**880**	**474**	**199**	**768**
341	207	575	475	745	934	512	305	60	569
113	41	231	50	305	316	255	163	94	59
77	70	72	42	191	191	113	6	45	140
1669	**637**	**1438**	**865**	**2480**	**2801**	**1592**	**280**	**1425**	**1096**
845	201	934	434	826	936	548	6	335	595
87	70	70	141	270	318	57		62	256
737	366	434	290	1384	1547	987	274	1028	245

3-5 续表 2

行　业	Industry	机构数（个）R&D Institutions (unit)	从业人员（人）Employed Persons (person)	R&D人员合计（人）R&D Personnel (person)
金融业小计	**Finance**	**3**	**40**	**26**
货币金融服务	Monetary Financial Services	3	40	26
房地产业小计	**Real Estate**			
房地产业	Real Estate			
租赁和商务服务业小计	**Tenancy and Business Services**	**2**	**38**	**12**
商务服务业	Business Service	2	38	12
科学研究和技术服务业小计	**Scientific Research, Technical Service**	**1094**	**155273**	**137323**
研究和试验发展	Research and Experimental Development	555	96806	110985
专业技术服务业	Professional Technique Services	317	49362	22822
科技推广和应用服务业	Technique Generalization and Application Services	222	9105	3516
水利、环境和公共设施管理业小计	**Management of Water Conservancy, Environment and Public Establishment**	**205**	**20629**	**10922**
水利管理业	Management of Water Conservancy	73	8585	3490
生态保护和环境治理业	Environmental Management	121	11154	7161
公共设施管理业	Management of Public Establishment	11	890	271
居民服务、修理和其他服务业小计	**Resident Services and Other Services**	**3**	**62**	**23**
居民服务业	Resident Services			
机动车、电子产品和日用产品修理业	Repair of Motor Vehicles, Electronics and Household Appliances			
教育小计	**Education**	**45**	**3860**	**1758**
教　育	Education	45	3860	1758
卫生和社会工作小计	**Sanitation and Social Works**	**199**	**51998**	**20639**
卫　生	Sanitation	199	51998	20639
文化、体育和娱乐业小计	**Culture, Sports and Entertainment**	**92**	**6916**	**2449**
新闻和出版业	Journalism and Publishing Activities	1	97	
广播、电视、电影和影视录音制作业	Broadcasting, Television,Movies,Videos and Sound Recording	8	443	191
文化艺术业	Culture and Art	55	5260	1762
体　育	Sports Activities	28	1116	496
娱乐业	Entertainment			
公共管理、社会保障和社会组织小计	**Public Management and Social Organization**	**76**	**6437**	**3006**
中国共产党机关	Chinese Communist Party Organs	3	72	36
国家机构	Organ of State	69	6284	2908
群众团体、社会团体和其他成员组织	Mass Communities, Social Communities and Religion Organizations	1	9	

continued

#女性 Female	#博士毕业 Doctor	#硕士毕业 Master	#本科毕业 Under-graduate	#全时人员 Full-time Personnel	R&D人员全时当量(人年) Full-time Equivalent of R&D Personnel (man-year)	#研究人员 Researchers	基础研究 Basic Research	应用研究 Applied Research	试验发展 Experimental Development
12	**2**	**14**	**10**	**23**	**24**	**18**		**20**	**4**
12	2	14	10	23	24	18		20	4
7		**4**	**5**	**9**	**11**	**5**		**11**	
7		4	5	9	11	5		11	
50896	**45333**	**44701**	**32234**	**91841**	**111211**	**81210**	**46240**	**47028**	**17943**
41739	40324	35088	23246	74953	89930	67049	41331	38910	9689
7800	4538	8290	7776	14473	18359	12510	4463	6788	7108
1357	471	1323	1212	2415	2922	1651	446	1330	1146
4359	**2430**	**4318**	**3405**	**7742**	**9081**	**5492**	**1533**	**4365**	**3183**
1054	547	1437	1234	2536	2980	1934	401	1130	1449
3182	1844	2802	2040	5066	5936	3462	1108	3173	1655
123	39	79	131	140	165	96	24	62	79
10		**1**	**19**	**12**	**20**	**7**		**9**	**11**
936	**371**	**592**	**682**	**1293**	**1524**	**1190**	**201**	**1247**	**76**
936	371	592	682	1293	1524	1190	201	1247	76
11128	**4295**	**5955**	**7870**	**13440**	**16822**	**10210**	**5033**	**8406**	**3383**
11128	4295	5955	7870	13440	16822	10210	5033	8406	3383
1069	**254**	**781**	**1026**	**1629**	**1925**	**1366**	**985**	**709**	**231**
59	14	58	94	148	164	140	103	14	47
825	176	550	712	1115	1362	899	775	488	99
185	64	173	220	366	399	327	107	207	85
1186	**774**	**1265**	**827**	**2059**	**2536**	**1844**	**360**	**1300**	**876**
11	1	8	26	28	28	24		28	
1150	768	1226	787	1970	2447	1768	360	1253	834

3-6 按隶属关系和学科分研究与开发

Intramural Expenditure on R&D of R&D Institutions

单位：万元

项　目	Item	R&D经费内部支出 Intramural Expenditure on R&D	基础研究 Basic Research	应用研究 Applied Research	试验发展 Experimental Development
总　计	**Total**	**24356980**	**3843917**	**6994174**	**13518890**
按隶属关系分组	**by Subordination**				
中央部门属	Subordinated to Central Level	21351443	3332895	6022084	11996464
#中国科学院	Chinese Academy of Sciences	4435170	1970348	2154066	310757
地方部门属	Subordi-nated to Local Level	3005537	511022	972090	1522426
省级部门属	Provincial Level	2532740	471698	845608	1215434
副省级城市部门属	Sub-provincial Cities Level	109053	16662	31935	60456
地市级部门属	Miniciple Level	363745	22662	94547	246536
按门类学科分组	**by Subject**				
自然科学	Natural sciences	3739338	1966307	1363414	409617
农业科学	Agricultural Sciences	1920969	303710	501275	1115984
医药科学	Medical Science	1066708	284446	502368	279894
工程与技术科学	Engineering and Technological Sciences	17073274	1061180	4341947	11670147
人文与社会科学	Humanities and Social Sciences	556692	228274	285170	43248

机构R&D经费内部支出(2017年)
by Subordination and Subject (2017)

(10 000 yuan)

日常性支出 Routine Expenses	#人员劳务费 Labor Cost	资产性支出 Assets Expenditure	#仪器和设备支出 Equipment	政府资金 Government Funds	企业资金 Self-raised Funds by Enterprises	国外资金 Foreign Funds	其他资金 Other Funds
19707125	**5636095**	**4649855**	**2885534**	**20259092**	**918539**	**43645**	**3135705**
17224016	4279485	4127428	2510095	17893466	832359	39861	2585758
3449687	1379202	985483	680947	3876194	340207	29047	189723
2483110	1356611	522427	375438	2365626	86180	3785	549947
2082586	1093756	450153	326591	1955203	75947	3499	498092
91258	53159	17794	12596	88727	1457	35	18834
309265	209696	54480	36252	321696	8777	251	33021
2930587	1161974	808751	598318	3407808	147754	21415	162362
1584448	827234	336521	237438	1696034	59285	3160	162489
902115	402936	164593	131314	727464	35538	8381	295326
13774455	2982798	3298818	1879156	13924836	661642	9758	2477038
515521	261153	41171	39308	502952	14319	931	38490

3-7 各地区研究与开发机构R&D
Intramural Expenditure on R&D of R&D

单位：万元

地区	Region	R&D经费内部支出 Intramural Expenditure on R&D	基础研究 Basic Research	应用研究 Applied Research	试验发展 Experimental Development
全　国	**National Total**	**24356980**	**3843917**	**6994174**	**13518890**
东部地区	Eastern Region	15316207	2677131	4495395	8143682
中部地区	Middle Region	2359174	346902	827307	1184964
西部地区	Western Region	5367582	599488	1239923	3528172
东北地区	Northeast Region	1314018	220395	431550	662072
北　京	Beijing	7412398	1501779	2323378	3587241
天　津	Tianjin	514656	81050	193564	240042
河　北	Hebei	487942	26961	112152	348829
山　西	Shanxi	131344	21906	44706	64732
内蒙古	Inner Mongolia	125634	19620	43359	62655
辽　宁	Liaoning	792168	103185	287635	401349
吉　林	Jilin	294441	65937	84668	143836
黑龙江	Heilongjiang	227409	51274	59247	116887
上　海	Shanghai	3204862	394323	740334	2070206
江　苏	Jiangsu	1645658	138543	519443	987671
浙　江	Zhejiang	362431	31992	115969	214471
安　徽	Anhui	583501	176135	179756	227610
福　建	Fujian	231647	107346	71419	52881
江　西	Jiangxi	152315	10736	22997	118583
山　东	Shandong	504828	122137	151454	231237
河　南	Henan	354483	30827	92329	231327
湖　北	Hubei	819465	88887	387601	342977
湖　南	Hunan	318066	18412	99919	199735
广　东	Guangdong	838421	212271	224045	402105
广　西	Guangxi	171432	31296	68704	71432
海　南	Hainan	113364	60729	43636	8998
重　庆	Chongqing	188372	32306	62703	93364
四　川	Sichuan	2211427	176855	387635	1646937
贵　州	Guizhou	97007	32519	24788	39699
云　南	Yunnan	299365	92269	74444	132651
西　藏	Tibet	14718	4940	4019	5758
陕　西	Shaanxi	1832783	71191	441361	1320231
甘　肃	Gansu	276822	95496	74298	107028
青　海	Qinghai	29248	8602	7908	12738
宁　夏	Ningxia	23433	2787	6999	13647
新　疆	Xinjiang	97343	31607	43705	22031

经费内部支出(2017年)
Institutions by Region (2017)

(10 000 yuan)

日常性支出 Routine Expenses		资产性支出 Assets Expenditure		政府资金 Government Funds	企业资金 Self-raised Funds by Enterprises	国外资金 Foreign Funds	其他资金 Other Funds
	#人员劳务费 Labor Cost		#仪器和设备支出 Equipment				
19707125	**5636095**	**4649855**	**2885534**	**20259092**	**918539**	**43645**	**3135705**
12564636	3450478	2751571	1756305	12677607	506111	34783	2097705
1862847	604632	496327	305051	1768618	147377	5053	438126
4286242	1250611	1081340	591086	4627618	187361	2843	549760
993400	330375	320617	233093	1185249	77690	966	50113
6166843	1737500	1245555	845268	6391525	262142	21670	737061
405710	109358	108946	83295	442382	8356	98	63820
368581	70844	119360	63772	456895	1946	5	29095
106082	44281	25261	14315	101348	13421	445	16130
104277	37487	21357	7777	83096	85		42452
607028	148699	185140	128738	715572	65390	589	10618
219904	103075	74537	70271	285252	2456	286	6447
166469	78601	60940	34084	184425	9843	92	33049
2700512	570507	504350	282422	2855878	52505	8341	288138
1383706	307716	261952	168110	987467	45506	2516	610168
279845	106366	82587	60718	271799	47305	35	43292
459002	140633	124498	96309	376120	38059	3255	166067
137444	76684	94203	29700	181587	12176	34	37850
125554	56193	26761	14155	138207	7490	30	6588
398242	169279	106586	75230	425634	17809	856	60530
268923	100527	85560	54974	234754	6198	13	113519
639225	157127	180241	101317	686812	33902	1137	97616
264061	105871	54006	23981	231377	48308	173	38208
652448	265627	185973	138905	556132	57045	1059	224186
139961	57856	31471	19433	142431	1926	27	27048
71304	36597	42059	8886	108308	1321	169	3566
125434	69885	62939	31871	135150	11025		42197
1836492	460380	374935	165745	1892798	99850	839	217940
82100	38617	14907	10575	88387	695	61	7864
243481	114161	55884	34045	244560	14161	710	39934
11647	9060	3070	2870	13101			1617
1408681	310561	424101	254190	1655466	42098	209	135009
207265	84865	69557	45798	235339	14073	919	26491
25070	12713	4178	3614	26370	1821		1057
21385	9735	2048	1610	23297	27		110
80448	45291	16895	13559	87623	1600	79	8042

3-8 各地区地方部门属研究与开发
Intramural Expenditure on R&D in Local

单位：万元

地区	Region	R&D经费内部支出 Intramural Expenditure on R&D	基础研究 Basic Research	应用研究 Applied Research	试验发展 Experimental Development
全国	**National Total**	**3005537**	**511022**	**972090**	**1522426**
东部地区	Eastern Region	1553105	270603	533122	749379
中部地区	Middle Region	352767	58321	115055	179391
西部地区	Western Region	845663	152738	250080	442845
东北地区	Northeast Region	254003	29360	73833	150811
北京	Beijing	199039	54498	81492	63049
天津	Tianjin	51450	5143	15746	30561
河北	Hebei	70828	2990	15207	52630
山西	Shanxi	50962	10410	17488	23064
内蒙古	Inner Mongolia	65639	8104	12855	44680
辽宁	Liaoning	75047	1858	15127	58063
吉林	Jilin	67266	8922	17588	40757
黑龙江	Heilongjiang	111689	18580	41118	51992
上海	Shanghai	189303	25865	92033	71406
江苏	Jiangsu	206352	24896	92047	89409
浙江	Zhejiang	139159	17930	27580	93649
安徽	Anhui	64985	14038	29990	20957
福建	Fujian	77675	12797	23356	41522
江西	Jiangxi	48551	9169	14315	25068
山东	Shandong	187595	37959	65719	83918
河南	Henan	48117	6768	5900	35449
湖北	Hubei	49028	8245	21092	19690
湖南	Hunan	91125	9691	26270	55163
广东	Guangdong	420260	84667	115823	219770
广西	Guangxi	133632	26331	49862	57438
海南	Hainan	11444	3859	4121	3465
重庆	Chongqing	153163	22608	51875	78680
四川	Sichuan	113578	17396	25518	70664
贵州	Guizhou	41496	9746	12059	19691
云南	Yunnan	138060	19832	39928	78301
西藏	Tibet	14718	4940	4019	5758
陕西	Shaanxi	36017	13365	5322	17330
甘肃	Gansu	68025	13940	20581	33503
青海	Qinghai	8222	3186	1977	3059
宁夏	Ningxia	23433	2787	6999	13647
新疆	Xinjiang	49680	10502	19086	20092

机构R&D经费内部支出(2017年)
R&D Institutions by Region (2017)

(10 000 yuan)

日常性支出 Routine Expenses	#人员劳务费 Labor Cost	资产性支出 Assets Expenditure	#仪器和设备支出 Equipment	政府资金 Government Funds	企业资金 Self-raised Funds by Enterprises	国外资金 Foreign Funds	其他资金 Other Funds
2483110	**1356611**	**522427**	**375438**	**2365626**	**86180**	**3785**	**549947**
1298724	664898	254381	198863	1151332	48217	2458	351098
293741	185924	59026	39809	280464	11762	685	59856
674968	374014	170695	104222	712813	23866	591	108393
215677	131774	38327	32544	221018	2336	50	30600
166365	97774	32674	24339	169219	4295	699	24827
45781	23145	5668	5634	36770	1179	98	13403
54371	24803	16456	12978	69966	141	5	716
44057	25323	6905	2528	41692	3385	11	5874
50505	24437	15134	5462	60960	85		4594
64960	37133	10087	8497	72365	38	34	2610
56811	35490	10455	9169	60347	1402	4	5514
93905	59151	17784	14879	88306	896	11	22477
167521	79363	21783	21682	155487	5744	1076	26997
176101	101069	30251	22241	161266	3202	306	41578
114961	59825	24198	14820	99754	11518	35	27852
52189	29375	12796	5941	48778	1964	63	14181
64679	40116	12997	9257	65950	735		10991
39572	27862	8979	5637	41997	246	30	6278
154720	100244	32875	30809	141838	5709		40048
40272	29188	7845	6851	43420	1134	13	3550
41323	23530	7705	6694	34579	1327	562	12560
76329	50645	14796	12158	69998	3706	6	17414
344565	132817	75696	55599	240249	15484	240	164288
111699	51921	21932	16758	111189	1926	27	20490
9661	5743	1783	1505	10834	211		399
104680	60885	48484	24834	104656	7329		41178
92803	52648	20775	15470	105282	1396	16	6885
33159	20935	8337	4665	40278	467		750
107013	61614	31047	15910	113641	10563	301	13554
11647	9060	3070	2870	13101			1617
33159	23825	2858	2826	32727	70		3220
58043	27356	9982	7893	58916	858	247	8004
8019	3855	203	203	7573	157		492
21385	9735	2048	1610	23297	27		110
42856	27744	6825	5721	41194	988		7499

3-9 按服务的国民经济行业分研究与
Intramural Expenditure on R&D of R&D Institutions by

单位：万元

行 业	Industry	R&D经费内部支出 Intramural Expenditure on R&D	基础研究 Basic Research	应用研究 Applied Research
总 计	**Total**	**24356980**	**3843917**	**6994174**
农、林、牧、渔业小计	**Farming, Forestry, Animal Husbandry and Fishery**	**1825881**	**302347**	**475661**
农 业	Farming	1016871	155265	260989
林 业	Forestry	142577	16326	29225
畜牧业	Animal Husbandry	129603	24504	49397
渔 业	Fishery	152730	21043	42858
农、林、牧、渔服务业	Service Activities for Agriculture, Forestry, Farming of Animals and Fishing	384101	85208	93193
采矿业小计	**Mining**	**12110**	**278**	**2736**
煤炭开采和洗选业	Mining and Washing of Coal	1575	23	1211
有色金属矿采选业	Mining of Non-ferrous Metal Ores	10535	255	1525
其他采矿业	Other Minerals Mining and Dressing			
制造业小计	**Manufacturing**	**14831568**	**690766**	**3185536**
农副食品加工业	Processing of Food from Agricultural Products	36729	4392	5464
食品制造业	Manufacture of Foods	1431		365
酒、饮料和精制茶制造业	Manufacture of Liquor, Beverages and Refined Tea	1372	53	198
纺织业	Manufacture of Textile	278		47
纺织服装、服饰业	Manufacture of Textile, Apparel and Accessories	68		
皮革、毛皮、羽毛及其制品和制鞋业	Manufacture of Leather, Fur, Feather and Related Products and Shoes	189		40
木材加工和木、竹、藤、棕、草制品业	Processing of Timbers and Manufacture of Wood, Bamboo,Rattan, Palm and Straw	2548	1217	93
家具制造业	Manufacture of Furniture			
造纸和纸制品业	Manufacture of Paper and Paper Products	183		
文教、工美、体育和娱乐用品制造业	Manufacture of Artworks, and Articles for Culture, Education, Sports and Recreation			
石油加工、炼焦及核燃料加工业	Processing of Petroleum ,Coking and Processing of Nucleus Fuel	415662	67940	201584
化学原料和化学制品制造业	Manufacture of Chemical Raw Material and Chemical Products	75737	28209	38787
医药制造业	Manufacture of Medicines	183193	29071	75673
化学纤维制造业	Manufacture of Chemical Fiber	722		
橡胶和塑料制品业	Manufacture of Rubber and Plastic	2463	479	767
非金属矿物制品业	Manufacture of Non-metallic Mineral Products	3557	5	1329
黑色金属冶炼和压延加工业	Manufacture and Processing of Ferrous Metals	185		185
有色金属冶炼和压延加工业	Manufacture and Processing of Non-ferrous Metals	27		
金属制品业	Manufacture of Metal Products	1804	1651	92
通用设备制造业	Manufacture of General Purpose Machinery	17875	13	2286
专用设备制造业	Manufacture of Special Purpose Machinery	144545	3648	41885
汽车制造业	Manufacture of Motor Vehicles			
铁路、船舶、航空航天和其他运输设备制造业	Manufacture of Railway, Ships, Aerospace and Other Transport Equipment	9636064	250326	1871778
电气机械和器材制造业	Manufacture of Electrical Machinery and Equipment	1197		
计算机、通信和其他电子设备制造业	Manufacture of Computer, Communication and Other Electronic Equipment	2972903	216174	721097
仪器仪表制造业	Manufacture of Measuring Instrument and Meter	10008	246	2134
电力、热力、燃气及水生产和供应业小计	**Production and Distribution of Electricity, Gas and Water**	**38132**	**2270**	**26745**
电力、热力生产和供应业	Production and Supply of Electric Power and Heat Power	37750	2270	26518
燃气生产和供应业	Production and Distribution of Gas	381		228

开发机构R&D经费内部支出(2017年)
Industrial Sector in which the R&D Institutions Served (2017)

(10 000 yuan)

试验发展 Experimental Development	日常性支出 Routine Expenses	#人员劳务费 Labor Cost	资产性支出 Assets Expenditure	#仪器和设备支出 Equipment	政府资金 Government Funds	企业资金 Self-raised Funds by Enterprises	国外资金 Foreign Funds	其他资金 Other Funds
13518890	**19707125**	**5636095**	**4649855**	**2885534**	**20259092**	**918539**	**43645**	**3135705**
1047873	**1509324**	**781787**	**316558**	**222991**	**1617281**	**56564**	**2885**	**149152**
600618	865457	461438	151414	103524	914482	23791	1766	76832
97026	117482	61216	25095	19616	134540	652	151	7233
55702	106135	50002	23468	16468	116927	4245		8431
88829	115545	46684	37186	30396	126872	9758	18	16083
205699	304705	162446	79395	52987	324460	18118	950	40573
9096	**10493**	**7279**	**1617**	**1169**	**8059**	**1764**	**118**	**2169**
341	1307	690	269	269	627			948
8755	9186	6589	1348	901	7432	1764	118	1221
10955266	**12072154**	**2227220**	**2759414**	**1547835**	**12257105**	**396328**	**1350**	**2176785**
26873	26889	17419	9840	5623	28086	4824		3819
1067	1194	652	238	238	220	35		1176
1121	1122	594	250	15	377	760		235
231	278	258			278			
68	68	66						68
149	188	168	1	1	169			20
1238	1629	1111	919	919	2547			1
183	183	148				183		
146138	242783	53388	172878	32038	280029	2305		133328
8741	62728	31684	13009	11710	61236	5237	433	8831
78450	153083	62730	30111	23917	147414	13068	633	22079
722	695	379	27	27	453	173		97
1216	1600	855	863	479	1702	189		571
2223	2873	1690	684	552	2529			1028
	185	134						185
27	26	16	0	0	27			
61	1658	902	146	146	1804			
15576	12123	8137	5752	4340	13200	2223		2452
99012	125373	51785	19172	16513	81531	2324	230	60460
7513960	7991720	1385214	1644344	967460	8243789	163604	54	1228618
1197	889	673	309	274	1197			
2035633	2386075	351996	586829	323479	2188323	180519		604062
7628	8209	5697	1799	1799	5175	1057		3776
9116	**30468**	**27676**	**7664**	**7664**	**26647**	**10524**	**11**	**949**
8963	30086	27316	7664	7664	26572	10524	11	643
154	381	360			76			306

3-9 续表

单位：万元

行 业	Industry	R&D经费内部支出 Intramural Expenditure on R&D	基础研究 Basic Research	应用研究 Applied Research
建筑业小计	**Construction**	**37714**	**3477**	**13025**
房屋建筑业	Construction of Building	5878	53	1103
土木工程建筑业	Construction of Civil Engineering	27558	3259	7843
建筑装饰和其他建筑业	Building Decoration and Other Construction	4278	165	4079
批发和零售业小计	**Wholesale and Retail Trade**			
批发业	Wholesale			
零售业	Retail trade			
交通运输、仓储和邮政业小计	**Traffic,Transport, Storage and Post**	**72524**	**10517**	**4422**
铁路运输业	Railway Transportation			
道路运输业	Transport via Road	61864	8798	2307
水上运输业	Water Transport	4876	1687	1396
航空运输业	Air Transport	5785	32	718
信息传输、软件和信息技术服务业小计	**Information Transfer,Software and Information Technology Services**	**114566**	**3031**	**54003**
电信、广播电视和卫星传输服务	Telecommunications, Broadcasting,Television and Satellite Transmission Services	60433	216	18558
互联网和相关服务	Internet and Related Services	6501		1020
软件和信息技术服务业	Software and Information Technology Services	47633	2814	34426
金融业小计	**Finance**	**1341**		**1184**
货币金融服务	Monetary Financial Services	1341		1184
租赁和商务服务业小计	**Tenancy and Business Services**	**233**		**233**
商务服务业	Business Service	233		233
科学研究和技术服务业小计	**Scientific Research, Technical Service**	**6133814**	**2550778**	**2588765**
研究和试验发展	Research and Experimental Development	4951398	2250788	2204776
专业技术服务业	Professional Technique Services	1093295	289969	332485
科技推广和应用服务业	Technique Generalization and Application Services	89121	10021	51504
水利、环境和公共设施管理业小计	**Management of Water Conservancy, Environment and Public Establishment**	**385505**	**56612**	**184512**
水利管理业	Management of Water Conservancy	129054	19002	48518
生态保护和环境治理业	Environmental Management	250843	37206	134328
公共设施管理业	Management of Public Establishment	5608	404	1667
居民服务、修理和其他服务业小计	**Resident Services and Other Services**	**888**		**381**
居民服务业	Resident Services			
机动车、电子产品和日用产品修理业	Repair of Motor Vehicles, Electronics and Household Appliances			
教育小计	**Education**	**66072**	**5439**	**59758**
教 育	Education	66072	5439	59758
卫生和社会工作小计	**Sanitation and Social Works**	**628430**	**158517**	**309040**
卫 生	Sanitation	628430	158517	309040
文化、体育和娱乐业小计	**Culture, Sports and Entertainment**	**82785**	**46924**	**25548**
新闻和出版业	Journalism and Publishing Activities			
广播、电视、电影和影视录音制作业	Broadcasting, Television,Movies,Videos and Sound Recording	7304	2696	98
文化艺术业	Culture and Art	60675	38572	19535
体 育	Sports Activities	14806	5656	5915
娱乐业	Entertainment			
公共管理、社会保障和社会组织小计	**Public Management and Social Organization**	**125418**	**12962**	**62626**
中国共产党机关	Chinese Communist Party Organs	75		75
国家机构	Organ of State	122624	12962	62153

continued

(10 000 yuan)

试验发展 Experimental Development	日常性支出 Routine Expenses	#人员劳务费 Labor Cost	资产性支出 Assets Expenditure	#仪器和设备支出 Equipment	政府资金 Government Funds	企业资金 Self-raised Funds by Enterprises	国外资金 Foreign Funds	其他资金 Other Funds
21213	**29635**	**17677**	**8079**	**3086**	**16491**	**8198**	**9**	**13016**
4722	4310	3951	1567	634	503	30		5345
16456	21169	12189	6390	2331	12099	8097		7363
35	4157	1537	122	122	3889	71	9	309
57586	**57751**	**30025**	**14773**	**4886**	**64088**	**1679**	**6**	**6751**
50758	48196	21904	13668	4162	53871	1241		6751
1792	3771	3503	1105	724	4432	438	6	
5035	5785	4618			5785			
57532	**83589**	**51775**	**30978**	**27520**	**95331**	**6053**		**13183**
41659	38322	29165	22111	21009	55947	702		3784
5481	5280	4571	1221	1211	3366	798		2337
10393	39987	18039	7646	5300	36018	4553		7062
157	**1331**	**645**	**10**	**10**	**1341**			
157	1331	645	10	10	1341			
	233	**190**			**177**			**57**
	233	190			177			57
994270	**4835820**	**1951014**	**1297993**	**917644**	**5277314**	**387362**	**32446**	**436693**
495833	3872303	1587918	1079095	754324	4301380	358419	29990	261608
470841	894659	330977	198636	148913	901028	22466	2310	167490
27596	68858	32119	20263	14408	74906	6477	145	7594
144381	**311230**	**165266**	**74275**	**41517**	**299518**	**35525**	**917**	**49545**
61534	104091	60969	24962	7211	83055	24939	441	20619
79309	202254	101132	48590	33780	212121	9975	476	28271
3538	4885	3165	723	526	4342	611		655
508	**888**	**221**						**888**
875	**56757**	**34780**	**9315**	**9018**	**50999**	**440**	**73**	**14560**
875	56757	34780	9315	9018	50999	440	73	14560
160873	**539272**	**257491**	**89158**	**70740**	**376912**	**9033**	**5767**	**236717**
160873	539272	257491	89158	70740	376912	9033	5767	236717
10313	**74316**	**33826**	**8469**	**7479**	**68551**	**2073**		**12160**
4510	5723	3636	1581	1581	4855			2449
2568	55959	22082	4717	3727	49234	1992		9450
3235	12634	8109	2171	2171	14463	81		262
49830	**93865**	**49225**	**31553**	**23974**	**99280**	**2994**	**65**	**23079**
	13	4	62	62	75			
47509	92130	48712	30494	22915	96486	2994	65	23079

3-10　按隶属关系和学科分研究与开发机构R&D经费外部支出(2017年)
External Expenditure on R&D of R&D Institutions by Subordination and Subject (2017)

单位：万元　　(10 000 yuan)

项　目	Item	R&D经费外部支出 Total	对境内研究机构支出 to Domestic Research Institutions	对境内高等学校支出 to Domestic Higher Education	对境内企业支出 to Domestic Enterprises	对境外机构支出 to Foreign Institutions
总　计	**Total**	**1565058**	**794416**	**115471**	**400033**	**479**
按隶属关系分组	**by Subordination**					
中央部门属	Subordinated to Central Level	1526489	776311	110150	385634	469
#中国科学院	Chinese Academy of Sciences	56039	21150	19784	3660	313
地方部门属	Subordi-nated to Local Level	38569	18105	5321	14399	10
省级部门属	Provincial Level	35645	16759	4408	13767	10
副省级城市部门属	Sud-provincial Cities Level	941	427	116	366	
地市级部门属	Miniciple Level	1982	920	796	266	
按门类学科分组	**by Subject**					
自然科学	Natural sciences	136663	49185	31975	41033	175
农业科学	Agricultural Sciences	68128	38931	15172	9283	
医药科学	Medical Science	28460	21881	1295	5052	
工程与技术科学	Engineering and Technological Sciences	1315428	673506	64933	341297	304
人文与社会科学	Humanities and Social Sciences	16379	10913	2095	3368	

3-11 各地区研究与开发机构R&D经费外部支出(2017年)
External Expenditure on R&D of R&D Institutions by Region (2017)

单位：万元 (10 000 yuan)

地区	Region	R&D经费外部支出 Total	对境内研究机构支出 to Domestic Research institutions	对境内高等学校支出 to Domestic Higher Education	对境内企业支出 to Domestic Enterprises	对境外机构支出 to Foreign Institutions
全　　国	**National Total**	**1565058**	**794416**	**115471**	**400033**	**479**
东部地区	Eastern Region	959626	516032	73879	245946	337
中部地区	Middle Region	219229	119222	24309	59149	
西部地区	Western Region	251342	139550	6708	88118	142
东北地区	Northeast Region	134860	19611	10574	6820	
北　　京	Beijing	817563	479047	54753	191867	327
天　　津	Tianjin	17821	3154	873		
河　　北	Hebei	1495	1228	117	90	
山　　西	Shanxi	11584	482	379	392	
内 蒙 古	Inner Mongolia	2098				
辽　　宁	Liaoning	129791	16657	10189	6632	
吉　　林	Jilin	263		74	188	
黑 龙 江	Heilongjiang	4806	2954	311		
上　　海	Shanghai	32799	5813	4113	21866	
江　　苏	Jiangsu	48506	7727	5455	24685	
浙　　江	Zhejiang	9723	5194	3311	1186	
安　　徽	Anhui	2824	1867	475	134	
福　　建	Fujian	432	70	352	9	
江　　西	Jiangxi	24848	20551	2022	1980	
山　　东	Shandong	17878	8009	3584	2387	
河　　南	Henan	1385	1229	70	86	
湖　　北	Hubei	115928	89377	18606	2927	
湖　　南	Hunan	62660	5717	2757	53631	
广　　东	Guangdong	13411	5791	1321	3856	10
广　　西	Guangxi	7766	7156	233	378	
海　　南	Hainan					
重　　庆	Chongqing	4489	2141	487	1721	142
四　　川	Sichuan	158749	103912	770	40346	
贵　　州	Guizhou	4092	2333	34	1715	
云　　南	Yunnan	5063	2746	516	1177	
西　　藏	Tibet	10		10		
陕　　西	Shaanxi	64714	19095	3313	41939	
甘　　肃	Gansu	2382	1327	741	311	
青　　海	Qinghai					
宁　　夏	Ningxia	1081	327	230	524	
新　　疆	Xinjiang	899	515	375	9	

3-12 按隶属关系和学科分研究与开发机构R&D课题(2017年)
R&D Projects of R&D Institutions by Subordination and Subject (2017)

项　目	Item	R&D课题数 (项) R&D Projects (item)	投入人员 (人年) Input of Personnel (man-year)	投入经费 (万元) Input of Funds (10 000 yuan)
总　计	**Total**	**112472**	**359411**	**17207732**
按隶属关系分组	**by Subordination**			
中央部门属	Subordinated to Central Level	74903	283999	15646127
#中国科学院	Chinese Academy of Sciences	46046	62489	2670450
地方部门属	Subordi-nated to Local Level	37569	75412	1561605
省级部门属	Provincial Level	31786	58867	1331235
副省级城市部门属	Sub-provincial Cities Level	1163	2500	47859
地市级部门属	Miniciple Level	4620	14044	182511
按门类学科分组	**by Subject**			
自然科学	Natural sciences	35075	52989	2303948
农业科学	Agricultural Sciences	24972	41998	960662
医药科学	Medical Science	9745	21633	580686
工程与技术科学	Engineering and Technological Sciences	35516	231089	13115544
人文与社会科学	Humanities and Social Sciences	7164	11702	246892

3-13 各地区研究与开发机构R&D课题(2017年)
R&D Projects of R&D Institutions by Region (2017)

地 区	Region	R&D课题数 (项) R&D Projects (item)	投入人员 (人年) Input of Personnel (man-year)	投入经费 (万元) Input of Funds (10 000 yuan)
全 国	**National Total**	**112472**	**359411**	**17207732**
东部地区	Eastern Region	74099	196798	10957884
中部地区	Middle Region	9810	46471	1621711
西部地区	Western Region	21711	92535	3857490
东北地区	Northeast Region	6852	23607	770647
北 京	Beijing	33726	91331	5312959
天 津	Tianjin	1991	11313	384493
河 北	Hebei	956	8935	311118
山 西	Shanxi	1299	4020	79675
内 蒙 古	Inner Mongolia	829	2385	79288
辽 宁	Liaoning	2437	12321	486493
吉 林	Jilin	2536	5626	162029
黑 龙 江	Heilongjiang	1879	5660	122125
上 海	Shanghai	9395	25836	2494527
江 苏	Jiangsu	7257	24250	1331364
浙 江	Zhejiang	3460	7226	217648
安 徽	Anhui	1543	9913	406607
福 建	Fujian	3201	3830	76999
江 西	Jiangxi	875	4715	104058
山 东	Shandong	5190	11098	322159
河 南	Henan	1117	9654	236152
湖 北	Hubei	3434	11856	558294
湖 南	Hunan	1542	6314	236926
广 东	Guangdong	8034	11623	463905
广 西	Guangxi	2102	3462	71799
海 南	Hainan	889	1357	42713
重 庆	Chongqing	2452	4298	87112
四 川	Sichuan	3168	34110	1762416
贵 州	Guizhou	1540	3106	60757
云 南	Yunnan	3371	6391	150714
西 藏	Tibet	114	442	9369
陕 西	Shaanxi	2472	28667	1391085
甘 肃	Gansu	2693	5518	149950
青 海	Qinghai	545	602	15769
宁 夏	Ningxia	424	560	14930
新 疆	Xinjiang	2001	2993	64302

3-14 各地区地方部门属研究与开发机构R&D课题(2017年)
R&D Projects Taken by Local R&D Institutions by Region (2017)

地区	Region	R&D课题数 (项) R&D Projects (item)	投入人员 (人年) Input of Personnel (man-year)	投入经费 (万元) Input of Funds (10 000 yuan)
全国	**National Total**	**37569**	**75412**	**1561605**
东部地区	Eastern Region	18160	31571	910673
中部地区	Middle Region	5247	12621	182045
西部地区	Western Region	11393	22822	352498
东北地区	Northeast Region	2769	8398	116388
北京	Beijing	1862	3503	102562
天津	Tianjin	613	1072	28977
河北	Hebei	748	1277	20810
山西	Shanxi	922	1897	31182
内蒙古	Inner Mongolia	587	1448	33581
辽宁	Liaoning	528	2259	41162
吉林	Jilin	738	2218	25808
黑龙江	Heilongjiang	1503	3921	49418
上海	Shanghai	1856	2821	130721
江苏	Jiangsu	2587	4872	162951
浙江	Zhejiang	1848	2687	66893
安徽	Anhui	921	1828	33366
福建	Fujian	2000	2338	41786
江西	Jiangxi	842	2212	23527
山东	Shandong	2930	6502	96087
河南	Henan	776	2283	26276
湖北	Hubei	617	1627	16562
湖南	Hunan	1169	2774	51133
广东	Guangdong	3566	6214	254025
广西	Guangxi	2069	3049	55267
海南	Hainan	150	285	5862
重庆	Chongqing	1892	2998	69316
四川	Sichuan	1509	3151	34176
贵州	Guizhou	962	1657	18326
云南	Yunnan	1432	3779	45768
西藏	Tibet	114	442	9369
陕西	Shaanxi	471	1265	13933
甘肃	Gansu	797	2414	25747
青海	Qinghai	47	228	4448
宁夏	Ningxia	424	560	14930
新疆	Xinjiang	1089	1831	27638

3-15 按服务的国民经济行业分研究与开发机构R&D课题(2017年)
R&D Projects of R&D Institutions by Industry (2017)

行 业	Industry	R&D课题数(项) R&D Projects (item)	投入人员(人年) Input of Personnel (man-year)	投入经费(万元) Input of Funds (10 000 yuan)
总 计	**Total**	**112472**	**359411**	**17207732**
农、林、牧、渔业小计	**Farming, Forestry, Animal Husbandry and Fishery**	**22481**	**38776**	**863382**
农 业	Farming	14132	24158	510399
林 业	Forestry	1689	3478	52853
畜牧业	Animal Husbandry	1689	3036	84760
渔 业	Fishery	1080	1711	51094
农、林、牧、渔服务业	Service Activities for Agriculture, Forestry, Farming of Animals and Fishing	3891	6393	164276
采矿业小计	**Mining**	**319**	**1014**	**29678**
煤炭开采和洗选业	Mining and Washing of Coal	29	124	1304
石油和天然气开采业	Extraction of Petroleum and Natural Gas	89	231	4105
黑色金属矿采选业	Mining of Ferrous Metal Ores	23	32	258
有色金属矿采选业	Mining of Non-ferrous Metal Ores	85	189	7461
非金属矿采选业	Mining and Processing of Nonmetal Ores	30	84	5209
开采辅助活动	Mining Support Service Activities	39	271	7207
其他采矿业	Other Minerals Mining and Dressing	24	83	4135
制造业小计	**Manufacturing**	**12619**	**126276**	**7678184**
农副食品加工业	Processing of Food from Agricultural Products	682	1021	25264
食品制造业	Manufacture of Foods	203	374	6934
酒、饮料和精制茶制造业	Manufacture of Liquor, Beverages and Refined Tea	148	242	2929
烟草制品业	Manufacture of Tobacco	33	60	1166
纺织业	Manufacture of Textile	25	84	1075
纺织服装、服饰业	Manufacture of Textile, Apparel and Accessories	11	16	202
皮革、毛皮、羽毛及其制品和制鞋业	Manufacture of Leather, Fur, Feather and Related Products and Shoes	19	24	318
木材加工和木、竹、藤、棕、草制品业	Processing of Timbers and Manufacture of Wood,Bamboo, Rattan, Palm and Straw	136	176	3105
家具制造业	Manufacture of Furniture	14	44	643
造纸和纸制品业	Manufacture of Paper and Paper Products	11	20	548
印刷和记录媒介复制业	Printing,Reproduction of Recording Media	7	6	81
文教、工美、体育和娱乐用品制造业	Manufacture of Artworks, and Articles for Culture, Education, Sports and Recreation	21	75	1696
石油加工、炼焦和核燃料加工业	Processing of Petroleum ,Coking and Processing of Nucleus Fuel	68	128	5799
化学原料和化学制品制造业	Manufacture of Chemical Raw Material and Chemical Products	1138	2162	77564
医药制造业	Manufacture of Medicines	1860	3071	107771
化学纤维制造业	Manufacture of Chemical Fiber	57	139	2880
橡胶和塑料制品业	Manufacture of Rubber and Plastic	99	149	2082
非金属矿物制品业	Manufacture of Non-metallic Mineral Products	438	734	20493
黑色金属冶炼和压延加工业	Manufacture and Processing of Ferrous Metals	8	12	207
有色金属冶炼和压延加工业	Manufacture and Processing of Non-ferrous Metals	109	137	3003
金属制品业	Manufacture of Metal Products	91	266	3903
通用设备制造业	Manufacture of General Purpose Machinery	480	2411	107233
专用设备制造业	Manufacture of Special Purpose Machinery	1000	3401	114174
汽车制造业	Manufacture of Motor Vehicles	73	515	15842
铁路、船舶、航空航天和其他运输设备制造业	Manufacture of Railway, Ships, Aerospace and Other Transport Equipment	2252	63542	5154708
电气机械和器材制造业	Manufacture of Electrical Machinery and Equipment	414	2264	28610
计算机、通信和其他电子设备制造业	Manufacture of Computer, Communication and Other Electronic Equipment	2220	37247	1629755
仪器仪表制造业	Manufacture of Measuring Instrument and Meter	727	7156	331796
其他制造业	Other Manufacturing	220	703	25338
废弃资源综合利用业	Waste Recycling and Recovery	47	94	2722
金属制品、机械和设备修理业	Repaire Service of Metal Products, Machinery and Equipment	8	5	346
电力、热力、燃气及水生产和供应业小计	**Production and Distribution of Electricity, Gas and Water**	**689**	**974**	**31960**
电力、热力生产和供应业	Production and Supply of Electric Power and Heat Power	454	572	23147
燃气生产和供应业	Production and Distribution of Gas	102	159	4523
水的生产和供应业	Production and Distribution of Water	133	243	4290
建筑业小计	**Construction**	**421**	**948**	**14109**
房屋建筑业	Construction of Building	100	229	3381
土木工程建筑业	Construction of Civil Engineering	285	668	9686
建筑安装业	Construction Installation	4	6	186
建筑装饰和其他建筑业	Building Decoration and Other Construction	32	45	856
批发和零售业小计	**Wholesale and Retail Trade**	**249**	**328**	**7745**
批发业	Wholesale	243	320	7442
零售业	Retail trade	6	9	303

3-15 续表 continued

行 业	Industry	R&D课题数(项) R&D Projects (item)	投入人员(人年) Input of Personnel (man-year)	投入经费(万元) Input of Funds (10 000 yuan)
交通运输、仓储和邮政业小计	**Traffic,Transport, Storage and Post**	**894**	**1333**	**33985**
铁路运输业	Railway Transportation	3	1	39
道路运输业	Transport via Road	452	560	21068
水上运输业	Water Transport	376	348	7866
航空运输业	Air Transport	27	206	1466
管道运输业	Pipeline Transport	5	23	446
装卸搬运和运输代理业	Loading,Unloading,Portage and Other Transport Services			
仓储业	Storage	29	187	2954
邮政业	Post	2	9	146
住宿和餐饮业小计	**Accommodation and Restaurants**	**3**	**4**	**158**
住宿业	Accommodation	3	4	158
餐饮业	Restaurants			
信息传输、软件和信息技术服务业小计	**Information Transfer,Software and Information Technology Services**	**1380**	**4724**	**175995**
电信、广播电视和卫星传输服务	Telecommunications, Broadcasting,Television and Satellite Transmission Services	185	470	20760
互联网和相关服务	Internet and Related Services	142	582	22087
软件和信息技术服务业	Software and Information Technology Services	1053	3672	133148
金融业小计	**Finance**	**90**	**107**	**2233**
货币金融服务	Monetary financial services	52	69	1400
资本市场服务	Capital Market Services	21	20	479
保险业	Insurance	4	3	110
其他金融业	Other Financial Services	13	14	245
房地产业小计	**Real Estate**	**25**	**33**	**699**
房地产业	Real Estate	25	33	699
租赁和商务服务业小计	**Tenancy and Business Services**	**84**	**182**	**1680**
商务服务业	Business Service	84	182	1680
科学研究和技术服务业小计	**Scientific Research, Technical Service**	**57691**	**156427**	**7601291**
研究和试验发展	Research and Experimental Development	48616	134356	6710728
专业技术服务业	Professional Technique Services	7463	15116	626929
科技推广和应用服务业	Technique Generalization and Application Services	1612	6956	263635
水利、环境和公共设施管理业小计	**Management of Water Conservancy, Environment and public Establishment**	**7402**	**9789**	**322349**
水利管理业	Management of Water Conservancy	1424	1676	61137
生态保护和环境治理业	Environmental Management	5706	7826	250045
公共设施管理业	Management of Public Establishment	272	287	11166
居民服务、修理和其他服务业小计	**Resident Services and Other Services**	**49**	**106**	**2064**
居民服务业	Resident Services	11	34	487
机动车、电子产品和日用产品修理业	Repair of Motor Vehicles, Electronics and Household Appliances	15	25	911
其他服务业	Other Services	23	47	666
教育小计	**Education**	**1476**	**2303**	**37711**
教 育	Education	1476	2303	37711
卫生和社会工作小计	**Sanitation and Social Works**	**4761**	**11615**	**275316**
卫 生	Sanitation	4741	11544	275141
社会工作	Social Works	20	71	174
文化、体育和娱乐业小计	**Culture, Sports and Entertainment**	**608**	**1661**	**41859**
新闻和出版业	Journalism and Publishing Activities	15	34	487
广播、电视、电影和影视录音制作业	Broadcasting, Television,Movies,Videos and Sound Recording	30	133	5375
文化艺术业	Culture and Art	506	1371	34851
体 育	Sports Activities	48	110	1011
娱乐业	Entertainment	9	13	134
公共管理、社会保障和社会组织小计	**Public Management and Social Organization**	**1227**	**2808**	**87292**
中国共产党机关	Chinese Communist Party Organs	87	268	5197
国家机构	Organ of State	937	1857	71548
人民政协、民主党派	People's Political Consultative Conference and Democratic Prties	6	12	68
社会保障	Social Security	85	474	8107
群众团体、社会团体和其他成员组织	Mass Communities, Social Organizations and other Membership Organizations	106	189	2226
基层群众自治组织	Grass Roots Self-government Organizations	6	8	145
国际组织小计	**International Organizations**	**4**	**6**	**44**
国际组织	International Organizations	4	6	44

3-16 按学科分组的R&D课题(2017年)
R&D Projects Taken by R&D Institutions by Discipline (2017)

学 科	Discipline	R&D课题数 (项) R&D Projects (item)	投入人员 (人年) Input of Personnel (man-year)	投入经费 (万元) Input of Funds (10 000 yuan)
全 国	**National Total**	**112472**	**359411**	**17207732**
数 学	Mathematics	480	388	13861
信息科学与系统科学	Information & System Science	538	2444	169996
力 学	Mechanics	456	664	22628
物理学	Physics	4616	8297	426598
化 学	Chemistry	4372	8553	274971
天文学	Astronomy	1761	1788	89932
地球科学	Earth Science	11424	16201	832856
生物学	Biology	11187	14282	460709
心理学	Psychology	241	372	12396
农 学	Agriculture	17564	29266	641757
林 学	Forestry	2583	4893	81785
畜牧、兽医科学	Livestock, Veterinary Medicine	2899	5165	152205
水产学	Aquatic	1926	2674	84916
基础医学	Basic Medicine	1292	3061	75741
临床医学	Clinic Medicine	2912	6699	227208
预防医学与卫生学	Protective Medicine	1134	3651	80615
军事医学与特种医学	Military Medicine & Special Medicine	31	59	1237
药 学	Pharmacy	1400	2489	99692
中医学与中药学	Traditional Chinese Medicine	2976	5675	96194
工程与技术科学基础学科	Engineering & Basic Technology Science	2340	20946	705186
信息与系统科学相关工程与技术	Information and System Science,Engineering and Technology Related	1114	1954	98595
自然科学相关工程与技术	Science and Technology Related Projects	2205	3490	129895
测绘科学技术	Surveying & Mapping	1632	2028	97569
材料科学	Material Science	3942	10482	305610
矿山工程技术	Mining	137	338	7259
冶金工程技术	Metallurgy	66	89	1904
机械工程	Mechanical Engineering	496	2424	74786
动力与电气工程	Power & Electrical Engineering	742	3138	158350
能源科学技术	Energy Technology	838	2887	70295
核科学技术	Nuclear Technology	699	15242	909765
电子、通信与自动控制技术	Electronics, Communication & Automation	3943	59200	3071748

3-16 续表 continued

学 科	Discipline	R&D课题数 (项) R&D Projects (item)	投入人员 (人年) Input of Personnel (man-year)	投入经费 (万元) Input of Funds (10 000 yuan)
计算机科学技术	Computer Technology	1969	7903	358446
化学工程	Chemical Engineering	968	1103	31555
产品应用相关工程与技术	Engineering and Technology Related Products Application	194	427	9339
纺织科学技术	Textile Technology	23	81	2691
食品科学技术	Food Technology	493	863	21291
土木建筑工程	Civil Construction	368	1080	27475
水利工程	Water Conservancy	3029	2660	108635
交通运输工程	Transportaiton Engineering	1157	3388	179925
航空、航天科学技术	Aviation and Aerospace	2913	80677	6423081
环境科学技术	Environment	4575	6781	221313
安全科学技术	Security	705	1960	68142
管理学	Management	968	1949	32691
马克思主义	Marxism	109	220	5197
哲 学	Phylosophy	144	203	2748
宗教学	Religion	83	145	1995
语言学	Linguistics	82	106	1284
文 学	Literature	194	344	7689
艺术学	Arts	157	463	6174
历史学	Histry	453	806	19192
考古学	Archaeology	367	1122	35827
经济学	Economics	2068	3085	59817
政治学	Politics	327	629	10801
法 学	Law	486	297	11450
军事学	Military	57	73	2545
社会学	Sociology	634	1204	26443
民族学	Ethnography	359	690	18543
新闻学与传播学	Journalism	92	119	2958
图书馆、情报与文献学	Library and Information Literature	368	767	19793
教育学	Education	991	1021	9909
体育科学	Physical Science	153	332	3691
统计学	Statistics	40	77	838

3-17 按来源和合作形式分研究与开发机构R&D课题(2017年)
R&D Projects of R&D Institutions by Sources and Cooperation Modality (2017)

项目	Item	R&D课题数 (项) R&D Projects (item)	投入人员 (人年) Input of Personnel (man-year)	投入经费 (万元) Input of Funds (10 000 yuan)
总计	**Total**	**112472**	**359411**	**17207732**
按课题来源分组	**By Sources of Topics**			
国家科技项目	National S&T Projects	53525	236864	12826264
地方科技项目	Local S&T Projects	31788	55902	1255418
企业委托科技项目	S&T Projects Entrusted by Enterprise	6447	12097	513046
自选科技项目	S&T Projects Chosen by Enterprise	8053	17965	600653
来自国外的科技项目	Oversease S&T Projects	820	1619	102358
其它科技项目	Others	11839	34965	1909994
按合作形式分组	**By Cooperation Modality**			
与境外机构合作	Cooperation with Oversease Institutes	837	1334	48361
与国内高校合作	Cooperation with Higher Education	3335	9060	321786
与国内独立研究机构合作	Cooperation with Independent Research Institutes	8105	31668	1936667
与境内注册的外商独资企业合作	Cooperation with Sole Foreign Enterprise	55	80	2392
与境内注册的其他企业合作	Cooperation with Other Enterprise	3662	9905	337992
独立完成	Independent Implementation	94135	295745	14008785
其他	Others	2343	11619	551750

3-18 按隶属关系和学科分研究与
S&T Output of R&D Institutions by

项目	Item	发表科技论文（篇） Scientific Papers Issued (piece)	#国外发表 Published in Foreign Periodicals	出版科技著作（种） Publication on S&T (kind)
总计	**Total**	**177572**	**54500**	**5459**
按隶属关系分组	**by Subordination**			
中央部门属	Subordinated to Central Level	113775	47492	2837
#中国科学院	Chinese Academy of Sciences	46494	34046	439
地方部门属	Subordi-nated to Local Level	63797	7008	2622
省级部门属	Provincial Level	52223	6489	2175
副省级城市部门属	Sub-provincial Cities Level	2657	161	157
地市级部门属	Miniciple Level	8917	358	290
按门类学科分组	**by Subject**			
自然科学	Natural sciences	38298	24690	475
农业科学	Agricultural Sciences	34060	6136	1086
医药科学	Medical Science	20568	6033	649
工程与技术科学	Engineering and Technological Sciences	61214	17094	1078
人文与社会科学	Humanities and Social Sciences	23432	547	2171

开发机构科技产出(2017年)
Subordination and Subject(2017)

专利申请数(件) Patents Application (piece)	#发明专利 Invetions	有效发明专利(件) Patent in Force (piece)	专利所有权转让及许可数(件) Number of Transfer and Licensing of Patent Ownership (piece)	专利所有权转让及许可收入(万元) Revenue from Transfer and Licensing of Patent Ownership (10 000 yuan)	形成国家或行业标准数(项) Number of National and Industrial Standard (item)
56267	**43426**	**124518**	**2090**	**88725**	**3859**
44740	36437	104067	1611	75970	2391
14920	12784	42458	980	48467	94
11527	6989	20451	479	12755	1468
9881	6216	18533	404	11839	1120
301	145	404	15	250	53
1345	628	1514	60	666	295
8974	7811	23830	389	21491	170
8859	5586	17611	507	6219	932
1335	1018	4320	81	9422	245
36953	28933	78615	1113	51592	2429
146	78	142			83

3-19 各地区研究与开发
S&T Output of R&D Institutions

地区	Region	发表科技论文(篇) Scientific Papers Issued (piece)	#国外发表 Published in Foreign Periodicals	出版科技著作(种) Publication on S&T (kind)
全国	**National Total**	**177572**	**54500**	**5459**
东部地区	Eastern Region	110183	40182	3570
中部地区	Middle Region	20244	3820	593
西部地区	Western Region	34899	6784	1049
东北地区	Northeast Region	12246	3714	247
北京	Beijing	57974	22797	2274
天津	Tianjin	2857	381	72
河北	Hebei	2763	248	121
山西	Shanxi	2562	377	67
内蒙古	Inner Mongolia	1339	60	75
辽宁	Liaoning	5223	1884	104
吉林	Jilin	3883	1480	75
黑龙江	Heilongjiang	3140	350	68
上海	Shanghai	10003	4683	222
江苏	Jiangsu	10368	3138	182
浙江	Zhejiang	5335	1518	166
安徽	Anhui	3469	1061	64
福建	Fujian	3780	1388	61
江西	Jiangxi	1857	158	55
山东	Shandong	6948	2186	208
河南	Henan	3475	358	154
湖北	Hubei	6407	1521	151
湖南	Hunan	2474	345	102
广东	Guangdong	8510	3471	214
广西	Guangxi	2908	346	85
海南	Hainan	1645	372	50
重庆	Chongqing	2631	170	81
四川	Sichuan	7396	1549	188
贵州	Guizhou	2169	273	72
云南	Yunnan	3964	1205	172
西藏	Tibet	112	9	11
陕西	Shaanxi	6131	719	86
甘肃	Gansu	4056	1438	156
青海	Qinghai	696	248	23
宁夏	Ningxia	530	4	32
新疆	Xinjiang	2967	763	68

机构科技产出(2017年)
by Region(2017)

专利申请数(件) Patents Application (piece)	#发明专利 Invetions	有效发明专利(件) Patent in Force (piece)	专利所有权转让及许可数(件) Number of Transfer and Licensing of Patent Ownership (piece)	专利所有权转让及许可收入(万元) Revenue from Transfer and Licensing of Patent Ownership (10 000 yuan)	形成国家或行业标准数(项) Number of National and Industrial Standard (item)
56267	**43426**	**124518**	**2090**	**88725**	**3859**
33020	26418	82992	1618	69477	2793
7508	5244	14807	90	1605	414
10722	8029	18707	223	11107	427
5017	3735	8012	159	6535	225
14436	12431	43857	874	39665	1573
1604	1238	2594	22	3917	70
841	623	1817	9	164	29
841	454	1423	4	641	48
187	101	332	1	3	69
2921	2330	4479	42	3733	92
1116	970	2695	56	1524	29
980	435	838	61	1278	104
4239	3526	10501	190	11158	247
3407	2611	6998	84	2975	171
1638	1267	3540	122	6505	106
1866	1340	2884	15	710	43
986	693	1585	53	1204	51
566	392	792	15	36	18
2097	1449	4828	84	1984	218
1498	1137	3050	4	5	148
2062	1471	5175	30	141	118
675	450	1483	22	72	39
3522	2444	6552	170	1774	309
719	483	1136	11	50	19
250	136	720	10	131	19
500	308	971	41	3902	30
3080	2329	5204	21	495	118
418	281	704	8	1720	9
544	379	1105	16	1787	24
20	17	23	4		
3649	3000	6451	55	1483	53
875	630	1661	45	1499	31
174	167	371	5	21	8
80	36	68			8
476	298	681	16	147	58

3-20 各地区地方部门属研究与
S&T Output in R&D Institutions of

地区	Region	发表科技论文（篇） Scientific Papers Issued (piece)	#国外发表 Published in Foreign Periodicals	出版科技著作（种） Publication on S&T (kind)
全国	**National Total**	**63797**	**7008**	**2622**
东部地区	Eastern Region	28355	4915	1065
中部地区	Middle Region	10540	715	455
西部地区	Western Region	19003	1144	902
东北地区	Northeast Region	5899	234	200
北京	Beijing	3890	1009	175
天津	Tianjin	1275	53	45
河北	Hebei	1618	133	97
山西	Shanxi	1968	84	62
内蒙古	Inner Mongolia	1116	41	57
辽宁	Liaoning	2166	98	80
吉林	Jilin	1411	42	65
黑龙江	Heilongjiang	2322	94	55
上海	Shanghai	2890	684	165
江苏	Jiangsu	4459	805	105
浙江	Zhejiang	3265	441	135
安徽	Anhui	1280	92	64
福建	Fujian	2403	189	52
江西	Jiangxi	1739	155	52
山东	Shandong	4404	882	158
河南	Henan	1852	132	96
湖北	Hubei	1936	103	82
湖南	Hunan	1765	149	99
广东	Guangdong	3776	698	123
广西	Guangxi	2765	321	84
海南	Hainan	375	21	10
重庆	Chongqing	2108	160	81
四川	Sichuan	2822	145	148
贵州	Guizhou	1614	100	72
云南	Yunnan	2199	124	158
西藏	Tibet	112	9	11
陕西	Shaanxi	1530	66	67
甘肃	Gansu	1885	77	110
青海	Qinghai	333		18
宁夏	Ningxia	530	4	32
新疆	Xinjiang	1989	97	64

开发机构科技产出(2017年)
Local Governments by Region(2017)

专利申请数 (件) Patents Application (piece)	#发明专利 Invetions	有效发明专利 (件) Patent in Force (piece)	专利所有权转让及许可数 (件) Number of Transfer and Licensing of Patent Ownership (piece)	专利所有权转让及许可收入 (万元) Revenue from Transfer and Licensing of Patent Ownership (10 000 yuan)	形成国家或行业标准数 (项) Number of National and Industrial Standard (item)
11527	**6989**	**20451**	**479**	**12755**	**1468**
5995	3996	12842	223	6406	808
1839	1016	2411	60	229	213
2738	1564	4171	122	4523	294
955	413	1027	74	1597	153
499	308	1853	16	1435	46
163	120	361	2	10	3
258	167	389	7	79	29
487	154	535			48
73	24	99			59
158	63	229	4	250	59
182	82	193	13	70	29
615	268	605	57	1277	65
384	291	915	6	151	114
1086	781	1969	44	974	88
644	401	1425	17	1429	54
226	157	404	4	20	34
558	354	932	33	20	47
322	224	376	15	36	15
1357	821	2962	70	1542	197
295	166	392	4	5	47
254	178	371	19	98	37
255	137	333	18	70	32
987	733	1787	28	765	226
651	443	1131	11	50	19
59	20	249			4
336	166	572	41	3902	28
392	240	637	15	445	49
298	190	356	1	10	9
265	147	445	13	105	17
20	17	23	4		
63	38	147	34		14
217	95	320	1	11	26
5	3	28			7
80	36	68			8
338	165	345	2		58

3-21 按服务的国民经济行业分研究与
S&T Output of R&D Institutions by Industrial Sector

行　业	Industry	发表科技论文（篇）Scientific Papers Issued (piece)	#国外发表 Published in Foreign Periodicals
总　计	**Total**	**177572**	**54500**
农、林、牧、渔业小计	**Farming, Forestry, Animal Husbandry and Fishery**	**32403**	**5722**
农　业	Farming	17111	2723
林　业	Forestry	3586	468
畜牧业	Animal Husbandry	2862	674
渔　业	Fishery	2267	621
农、林、牧、渔服务业	Service Activities for Agriculture, Forestry, Farming of Animals and Fishing	6577	1236
采矿业小计	**Mining**	**148**	**18**
煤炭开采和洗选业	Mining and Washing of Coal	65	1
有色金属矿采选业	Mining of Non-ferrous Metal Ores	83	17
其他矿采选业	Other Minerals Mining and Dressing		
制造业小计	**Manufacturing**	**35088**	**5903**
农副食品加工业	Processing of Food from Agricultural Products	595	248
食品制造业	Manufacture of Foods	22	2
酒、饮料和精制茶制造业	Manufacture of Liquor, Beverages and Refined Tea	36	4
烟草制品业	Manufacture of Tobacco	8	
纺织业	Manufacture of Textile	48	
纺织服装、服饰业	Manufacture of Textile, Apparel and Accessories	1	
皮革、毛皮、羽毛及其制品和制鞋业	Manufacture of Leather, Fur, Feather and Related Products and Shoes	7	
木材加工和木、竹、藤、棕、草制品业	Processing of Timbers and Manufacture of Wood,Bamboo, Rattan, Palm and Straw	153	46
家具制造业	Manufacture of Furniture		
造纸和纸制品业	Manufacture of Paper and Paper Products		
印刷和记录媒介复制业	Printing,Reproduction of Recording Media		
文教、工美、体育和娱乐用品制造业	Manufacture of Artworks, and Articles for Culture, Education, Sports and Recreation		
石油加工、炼焦及核燃料加工业	Processing of Petroleum ,Coking and Processing of Nucleus Fuel	1841	153
化学原料和化学制品制造业	Manufacture of Chemical Raw Material and Chemical Products	643	422
医药制造业	Manufacture of Medicines	3080	970
化学纤维制造业	Manufacture of Chemical Fiber	10	
橡胶和塑料制品业	Manufacture of Rubber and Plastic	48	24
非金属矿物制品业	Manufacture of Non-metallic Mineral Products	113	1
黑色金属冶炼和压延加工业	Manufacture and Processing of Ferrous Metals	5	

开发机构科技产出(2017年)
in which the R&D Institutions Served (2017)

出版科技著作 (种) Publication on S&T (kind)	专利申请数 (件) Patents Application (piece)	#发明专利 Invetions	有效发明专利 (件) Patent in Force (piece)	专利所有权转让及许可数 (件) Number of Transfer and Licensing of Patent Ownership (piece)	专利所有权转让及许可收入 (万元) Revenue from Transfer and Licensing of Patent Ownership (10 000 yuan)	形成国家或行业标准数 (项) Number of National and Industrial Standard (item)
5459	**56267**	**43426**	**124518**	**2090**	**88725**	**3859**
1086	**8210**	**5267**	**16630**	**382**	**5949**	**814**
532	4447	2918	7551	169	4894	467
106	551	389	1405	15	181	93
131	748	458	1426	92	277	57
69	741	394	1827	15	40	52
248	1723	1108	4421	91	557	145
	51	**35**	**95**	**1**	**2**	
	14	2	19			
	37	33	76	1	2	
304	**27336**	**22359**	**55642**	**680**	**32081**	**1333**
18	355	279	544	89	346	52
	13	13	47			3
	16	16	37			8
2	19	16	9			
	15	6	9			1
						10
4	51	43	154	6	45	25
16	1368	903	1493			199
9	304	263	960	43	921	14
58	525	496	2030	28	7162	122
	7	1	4			
	35	25	53	1	10	3
3	23	20	38			14
	1					

3-21 续表 1

行 业	Industry	发表科技论文（篇） Scientific Papers Issued (piece)	#国外发表 Published in Foreign Periodicals
有色金属冶炼和压延加工业	Manufacture and Processing of Non-ferrous Metals	14	
金属制品业	Manufacture of Metal Products	30	12
通用设备制造业	Manufacture of General Purpose Machinery	382	17
专用设备制造业	Manufacture of Special Purpose Machinery	1178	282
铁路、船舶、航空航天和其他运输设备制造业	Manufacture of Railway, Ships, Aerospace and Other Transport Equipment	16960	1925
电气机械和器材制造业	Manufacture of Electrical Machinery and Equipment		
计算机、通信和其他电子设备制造业	Manufacture of Computer, Communication and Other Electronic Equipment	5998	859
仪器仪表制造业	Manufacture of Measuring Instrument and Meter	259	83
电力、热力、燃气及水生产和供应业小计	**Production and Distribution of Electricity, Gas and Water**	**750**	**182**
电力、热力的生产和供应业	Production and Supply of Electric Power and Heat Power	726	182
燃气生产和供应业	Production and Distribution of Gas	24	
建筑业小计	**Construction**	**1122**	**31**
房屋建筑业	Construction of Building	375	13
土木工程建筑业	**Construction of Civil Engineering**	**712**	**18**
建筑装饰和其他建筑业	Building Decoration and Other Construction	35	
批发和零售业小计	**Wholesale and Retail Trabe**		
零售业	Retail Trade		
交通运输、仓储和邮政业小计	**Traffic,Transport, Storage and Post**	**951**	**178**
铁路运输业	Railway Transportation	79	
道路运输业	Transport via Road	654	101
水上运输业	Water Transport	187	51
航空运输业	Air Transport	31	26
装卸搬运和运输代理业	Loading, Unloading, Portage and Other Transport Services		
信息传输、软件和信息技术服务业小计	**Information Transfer,Software and Information Technology Services**	**981**	**457**
电信、广播电视和卫星传输服务	Telecommunications, Broadcasting,Television and Satellite Transmission Services	362	85
互联网和相关服务	Internet and Related Services	5	2
软件和信息技术服务业	Software and Information Technology Services	614	370

continued

出版科技著作（种） Publication on S&T (kind)	专利申请数（件） Patents Application (piece)	#发明专利 Invetions	有效发明专利（件） Patent in Force (piece)	专利所有权转让及许可数（件） Number of Transfer and Licensing of Patent Ownership (piece)	专利所有权转让及许可收入（万元） Revenue from Transfer and Licensing of Patent Ownership (10 000 yuan)	形成国家或行业标准数（项） Number of National and Industrial Standard (item)
	1	1	5			
	4	4	16			
10	128	56	115	4	226	24
12	765	364	634	18	1734	63
103	15850	13577	34897	338	18275	471
	71	20				
56	4746	3851	9657	153	3362	220
2	166	103	353			
63	**381**	**180**	**320**	**3**	**12**	**26**
62	375	174	312	3	12	26
1	6	6	8			
38	**312**	**107**	**516**	**8**	**1155**	**61**
14	33	17	75	8	1155	35
20	**273**	**88**	**441**			**16**
4	6	2				10
			1			
			1			
48	**188**	**95**	**475**	**1**		**142**
39	169	84	389	1		103
6	14	8	66			34
3	5	3	20			5
26	**429**	**349**	**2001**	**31**	**397**	**146**
10	180	125	377	13	83	116
	6	6	26			
16	243	218	1598	18	314	30

3-21 续表 2

行 业	Industry	发表科技论文（篇） Scientific Papers Issued (piece)	#国外发表 Published in Foreign Periodicals	出版科技著作（种） Publication on S&T (kind)
金融业小计	**Finance**	**7**		
货币金融服务	Monetary Financial Services	7		
租赁和商务服务业小计	**Tenancy and Business Services**	**3**		
商务服务业	Business Service	3		
科学研究和技术服务业小计	**Scientific Research, Technical Service**	**79503**	**36327**	
研究和试验发展	Research and Experimental Development	66240	33610	
专业技术服务业	Professional Technique Services	11708	2365	
科技推广和应用服务业	Technique Generalization and Application Services	1555	352	
水利、环境和公共设施管理业小计	**Management of Water Conservancy, Environment and Public Establishment**	**6043**	**1282**	
水利管理业	Management of Water Conservancy	2273	101	
生态保护和环境治理业	Environmental Management	3570	1170	
公共设施管理业	Management of Public Establishment	3		
居民服务、修理和其他服务业小计	**Resident Services and Other Services**	**25**		
居民服务业	Resident Services			
机动车、电子产品和日用产品修理业	Repair of Motor Vehicles, Electronics and Household Appliances			
教育小计	**Education**	**1377**	**77**	
教 育	Education	1377	77	
卫生和社会工作小计	**Sanitation and Social Works**	**14070**	**3778**	
卫 生	Sanitation	14070	3778	
文化、体育和娱乐业小计	**Culture, Sports and Entertainment**	**1380**	**52**	
新闻和出版业	Journalism and Publishing Activities			
广播、电视、电影和影视录音制作业	Broadcasting, Television,Movies,Videos and Sound Recording	177	2	
文化艺术业	Culture and Art	947	32	
体 育	Sports Activities	256	18	
娱乐业	Entertainment			
公共管理、社会保障和社会组织小计	**Public Management and Social Organization**	**3721**	**493**	
中国共产党机关	Chinese Communist Party Organs			
国家机构	Organ of State	3701	493	
群众团体、社会团体和其他成员组织	Mass Communities,Social Organizations and other Membership Organizations	2		

continued

专利申请数 (件) Patents Application (piece)	#发明专利 Invetions	有效发明专利 (件) Patent in Force (piece)	专利所有权 转让及许可数 (件) Number of Transfer and Licensing of Patent Ownership (piece)	专利所有权转让 及许可收入 (万元) Revenue from Transfer and Licensing of Patent Ownership (10 000 yuan)	形成国家或 行业标准数 (项) Number of National and Industrial Standard (item)
17175	**13808**	**44616**	**886**	**45945**	**1082**
14882	12496	39813	834	42109	372
1992	1135	4262	19	172	631
301	177	541	33	3664	79
1306	**689**	**2444**	**62**	**2240**	**104**
549	216	615	3	20	26
732	459	1761	59	2220	71
6	**4**	**8**			**9**
6	4	8			9
599	**344**	**1424**	**36**	**945**	**44**
599	344	1424	36	945	44
38	**15**	**68**			**11**
5	1	9			2
6	5	16			9
27	9	43			
236	**174**	**278**			**87**
227	171	262			66

四、高等学校
Higher Education

4-1 高等学校
Basic Statistics on Higher Education for

指　　标	Item	2005	2006	2007	2008
高等学校基本情况	**Basic Statistics on Higher Education**				
学校数（个）	Number of Institutions(unit)	1792	1867	1908	2263
#理工农医	Natural Sciences & Technology	786	800	786	827
#人文社科	Social Sciences & Humanities	815	843	840	869
R&D机构（个）	R&D Institutions(unit)	3936	4154	4502	5159
研究与试验发展(R&D)投入情况	**Statistics on R&D Input**				
R&D人员（万人）	R&D Personnel(10 000 persons)	38.7	42.1	44.8	47.8
R&D人员全时当量（万人年）	Full-time Equivalent of R&D Personnel(10 000 man-year)	22.7	24.2	25.4	26.6
#基础研究	Basic Research	7.8	9.0	9.4	10.9
应用研究	Applied Research	11.1	11.3	12.0	13.7
试验发展	Experimental Development	3.9	3.9	4.0	2.0
R&D经费内部支出(亿元)	Intramural Expenditure on R&D(100 million yuan)	242.3	276.8	314.7	390.2
#基础研究	Basic Research	56.7	71.4	86.8	114.8
应用研究	Applied Research	125.0	137.3	161.8	208.9
试验发展	Experimental Development	60.6	68.2	66.1	66.5
#政府资金	Government Funds	133.1	151.5	177.7	225.5
企业资金	Self-raised Funds by Enterprises	88.9	101.2	110.3	134.9
研究与试验发展(R&D)项目(课题)情况	**Statistics on R&D Projects**				
R&D项目(课题)数(项)	R&D Projects(item)	280327	365294	375425	429096
R&D项目(课题)人员全时当量(万人年)	Participants(10 000 man-year)	22.5	26.8	25.2	26.6
R&D项目(课题)经费内部支出(亿元)	Intramural Expenditure(100 million yuan)	193.5	287.0	258.2	323.2
科技产出及成果情况	**Statistics on S&T Outputs and Results**				
发表科技论文(篇)	Scientific Papers Issued(piece)	728082	830948	905985	964877
#国外发表	Published in Foreign Periodicals	69857	90722	108727	134058
出版科技著作（种）	Publication on Science and Technology(kind)	33064	34633	35733	37541
专利申请数（件）	Number of Patent Applications(piece)	20094	24490	29860	40610
#发明专利	Inventions	14673	18059	21864	29337
专利授权数（件）	Number of Patent Grants(piece)	8843	12043	14111	19248
#发明专利	Inventions	4715	6650	8251	10216

科技活动情况
Science and technology Activities

2009	2010	2011	2012	2013	2014	2015	2016	2017
2305	2358	2409	2442	2491	2529	2560	2596	2631
1003	970	975	1039	1070	1356	1713	2021	2162
954	963	997	1090	1150	1540	1814	2199	2325
6082	7833	8630	9225	9842	10632	11732	13062	14971
50.9	59.4	63.2	67.8	71.5	76.3	83.9	85.2	91.4
27.5	29.0	29.9	31.4	32.5	33.5	35.5	36.0	38.2
11.3	12.0	12.9	14.0	14.7	15.5	16.4	16.7	18.1
14.1	14.8	15.0	15.4	15.9	16.1	17.2	17.3	18.3
2.1	2.1	2.0	1.9	1.9	1.9	1.9	2.0	1.9
468.2	597.3	688.8	780.6	856.7	898.1	998.6	1072.2	1266.0
145.5	179.9	226.7	275.7	307.6	328.6	391.0	432.5	531.1
250.0	337.0	372.4	402.7	441.3	476.4	516.3	528.4	623.1
72.6	80.3	89.8	102.2	107.8	93.1	91.3	111.4	111.8
262.2	358.8	405.1	474.1	516.9	536.5	637.3	687.8	804.5
171.7	198.5	242.9	260.5	289.3	302.7	301.5	310.5	360.4
476708	547717	604107	657027	711010	766731	841520	894279	966780
27.4	28.9	29.9	31.3	32.4	33.5	35.4	36.0	38.2
363.5	467.0	535.3	607.3	662.7	701.8	765.6	777.2	877.0
1016354	1062512	1109965	1117742	1127210	1152147	1220467	1267881	1308110
156750	182247	218301	226097	249673	278599	313698	355483	390235
40919	38101	37472	38760	37866	39326	43136	44518	45591
56641	72744	95592	113430	133865	149961	190351	236665	277524
36241	44132	54362	66755	81251	93415	109911	137755	157131
25570	37490	53055	74550	84930	85006	127329	149524	169679
14408	18055	25064	34441	35873	39468	55021	66419	78254

4-2 各地区高等
R&D Personnel in Higher

地　　区	Region	学校数 (个) Number of Institutions (unit)	从业人员 (人) Employed Persons (person)	R&D人员合计 (人) R&D Personnel (person)	#女性 Female	#博士毕业 Doctor
全　　国	**National Total**	**2631**	**3174018**	**913590**	**392795**	**278341**
东部地区	Eastern Region	1012	1338736	455683	196670	152945
中部地区	Middle Region	686	770715	166661	68302	48393
西部地区	Western Region	675	757716	196319	84025	48799
东北地区	Northeast Region	258	306851	94927	43798	28204
北　　京	Beijing	92	178748	84410	36803	36295
天　　津	Tianjin	57	62479	23980	10408	8439
河　　北	Hebei	121	137871	32588	17154	5422
山　　西	Shanxi	80	76711	16804	7927	4762
内 蒙 古	Inner Mongolia	53	50868	7938	4073	1700
辽　　宁	Liaoning	115	129173	38911	17414	12021
吉　　林	Jilin	62	82661	31712	15497	9625
黑 龙 江	Heilongjiang	81	95017	24304	10887	6558
上　　海	Shanghai	64	96963	46207	18295	19679
江　　苏	Jiangsu	167	214611	67309	27635	23054
浙　　江	Zhejiang	107	128459	54350	24042	16783
安　　徽	Anhui	119	108091	27186	9820	7203
福　　建	Fujian	89	92058	31827	13841	8131
江　　西	Jiangxi	100	102156	16472	6667	3834
山　　东	Shandong	145	199749	47996	21281	13786
河　　南	Henan	134	189177	28305	13452	6802
湖　　北	Hubei	129	162520	37698	14049	14141
湖　　南	Hunan	124	132060	40196	16387	11651
广　　东	Guangdong	151	207001	63332	25425	20521
广　　西	Guangxi	74	88132	27788	12171	5238
海　　南	Hainan	19	20797	3684	1786	835
重　　庆	Chongqing	65	78193	25494	9660	8043
四　　川	Sichuan	109	155552	48027	19736	13142
贵　　州	Guizhou	70	61908	12103	5395	2080
云　　南	Yunnan	77	71974	20292	10177	4193
西　　藏	Tibet	7	4989	1456	589	266
陕　　西	Shaanxi	93	130148	28040	11048	9078
甘　　肃	Gansu	49	51777	10414	4227	2370
青　　海	Qinghai	12	8827	1578	692	266
宁　　夏	Ningxia	19	15655	3835	1714	828
新　　疆	Xinjiang	47	39693	9354	4543	1595

学校R&D人员(2017年)
Education by Region (2017)

#硕士毕业 Master	#本科毕业 Undergraduate	#全时人员 Full-time Personnel	R&D人员全时当量 (人年) Full-time Equivalent of R&D Personnel (man-year)	#研究人员 Researchers	基础研究 Basic Research	应用研究 Applied Research	试验发展 Experimental Development
372564	**231188**	**335935**	**382160**	**327891**	**180613**	**182715**	**18832**
177145	109378	168865	190737	163776	86849	95348	8539
69628	43156	59924	68892	58340	31218	33174	4500
84061	56004	64204	77118	65715	36596	36454	4067
41730	22650	42942	45414	40060	25949	17739	1726
24890	18655	33084	35207	29289	14710	19678	819
9207	5600	9405	10664	9208	4279	5765	619
16697	9767	8853	11832	10621	5050	6416	365
7178	4361	6816	7311	5913	3859	3098	354
3840	2230	2687	3329	2997	1457	1634	238
16928	9259	16720	17549	15966	8484	8075	990
14108	7223	13548	14303	12344	8198	5678	426
10694	6168	12674	13562	11750	9267	3986	310
13514	10484	24966	24625	20079	12792	10763	1070
27571	15116	23625	27063	25061	13881	11344	1838
23449	13062	14617	20019	17557	8359	10906	754
12428	6662	11653	12666	10531	6335	5974	357
14140	8397	10086	11960	9922	3172	8394	394
7398	4738	5981	6675	5622	3818	2515	342
20295	12283	20550	22453	19823	11218	9533	1702
13827	6849	6802	9114	7857	3163	4714	1238
12975	9160	13985	16226	13738	5852	9052	1323
15822	11386	14687	16900	14680	8192	7821	887
25638	14968	23008	25847	21344	12813	12075	959
13515	8199	9090	10584	8828	4658	5562	364
1744	1046	671	1068	873	575	474	19
9391	6619	7497	9589	8138	3692	4992	904
19784	13022	16424	19515	16522	7490	10997	1029
5478	3870	3611	4467	4007	2541	1841	85
8564	7237	5195	7210	5686	4363	2654	193
775	402	164	313	246	237	69	8
11217	6600	11409	12066	10676	6754	4340	973
4565	3366	3050	4041	3455	1797	2075	169
767	512	414	652	592	358	278	16
1704	1264	1907	1924	1554	1073	811	39
4461	2683	2756	3428	3014	2178	1202	48

4-3 各地区理工农医类高等
R&D Personnel in Higher Education in Natural

地区	Region	学校数 (个) Number of Institutions (unit)	从业人员 (人) Employed Persons (person)	R&D人员合计 (人) R&D Personnel (person)	#女性 Female	#博士毕业 Doctor
全国	**National Total**	**2162**	**2442995**	**414974**	**133712**	**153068**
东部地区	Eastern Region	899	1021879	208208	70473	82881
中部地区	Middle Region	551	599963	73804	20763	26539
西部地区	Western Region	543	586078	79432	23397	25571
东北地区	Northeast Region	169	235075	53530	19079	18077
北京	Beijing	73	142197	40946	15575	19237
天津	Tianjin	23	47143	11626	3724	4562
河北	Hebei	120	105505	10885	3851	2392
山西	Shanxi	69	59116	8491	3063	2630
内蒙古	Inner Mongolia	49	39598	3361	1269	879
辽宁	Liaoning	62	97806	20837	6712	7305
吉林	Jilin	50	63351	16847	6749	6003
黑龙江	Heilongjiang	57	73918	15846	5618	4769
上海	Shanghai	60	73891	30105	10811	12473
江苏	Jiangsu	149	168583	29382	8930	12876
浙江	Zhejiang	108	92654	18070	5445	8271
安徽	Anhui	93	81266	14447	3629	5127
福建	Fujian	91	68302	12496	3844	3369
江西	Jiangxi	85	80113	7443	2236	1966
山东	Shandong	127	154311	25621	8760	8653
河南	Henan	126	145755	8504	2587	3052
湖北	Hubei	76	131395	17011	4092	7105
湖南	Hunan	102	102318	17908	5156	6659
广东	Guangdong	133	154540	28239	9259	10820
广西	Guangxi	63	66934	11356	3421	2698
海南	Hainan	15	14753	838	274	228
重庆	Chongqing	59	58388	9138	2430	3193
四川	Sichuan	102	121894	20279	5430	7535
贵州	Guizhou	40	47896	4508	1625	958
云南	Yunnan	54	53533	6387	2524	1415
西藏	Tibet	3	3707	202	19	22
陕西	Shaanxi	76	103994	14121	3567	6069
甘肃	Gansu	36	41179	3791	951	1428
青海	Qinghai	12	6911	517	175	63
宁夏	Ningxia	15	11695	2354	796	595
新疆	Xinjiang	34	30349	3418	1190	716

学校R&D人员(2017年)
Sciences & Technology by Region (2017)

#硕士毕业 Master	#本科毕业 Undergraduate	#全时人员 Full-time Personnel	R&D人员全时当量(人年) Full-time Equivalent of R&D Personnel (man-year)	#研究人员 Researchers	基础研究 Basic Research	应用研究 Applied Research	试验发展 Experimental Development
134667	**104243**	**331873**	**276505**	**236707**	**126924**	**131113**	**18468**
61189	50691	166526	138751	118189	62323	68026	8402
24539	18732	59014	49161	41677	20677	24108	4376
28233	21910	63520	52922	45498	23879	25049	3993
20706	12910	42813	35672	31343	20045	13930	1697
9753	7679	32752	27296	22676	11636	14870	790
3659	2732	9299	7748	6702	3073	4079	597
4359	3550	8699	7247	6468	3021	3895	332
3027	2424	6788	5657	4528	3070	2233	354
1451	887	2687	2238	2039	838	1162	238
8241	4666	16665	13884	12704	6736	6173	975
6579	3937	13474	11227	9696	6658	4157	412
5886	4307	12674	10561	8943	6651	3601	310
8013	7204	24079	20064	16058	9968	9027	1068
8910	6084	23498	19582	18289	10498	7275	1810
4898	4329	14450	12039	10807	4360	6928	751
5541	3100	11554	9623	8053	4765	4510	348
4369	3994	9998	8325	6685	1868	6070	388
2629	2428	5949	4957	4127	2703	1932	323
8331	7459	20495	17073	15009	8247	7124	1702
3088	2141	6800	5662	4985	1285	3158	1219
4887	3674	13606	11334	9601	3792	6256	1287
5367	4965	14317	11929	10385	5063	6020	846
8606	7379	22587	18819	15049	9333	8532	954
4436	3606	9082	7567	6319	2931	4318	318
291	281	669	558	445	319	227	11
3151	2443	7310	6090	5177	2380	2806	904
6316	5117	16218	13512	11384	5562	6925	1025
1841	1615	3607	3004	2726	1621	1300	83
2341	2471	5103	4254	3436	2353	1720	181
83	95	162	135	92	111	20	4
4430	2755	11288	9407	8460	4440	3995	973
1452	813	3033	2525	2266	956	1406	164
182	241	413	344	306	150	178	16
886	850	1884	1568	1285	893	637	39
1664	1017	2733	2277	2011	1646	583	48

4-4 各地区人文社科类高等
R&D Personnel in Higher Education in Social

地区	Region	学校数(个) Number of Institutions (unit)	从业人员(人) Employed Persons (person)	R&D人员合计(人) R&D Personnel (person)	#女性 Female	#博士毕业 Doctor
全国	**National Total**	**2325**	**731023**	**498616**	**259083**	**125273**
东部地区	Eastern Region	967	316857	247475	126197	70064
中部地区	Middle Region	559	170752	92857	47539	21854
西部地区	Western Region	562	171638	116887	60628	23228
东北地区	Northeast Region	237	71776	41397	24719	10127
北京	Beijing	91	36551	43464	21228	17058
天津	Tianjin	53	15336	12354	6684	3877
河北	Hebei	121	32366	21703	13303	3030
山西	Shanxi	65	17595	8313	4864	2132
内蒙古	Inner Mongolia	45	11270	4577	2804	821
辽宁	Liaoning	103	31367	18074	10702	4716
吉林	Jilin	54	19310	14865	8748	3622
黑龙江	Heilongjiang	80	21099	8458	5269	1789
上海	Shanghai	61	23072	16102	7484	7206
江苏	Jiangsu	165	46028	37927	18705	10178
浙江	Zhejiang	102	35805	36280	18597	8512
安徽	Anhui	112	26825	12739	6191	2076
福建	Fujian	86	23756	19331	9997	4762
江西	Jiangxi	82	22043	9029	4431	1868
山东	Shandong	122	45438	22375	12521	5133
河南	Henan	123	43422	19801	10865	3750
湖北	Hubei	87	31125	20687	9957	7036
湖南	Hunan	90	29742	22288	11231	4992
广东	Guangdong	150	52461	35093	16166	9701
广西	Guangxi	70	21198	16432	8750	2540
海南	Hainan	16	6044	2846	1512	607
重庆	Chongqing	65	19805	16356	7230	4850
四川	Sichuan	100	33658	27748	14306	5607
贵州	Guizhou	47	14012	7595	3770	1122
云南	Yunnan	62	18441	13905	7653	2778
西藏	Tibet	3	1282	1254	570	244
陕西	Shaanxi	75	26154	13919	7481	3009
甘肃	Gansu	40	10598	6623	3276	942
青海	Qinghai	11	1916	1061	517	203
宁夏	Ningxia	14	3960	1481	918	233
新疆	Xinjiang	30	9344	5936	3353	879

学校R&D人员(2017年)
Sciences & Humanities by Region (2017)

#硕士毕业 Master	#本科毕业 Undergraduate	#全时人员 Full-time Personnel	R&D人员全时当量(人年) Full-time Equivalent of R&D Personnel (man-year)	#研究人员 Researchers	基础研究 Basic Research	应用研究 Applied Research	试验发展 Experimental Development
237897	**126945**	**4062**	**105655**	**91184**	**53689**	**51601**	**364**
115956	58687	2339	51986	45587	24526	27322	137
45089	24424	910	19731	16663	10541	9066	124
55828	34094	684	24196	20217	12717	11405	74
21024	9740	129	9742	8717	5905	3809	29
15137	10976	332	7912	6613	3074	4808	29
5548	2868	106	2915	2506	1206	1686	23
12338	6217	154	4585	4152	2030	2522	33
4151	1937	28	1655	1386	789	866	
2389	1343		1091	958	619	472	
8687	4593	55	3665	3262	1748	1902	15
7529	3286	74	3076	2648	1540	1521	14
4808	1861		3002	2808	2616	385	
5501	3280	887	4561	4021	2823	1736	2
18661	9032	127	7481	6772	3383	4069	29
18551	8733	167	7980	6750	3999	3978	3
6887	3562	99	3043	2479	1570	1463	9
9771	4403	88	3635	3237	1305	2324	6
4769	2310	32	1718	1495	1115	584	19
11964	4824	55	5380	4814	2971	2409	
10739	4708	2	3452	2872	1878	1555	19
8088	5486	379	4892	4137	2060	2796	36
10455	6421	370	4971	4295	3129	1802	41
17032	7589	421	7028	6295	3480	3543	5
9079	4593	8	3017	2509	1727	1243	46
1453	765	2	510	428	255	247	8
6240	4176	187	3499	2961	1312	2186	1
13468	7905	206	6003	5138	1927	4072	4
3637	2255	4	1464	1282	920	541	2
6223	4766	92	2956	2250	2010	934	12
692	307	2	179	154	126	50	3
6787	3845	121	2659	2217	2314	345	
3113	2553	17	1516	1190	841	669	5
585	271	1	308	287	208	99	
818	414	23	356	269	180	175	1
2797	1666	23	1151	1003	532	618	

4-5 各地区高等学校R&D
Intramural Expenditures on R&D in

单位：万元

地区	Region	R&D经费内部支出 Intramural Expenditures on R&D	基础研究 Basic Research	应用研究 Applied Research	试验发展 Experimental Development
全国	**National Total**	**12659611**	**5311160**	**6230554**	**1117897**
东部地区	Eastern Region	7782080	3299801	3891275	591004
中部地区	Middle Region	1799180	691456	868225	239499
西部地区	Western Region	1996858	845553	936793	214512
东北地区	Northeast Region	1081493	474349	534261	72883
北京	Beijing	1828063	744035	989679	94348
天津	Tianjin	641421	240911	352941	47569
河北	Hebei	210433	75854	118551	16028
山西	Shanxi	100966	61301	36315	3350
内蒙古	Inner Mongolia	44745	14995	22355	7394
辽宁	Liaoning	519637	201869	267375	50393
吉林	Jilin	194558	97453	86194	10910
黑龙江	Heilongjiang	367298	175027	180692	11579
上海	Shanghai	1091950	506373	519319	66257
江苏	Jiangsu	1095841	508490	477912	109439
浙江	Zhejiang	621870	274150	319568	28152
安徽	Anhui	325563	180221	132722	12620
福建	Fujian	366909	71300	273303	22307
江西	Jiangxi	135412	77921	50930	6560
山东	Shandong	532082	232232	216756	83094
河南	Henan	257832	67470	133825	56538
湖北	Hubei	678306	183564	368679	126063
湖南	Hunan	301101	120979	145754	34368
广东	Guangdong	1375323	636777	615035	123512
广西	Guangxi	218933	131686	82040	5206
海南	Hainan	18188	9679	8211	299
重庆	Chongqing	340854	114335	170850	55669
四川	Sichuan	558042	170701	297999	89341
贵州	Guizhou	126834	61612	61211	4010
云南	Yunnan	111637	62982	45157	3497
西藏	Tibet	8136	6402	850	884
陕西	Shaanxi	376034	166746	166011	43277
甘肃	Gansu	90286	37634	49662	2989
青海	Qinghai	24698	12957	11563	178
宁夏	Ningxia	53036	37876	13775	1385
新疆	Xinjiang	43625	27626	15318	681

经费内部支出(2017年)
Higher Education by Region (2017)

(10 000 yuan)

日常性支出 Routine Expenses	#人员劳务费 Labor Cost	资产性支出 Assets Expenditure	#仪器和设备支出 Equipment	政府资金 Government Funds	企业资金 Self-raised Funds by Enterprises	国外资金 Foreign Funds	其他资金 Other Funds
10087732	**2339868**	**2571879**	**1917228**	**8045467**	**3603645**	**59190**	**951310**
6117887	1420200	1664194	1235240	5045825	2175729	51955	508572
1467509	322883	331671	261640	1183639	448238	2748	164555
1597742	382625	399115	267685	1222255	543468	3308	227826
904594	214161	176899	152663	593748	436210	1179	50356
1578767	331661	249296	218477	1234572	542805	36246	14440
384684	59766	256736	85371	410622	189917	2604	38278
155344	41075	55089	45949	133566	50230	557	26079
81513	17563	19453	15904	72641	18666	10	9650
40934	5639	3811	3811	31729	10409	33	2575
446155	95398	73482	69739	255736	230653	831	32417
163189	35675	31369	29513	145356	39029	315	9859
295250	83087	72048	53411	192656	166528	33	8081
897771	233579	194179	147306	733616	323601	3624	31109
836777	160917	259064	213581	546442	386275	1770	161354
523197	176179	98673	73055	368788	206844	3035	43203
237559	64214	88003	58464	242803	42214	695	39851
265204	67147	101705	75801	268003	72489	969	25449
97309	27452	38103	28740	77349	34878		23184
436395	89435	95687	76901	362483	124319	878	44402
187574	27380	70259	59447	149187	67912	147	40586
607145	115707	71161	64102	443380	213792	1757	19376
256409	70566	44693	34984	198279	70774	139	31908
1023245	256819	352079	297144	972492	277760	2262	122809
185266	28587	33666	28271	169798	22357	1	26776
16504	3622	1684	1654	15240	1488	11	1448
247150	79832	93704	59260	160740	97261	446	82407
489900	112990	68142	52667	270401	234844	1712	51085
78468	25967	48365	25217	88112	22013	69	16640
97905	27699	13732	8220	81207	16177	281	13972
7045	1066	1091	1091	6757	705		674
279312	61988	96722	58838	248295	105353	741	21646
75626	17927	14660	11759	55513	27032	1	7739
15038	6228	9660	5946	22889	1303		506
39756	4849	13279	10729	49039	2083		1913
41342	9853	2284	1875	37775	3933	24	1894

4-6 各地区理工农医类高等学校R&D
Intramural Expenditures on R&D in Higher Education

单位：万元

地　区	Region	R&D经费内部支出 Intramural Expenditures on R&D	基础研究 Basic Research	应用研究 Applied Research	试验发展 Experimental Development
全　国	**National Total**	**11055053**	**4583238**	**5361866**	**1109949**
东部地区	Eastern Region	6827309	2878102	3360921	588286
中部地区	Middle Region	1545503	574751	734592	236160
西部地区	Western Region	1683641	697294	773127	213220
东北地区	Northeast Region	998601	433091	493227	72283
北　京	Beijing	1624773	674841	856256	93676
天　津	Tianjin	609978	228591	334059	47328
河　北	Hebei	173970	57795	100347	15828
山　西	Shanxi	84992	51969	29673	3350
内蒙古	Inner Mongolia	37875	10938	19543	7394
辽　宁	Liaoning	487376	188118	249288	49970
吉　林	Jilin	159056	81695	66628	10733
黑龙江	Heilongjiang	352169	163279	177311	11579
上　海	Shanghai	945139	415556	463371	66213
江　苏	Jiangsu	997520	472799	415896	108825
浙　江	Zhejiang	480548	213618	238822	28108
安　徽	Anhui	284289	160206	111597	12486
福　建	Fujian	315425	55160	238808	21457
江　西	Jiangxi	112502	65175	41301	6027
山　东	Shandong	481144	203678	194371	83094
河　南	Henan	212617	47539	108638	56439
湖　北	Hubei	605622	160273	319813	125536
湖　南	Hunan	245482	89590	123570	32322
广　东	Guangdong	1185534	548581	513469	123484
广　西	Guangxi	188124	114409	68749	4965
海　南	Hainan	13278	7484	5520	273
重　庆	Chongqing	275396	95659	124070	55666
四　川	Sichuan	488077	147977	250894	89206
贵　州	Guizhou	98043	45815	48845	3384
云　南	Yunnan	78464	42756	32388	3320
西　藏	Tibet	6328	5058	446	824
陕　西	Shaanxi	332288	133815	155196	43277
甘　肃	Gansu	72325	29597	39765	2963
青　海	Qinghai	22449	11640	10635	174
宁　夏	Ningxia	49498	35942	12190	1366
新　疆	Xinjiang	34775	23689	10405	681

经费内部支出(2017年)
in Natural Sciences & Technology by Region (2017)

(10 000 yuan)

#日常性支出 Routine Expenses	#人员劳务费 Labor Cost	资产性支出 Assets Expenditure	#仪器和设备支出 Equipment	政府资金 Government Funds	企业资金 Self-raised Funds by Enterprises	国外资金 Foreign Funds	其他资金 Other Funds
8576234	**1898514**	**2478818**	**1827702**	**7182873**	**3007894**	**45397**	**818889**
5215926	1190586	1611383	1182703	4564206	1777439	40776	444889
1234082	245150	311421	242689	1031790	367949	1613	144151
1300246	281960	383394	253481	1051102	441168	2003	189368
825980	180819	172620	148828	535775	421339	1006	40481
1383599	295703	241174	210356	1121315	464370	28952	10137
354741	47912	255237	83872	394612	177450	2474	35442
122690	23980	51280	42230	115365	39088		19517
67992	11567	16999	13514	61587	15033	10	8362
34123	3292	3752	3752	26658	9397		1819
415623	82915	71752	68453	234741	225195	750	26689
130139	24267	28917	27061	120523	31391	222	6919
280218	73637	71951	53314	180511	164753	33	6872
757695	213761	187444	140571	645025	273298	3417	23399
744831	135797	252689	207215	493563	346217	1162	156579
391603	128727	88945	63327	320363	119629	1926	38631
199453	50960	84836	55607	216140	33437	190	34521
216197	52588	99228	73341	244242	48314	732	22138
76350	21100	36152	26944	64889	27223		20390
387835	69222	93309	74523	333147	106322	635	41040
147538	14788	65079	54317	123231	51934	147	37305
538075	98087	67548	61207	405728	183260	1219	15415
204674	48649	40807	31100	160216	57061	47	28158
845003	221457	340532	285753	884597	202355	1479	97103
156842	19979	31281	25922	150779	13394		23952
11733	1440	1545	1515	11979	396		903
184653	58637	90743	56338	129416	70573	336	75071
422177	88553	65900	50431	237275	211960	1541	37302
50402	16492	47641	24573	73448	10793		13802
66200	14772	12264	7019	58409	10269	51	9735
5330	713	998	998	5377	579		372
239458	50488	92830	55417	225469	88344	54	18421
58925	13302	13400	10711	46418	20033		5874
12823	5394	9626	5912	20843	1162		444
36285	3908	13213	10663	46220	1803		1476
33029	6431	1746	1746	30791	2861	22	1100

4-7 各地区人文社科类高等学校R&D
Intramural Expenditures on R&D in Higher Education

单位：万元

地 区	Region	R&D经费内部支出 Intramural Expenditures on R&D	基础研究 Basic Research	应用研究 Applied Research	试验发展 Experimental Development	日常性支出 Routine Expenses
全 国	**National Total**	**1604558**	**727922**	**868688**	**7948**	**1511498**
东部地区	Eastern Region	954772	421699	530354	2718	901961
中部地区	Middle Region	253677	116705	133633	3339	233427
西部地区	Western Region	313217	148260	163666	1292	297496
东北地区	Northeast Region	82893	41258	41034	600	78614
北 京	Beijing	203290	69195	133423	672	195167
天 津	Tianjin	31442	12320	18882	241	29944
河 北	Hebei	36464	18059	18204	200	32654
山 西	Shanxi	15974	9332	6642		13521
内 蒙 古	Inner Mongolia	6870	4057	2813		6811
辽 宁	Liaoning	32262	13751	18087	423	30532
吉 林	Jilin	35502	15758	19566	177	33050
黑 龙 江	Heilongjiang	15129	11748	3381		15032
上 海	Shanghai	146811	90818	55948	45	140076
江 苏	Jiangsu	98321	35691	62016	614	91946
浙 江	Zhejiang	141322	60532	80746	44	131594
安 徽	Anhui	41274	20015	21124	134	38107
福 建	Fujian	51484	16140	34494	850	49007
江 西	Jiangxi	22910	12747	9630	533	20959
山 东	Shandong	50939	28554	22384		48560
河 南	Henan	45216	19931	25186	99	40036
湖 北	Hubei	72683	23291	48866	527	69070
湖 南	Hunan	55619	31389	22185	2046	51734
广 东	Guangdong	189789	88196	101566	28	178242
广 西	Guangxi	30809	17278	13290	241	28424
海 南	Hainan	4910	2195	2690	25	4771
重 庆	Chongqing	65458	18675	46779	3	62497
四 川	Sichuan	69964	22724	47105	135	67723
贵 州	Guizhou	28790	15797	12366	627	28066
云 南	Yunnan	33173	20226	12769	177	31705
西 藏	Tibet	1807	1344	404	60	1715
陕 西	Shaanxi	43746	32931	10815		39855
甘 肃	Gansu	17961	8037	9897	27	16701
青 海	Qinghai	2249	1317	928	4	2215
宁 夏	Ningxia	3538	1934	1585	19	3471
新 疆	Xinjiang	8851	3937	4914		8313

经费内部支出(2017年)
in Social Sciences & Humanities by Region (2017)

(10 000 yuan)

#人员劳务费 Labor Cost	资产性支出 Assets Expenditure	#仪器和设备支出 Equipment	政府资金 Government Funds	企业资金 Self-raised Funds by Enterprises	国外资金 Foreign Funds	其他资金 Other Funds
441354	**93060**	**89526**	**862594**	**595751**	**13792**	**132421**
229614	52811	52537	481619	398290	11179	63683
77733	20250	18951	151849	80289	1136	20404
100665	15721	14204	171154	102301	1304	38458
33342	4279	3835	57973	14871	173	9875
35958	8122	8120	113258	78435	7295	4303
11855	1499	1499	16011	12467	129	2836
17094	3810	3719	18202	11142	557	6563
5996	2453	2390	11054	3634		1287
2346	59	59	5070	1011	33	756
12483	1730	1286	20995	5458	81	5728
11408	2452	2452	24832	7638	93	2939
9450	97	97	12145	1775		1208
19817	6735	6735	88590	50303	206	7711
25120	6375	6366	52879	40058	608	4775
47452	9728	9728	48425	87216	1109	4572
13254	3167	2857	26663	8777	505	5329
14559	2477	2460	23761	24175	237	3311
6353	1951	1795	12461	7655		2794
20214	2378	2378	29337	17997	243	3362
12593	5180	5130	25956	15978		3281
17620	3613	2895	37652	30532	538	3961
21917	3885	3883	38064	13713	92	3750
35362	11547	11391	87895	75405	783	25706
8608	2385	2350	19019	8964	1	2825
2182	139	139	3262	1093	11	545
21195	2961	2921	31324	26688	110	7336
24437	2241	2236	33126	22884	171	13783
9475	724	644	14664	11220	69	2838
12927	1468	1201	22798	5908	230	4236
353	93	93	1380	126		302
11500	3892	3422	22826	17008	687	3224
4626	1260	1048	9095	6999	1	1865
834	34	34	2046	141		62
941	67	67	2820	280		438
3423	538	129	6984	1072	2	794

4-8　各地区高等学校R&D经费外部支出(2017年)
External Expenditure on R&D in Higher Education by Region (2017)

单位：万元　　(10 000 yuan)

地　区	Region	R&D经费外部支出 Total	对境内研究机构支出 to Domestic Research institutions	对境内高等学校支出 to Domestic Higher Education	对境内企业支出 to Domestic Enterprises	对境外机构支出 to Foreign Institutions
全　国	**National Total**	**929133**	**333106**	**328531**	**219480**	**42903**
东部地区	Eastern Region	594263	216761	204102	151663	17587
中部地区	Middle Region	89921	39895	30869	16024	2857
西部地区	Western Region	154836	44853	55173	35339	19093
东北地区	Northeast Region	90113	31597	38386	16455	3365
北　京	Beijing	204849	62218	71508	65621	4221
天　津	Tianjin	31527	12619	11143	7578	181
河　北	Hebei	9787	2274	2250	5245	
山　西	Shanxi	4460	977	2606	843	11
内蒙古	Inner Mongolia	3339	1575	1520	244	
辽　宁	Liaoning	25135	6359	7531	10796	170
吉　林	Jilin	12552	4504	5019	2534	475
黑龙江	Heilongjiang	52426	20735	25836	3126	2721
上　海	Shanghai	82172	32551	26499	18196	4421
江　苏	Jiangsu	69616	26205	23895	18473	474
浙　江	Zhejiang	39253	12970	18143	6994	959
安　徽	Anhui	8924	3722	2309	2691	69
福　建	Fujian	17840	6762	5463	4683	112
江　西	Jiangxi	4951	825	3428	581	105
山　东	Shandong	32979	10135	12510	8337	1752
河　南	Henan	3001	872	1526	596	
湖　北	Hubei	49148	25330	16122	7622	1
湖　南	Hunan	19437	8171	4878	3691	2672
广　东	Guangdong	106100	50983	32640	16532	5436
广　西	Guangxi	6784	1729	1592	2266	1196
海　南	Hainan	140	46	50	3	32
重　庆	Chongqing	14766	4534	8245	1732	207
四　川	Sichuan	44932	12972	14213	17535	140
贵　州	Guizhou	3297	978	1545	774	
云　南	Yunnan	3755	1080	1748	546	382
西　藏	Tibet	580	436	93	52	
陕　西	Shaanxi	67192	17626	23271	9838	16415
甘　肃	Gansu	1533	578	456	279	7
青　海	Qinghai	974	468	498	8	
宁　夏	Ningxia	3620	790	910	1893	27
新　疆	Xinjiang	4064	2088	1083	172	719

4-9 各地区理工农医类高等学校R&D经费外部支出(2017年)
External Expenditure on R&D in Higher Education in Natural Sciences & Technology by Region (2017)

单位：万元 (10 000 yuan)

地区	Region	R&D经费外部支出 Total	对境内研究机构支出 to Domestic Research institutions	对境内高等学校支出 to Domestic Higher Education	对境内企业支出 to Domestic Enterprises	对境外机构支出 to Foreign Institutions
全国	**National Total**	**915011**	**330829**	**325020**	**216418**	**42743**
东部地区	Eastern Region	583753	215012	201619	149683	17438
中部地区	Middle Region	88169	39443	30329	15549	2847
西部地区	Western Region	153881	44803	54901	35085	19093
东北地区	Northeast Region	89207	31570	38171	16101	3365
北京	Beijing	201012	60960	70455	65512	4085
天津	Tianjin	31368	12601	11024	7562	181
河北	Hebei	9758	2269	2245	5244	
山西	Shanxi	4434	975	2606	842	11
内蒙古	Inner Mongolia	3337	1574	1519	244	
辽宁	Liaoning	24290	6335	7329	10456	170
吉林	Jilin	12505	4501	5011	2519	475
黑龙江	Heilongjiang	52413	20735	25831	3126	2721
上海	Shanghai	81236	32461	26252	18101	4421
江苏	Jiangsu	67882	26009	23281	18129	464
浙江	Zhejiang	38730	12923	18095	6754	959
安徽	Anhui	8100	3423	2110	2509	59
福建	Fujian	16966	6762	5461	4632	112
江西	Jiangxi	4751	772	3333	541	105
山东	Shandong	32413	10005	12385	8275	1748
河南	Henan	2967	870	1503	595	
湖北	Hubei	48574	25273	15927	7373	
湖南	Hunan	19342	8131	4850	3689	2672
广东	Guangdong	104262	50980	32373	15473	5436
广西	Guangxi	6634	1708	1549	2181	1196
海南	Hainan	127	45	48	3	32
重庆	Chongqing	14698	4534	8225	1732	207
四川	Sichuan	44789	12970	14147	17533	140
贵州	Guizhou	3293	977	1543	773	
云南	Yunnan	3746	1076	1744	545	382
西藏	Tibet	580	436	93	52	
陕西	Shaanxi	66879	17606	23182	9675	16415
甘肃	Gansu	1302	578	439	279	7
青海	Qinghai	974	468	498	8	
宁夏	Ningxia	3620	790	910	1893	27
新疆	Xinjiang	4029	2088	1053	170	719

4-10 各地区人文社科类高等学校R&D经费外部支出(2017年)
External Expenditure on R&D in Higher Education in Social Sciences & Humanities by Region (2017)

单位：万元 (10 000 yuan)

地区	Region	R&D经费外部支出 Total	对境内研究机构支出 to Domestic Research institutions	对境内高等学校支出 to Domestic Higher Education	对境内企业支出 to Domestic Enterprises	对境外机构支出 to Foreign Institutions
全　国	**National Total**	**14122**	**2278**	**3510**	**3062**	**159**
东部地区	Eastern Region	10509	1748	2483	1980	149
中部地区	Middle Region	1753	452	540	474	10
西部地区	Western Region	955	50	272	254	
东北地区	Northeast Region	905	27	215	354	
北　京	Beijing	3837	1258	1053	109	136
天　津	Tianjin	159	18	118	17	
河　北	Hebei	29	5	4	1	
山　西	Shanxi	27	2		1	
内蒙古	Inner Mongolia	3	1	2		
辽　宁	Liaoning	845	24	202	340	
吉　林	Jilin	47	3	8	14	
黑龙江	Heilongjiang	13		5		
上　海	Shanghai	936	90	247	95	
江　苏	Jiangsu	1734	196	615	345	9
浙　江	Zhejiang	523	47	49	240	
安　徽	Anhui	823	299	200	181	10
福　建	Fujian	874		2	52	
江　西	Jiangxi	200	53	94	40	
山　东	Shandong	567	131	125	63	4
河　南	Henan	34	2	23	1	
湖　北	Hubei	574	56	195	249	
湖　南	Hunan	95	40	27	2	
广　东	Guangdong	1839	3	268	1059	
广　西	Guangxi	150	21	43	85	
海　南	Hainan	13	1	2		
重　庆	Chongqing	67		20		
四　川	Sichuan	143	3	66	3	
贵　州	Guizhou	4	2	2	1	
云　南	Yunnan	9	4	4	1	
西　藏	Tibet					
陕　西	Shaanxi	314	20	88	163	
甘　肃	Gansu	231		17		
青　海	Qinghai					
宁　夏	Ningxia					
新　疆	Xinjiang	35		30	2	

4-11　各地区高等学校R&D课题(2017年)
R&D Projects of Higher Education by Region (2017)

地　区	Region	R&D课题数 (项) R&D Projects (item)	投入人员 (人年) Input of Personnel (man-year)	投入经费 (万元) Input of Funds (10 000 yuan)
全　国	**National Total**	**966780**	**381984**	**8769921**
东部地区	Eastern Region	505462	190661	5306740
中部地区	Middle Region	175572	68826	1299804
西部地区	Western Region	214234	77087	1409548
东北地区	Northeast Region	71512	45410	753830
北　京	Beijing	96187	35198	1466865
天　津	Tianjin	23157	10659	426953
河　北	Hebei	25232	11824	119360
山　西	Shanxi	10864	7311	62737
内蒙古	Inner Mongolia	9122	3329	39326
辽　宁	Liaoning	34664	17549	375243
吉　林	Jilin	21782	14299	161315
黑龙江	Heilongjiang	15066	13562	217272
上　海	Shanghai	56674	24611	691569
江　苏	Jiangsu	70982	27055	779310
浙　江	Zhejiang	70024	20009	429407
安　徽	Anhui	30004	12661	201032
福　建	Fujian	35707	11957	229010
江　西	Jiangxi	22796	6657	110449
山　东	Shandong	45237	22455	367803
河　南	Henan	29982	9109	208665
湖　北	Hubei	44870	16218	521599
湖　南	Hunan	37056	16870	195322
广　东	Guangdong	79050	25826	784197
广　西	Guangxi	22952	10584	112595
海　南	Hainan	3212	1068	12265
重　庆	Chongqing	25653	9585	211353
四　川	Sichuan	53412	19508	452493
贵　州	Guizhou	15657	4467	77468
云　南	Yunnan	16250	7202	77183
西　藏	Tibet	1152	312	3051
陕　西	Shaanxi	45044	12061	306151
甘　肃	Gansu	11005	4040	63428
青　海	Qinghai	1278	652	12562
宁　夏	Ningxia	4537	1923	18091
新　疆	Xinjiang	8172	3425	35846

4-12 各地区理工农医类高等学校R&D课题(2017年)
R&D Projects of Higher Education in Natural Sciences & Technology by Region (2017)

地 区	Region	R&D课题数 (项) R&D Projects (item)	投入人员 (人年) Input of Personnel (man-year)	投入经费 (万元) Input of Funds (10 000 yuan)
全 国	**National Total**	**516752**	**276511**	**7996767**
东部地区	Eastern Region	272495	138757	4834996
中部地区	Middle Region	84477	49161	1187102
西部地区	Western Region	119842	52922	1258793
东北地区	Northeast Region	39938	35672	715876
北 京	Beijing	55880	27296	1342580
天 津	Tianjin	13282	7748	411130
河 北	Hebei	10976	7247	111537
山 西	Shanxi	5726	5657	57263
内蒙古	Inner Mongolia	5551	2238	34855
辽 宁	Liaoning	18968	13884	359782
吉 林	Jilin	10647	11227	143663
黑龙江	Heilongjiang	10323	10561	212431
上 海	Shanghai	33197	20064	628888
江 苏	Jiangsu	37869	19582	718664
浙 江	Zhejiang	33133	12039	366925
安 徽	Anhui	17338	9623	189575
福 建	Fujian	18031	8325	202444
江 西	Jiangxi	10378	4957	97444
山 东	Shandong	25048	17079	345687
河 南	Henan	11848	5662	188989
湖 北	Hubei	23323	11334	477548
湖 南	Hunan	15864	11929	176283
广 东	Guangdong	43749	18819	696947
广 西	Guangxi	12607	7567	96800
海 南	Hainan	1330	558	10194
重 庆	Chongqing	12772	6090	183591
四 川	Sichuan	29824	13512	420541
贵 州	Guizhou	9354	3004	67965
云 南	Yunnan	8226	4254	61881
西 藏	Tibet	322	135	1669
陕 西	Shaanxi	27813	9407	279689
甘 肃	Gansu	6114	2525	54196
青 海	Qinghai	715	344	11166
宁 夏	Ningxia	2444	1568	15505
新 疆	Xinjiang	4100	2277	30937

4-13 各地区人文社科类高等学校R&D课题(2017年)
R&D Projects of Higher Education in Social Sciences & Humanities by Region (2017)

地 区	Region	R&D课题数 (项) R&D Projects (item)	投入人员 (人年) Input of Personnel (man-year)	投入经费 (万元) Input of Funds (10 000 yuan)
全 国	**National Total**	**450028**	**105473**	**773154**
东部地区	Eastern Region	232967	51905	471744
中部地区	Middle Region	91095	19665	112702
西部地区	Western Region	94392	24165	150754
东北地区	Northeast Region	31574	9738	37954
北 京	Beijing	40307	7902	124286
天 津	Tianjin	9875	2910	15823
河 北	Hebei	14256	4577	7824
山 西	Shanxi	5138	1654	5474
内蒙古	Inner Mongolia	3571	1091	4471
辽 宁	Liaoning	15696	3665	15461
吉 林	Jilin	11135	3072	17652
黑龙江	Heilongjiang	4743	3002	4841
上 海	Shanghai	23477	4547	62681
江 苏	Jiangsu	33113	7473	60645
浙 江	Zhejiang	36891	7970	62482
安 徽	Anhui	12666	3038	11457
福 建	Fujian	17676	3632	26566
江 西	Jiangxi	12418	1700	13005
山 东	Shandong	20189	5377	22116
河 南	Henan	18134	3447	19676
湖 北	Hubei	21547	4884	44051
湖 南	Hunan	21192	4942	19039
广 东	Guangdong	35301	7007	87250
广 西	Guangxi	10345	3017	15795
海 南	Hainan	1882	510	2071
重 庆	Chongqing	12881	3495	27762
四 川	Sichuan	23588	5996	31952
贵 州	Guizhou	6303	1463	9503
云 南	Yunnan	8024	2948	15302
西 藏	Tibet	830	177	1382
陕 西	Shaanxi	17231	2654	26462
甘 肃	Gansu	4891	1515	9232
青 海	Qinghai	563	308	1396
宁 夏	Ningxia	2093	355	2587
新 疆	Xinjiang	4072	1147	4909

4-14 按学科分高等学校R&D课题(2017年)
R&D Projects Taken by R&D Institutions by Discipline (2017)

学　科	Discipline	R&D课题数(项) R&D Projects (item)	投入人员(人年) Input of Personnel (man-year)	投入经费(万元) Input of Funds (10 000 yuan)
全　国	**National Total**	**966780**	**381984**	**8769921**
数　学	Mathematics	12902	6124	107855
信息科学与系统科学	Information & System Science	10371	4748	187767
力　学	Mechanics	3621	1727	84360
物理学	Physics	14822	7694	304443
化　学	Chemistry	22591	11518	329576
天文学	Astronomy	544	219	6338
地球科学	Earth Science	15916	6971	274723
生物学	Biology	24838	12336	388210
心理学	Psychology	862	335	6895
农　学	Agriculture	20233	9888	313605
林　学	Forestry	4620	2515	58231
畜牧、兽医科学	Livestock, Veterinary Medicine	7325	3483	112072
水产学	Aquatic	2662	1126	32921
基础医学	Basic Medicine	24333	16171	275840
临床医学	Clinic Medicine	60644	47666	557770
预防医学与卫生学	Protective Medicine	3505	2305	48961
军事医学与特种医学	Military Medicine & Special Medicine	153	91	1688
药　学	Pharmacy	8732	4780	147744
中医学与中药学	Traditional Chinese Medicine	19251	13433	128306
工程与技术科学基础学科	Engineering & Basic Technology Science	5433	2299	102694
信息与系统科学相关工程与技术	Information and System Science-related Engineering and Technology	7185	3638	133817
自然科学相关工程与技术	Science and Technology-related Engineering and Technology	4383	2167	137481
测绘科学技术	Surveying & Mapping	2049	1134	47167
材料科学	Material Science	26739	13341	493439
矿山工程技术	Mining	7878	3472	116182
冶金工程技术	Metallurgy	2649	1266	89110
机械工程	Mechanical Engineering	26500	13339	485406
动力与电气工程	Power & Electrical Engineering	15917	7128	316637
能源科学技术	Energy Technology	4724	2415	99629
核科学技术	Nuclear Technology	1041	582	18626
电子、通信与自动控制技术	Electronics, Communication & Automation	25845	12208	461511
计算机科学技术	Computer Technology	28134	13878	335805
化学工程	Chemical Engineering	14400	6397	233305
产品应用相关工程与技术	Products Application-related Engineering and Technology	1159	713	18174
纺织科学技术	Textile Technology	2300	1222	36500
食品科学技术	Food Technology	7383	3594	99042
土木建筑工程	Civil Construction	21853	10444	430122
水利工程	Water Conservancy	4196	2031	72927
交通运输工程	Transportaiton Engineering	10533	4826	182773
航空、航天科学技术	Aviation and Aerospace	4966	2058	239858
环境科学技术	Environment	17743	7852	278224
安全科学技术	Security	1851	898	28708
管理学	Management	93327	22750	271715
马克思主义	Marxism	19805	4852	23507
哲　学	Phylosophy	6687	1512	13271
宗教学	Religion	1125	291	2016
语言学	Linguistics	26399	6812	29410
文　学	Literature	21278	5094	27124
艺术学	Arts	38300	9332	75143
历史学	Histry	11267	2550	28232
考古学	Archaeology	2012	353	14003
经济学	Economics	60301	14111	128659
政治学	Politics	10454	2413	15104
法　学	Law	27430	5797	46082
军事学	Military	27	12	380
社会学	Sociology	25398	5906	46792
民族学	Ethnography	7585	2129	11944
新闻学与传播学	Journalism	11646	2535	21731
图书馆、情报与文献学	Library and Information Literature	7212	1812	10818
教育学	Education	67855	16971	91934
体育科学	Physical Science	15934	4116	19130
统计学	Statistics	3799	954	11826
其　他	Others	6153	1654	56665

4-15 按来源和合作形式分高等学校R&D课题(2017年)
R&D Projects of Higher Education by Sources and Cooperation Modality (2017)

项　目	Item	R&D课题数 (项) R&D Projects (item)	投入人员 (人年) Input of Personnel (man-year)	投入经费 (万元) Input of Funds (10 000 yuan)
总　计	**Total**	**966780**	**381984**	**8769921**
按课题来源分组	**By Sources of Topics**			
国家科技项目	National S&T Projects	293924	151868	4489649
地方科技项目	Local S&T Projects	311781	113405	1122576
企业委托科技项目	S&T Projects Entrusted by Enterprise	206992	70663	2740783
自选科技项目	S&T Projects Chosen by Enterprise	141534	41241	320714
来自国外的科技项目	Oversease S&T Projects	2932	1107	54684
其它科技项目	Others	9617	3701	41514
按合作形式分组	**By Cooperation Modality**			
与境外机构合作	Cooperation with Oversease Institutes	4012	1968	74743
与国内高校合作	Cooperation with Higher Education	30459	14484	650369
与国内独立研究机构合作	Cooperation with Independent Research Institutes	19339	9688	477871
与境内注册的外商独资企业合作	Cooperation with Sole Foreign Enterprise	555	192	5223
与境内注册的其他企业合作	Cooperation with Other Enterprise	43155	19111	657211
独立完成	Independent Implementation	852056	331312	6755331
其　他	Others	17204	5228	149173

4-16 各地区高等学校
S&T Output of Higher

地　区	Region	发表科技论文（篇） Scientific Papers Issued (piece)	#国外发表 Published in Foreign Periodicals	出版科技著作（种） Publication on S&T (kind)
全　国	**National Total**	**1308110**	**390235**	**45591**
东部地区	Eastern Region	637526	230546	20412
中部地区	Middle Region	261764	65506	11146
西部地区	Western Region	281908	60473	9564
东北地区	Northeast Region	126912	33710	4469
北　京	Beijing	127627	47755	4830
天　津	Tianjin	28644	12608	785
河　北	Hebei	37524	6902	1494
山　西	Shanxi	19763	4328	980
内蒙古	Inner Mongolia	14974	1977	817
辽　宁	Liaoning	54712	14759	2348
吉　林	Jilin	34024	9192	942
黑龙江	Heilongjiang	38176	9759	1179
上　海	Shanghai	84386	38200	2648
江　苏	Jiangsu	121988	44306	2903
浙　江	Zhejiang	53471	18380	1949
安　徽	Anhui	38457	11507	1034
福　建	Fujian	28462	8506	840
江　西	Jiangxi	24446	4238	1013
山　东	Shandong	62279	24464	1910
河　南	Henan	46268	6879	3090
湖　北	Hubei	77258	26085	2747
湖　南	Hunan	55572	12469	2282
广　东	Guangdong	87815	28716	2654
广　西	Guangxi	22859	3400	725
海　南	Hainan	5330	709	399
重　庆	Chongqing	32854	9350	1444
四　川	Sichuan	67626	19148	1916
贵　州	Guizhou	17090	1525	756
云　南	Yunnan	20951	3118	978
西　藏	Tibet	1085	99	31
陕　西	Shaanxi	63714	15674	1770
甘　肃	Gansu	18289	3409	626
青　海	Qinghai	2428	91	66
宁　夏	Ningxia	6537	1078	241
新　疆	Xinjiang	13501	1604	194

科技产出(2017年)
Education by Region(2017)

专利申请数 (件) Patents Application (piece)	#发明专利 Invetions	有效发明专利 (件) Patent in Force (piece)	专利所有权转 让及许可数 (件) Number of Transfer and Licensing of Patent Ownership (piece)	专利所有权转 让及许可收入 (万元) Revenue from Transfer and Licensing of Patent Ownership (10 000 yuan)	形成国家或 行业标准数 (项) Number of National and Industrial Standard (item)
277524	**157131**	**303283**	**5942**	**196382**	**451**
141221	88373	185155	4027	152832	241
62499	29492	41191	717	15037	85
52452	25357	47918	866	13777	101
21352	13909	29019	332	14737	24
15270	12879	47511	429	49377	81
7877	5571	8409	111	631	
5368	2308	4491	103	819	8
2567	1759	3375	26	206	2
807	236	892	1	18	1
9940	6758	11604	161	13436	14
4724	2763	4623	50	476	
6688	4388	12792	121	825	10
10517	8576	21534	381	11747	
41190	24330	43088	1620	18811	67
18319	10090	24579	613	9751	56
12636	5752	6091	186	1540	8
7722	4113	6336	133	1369	6
7262	1936	2398	40	455	4
13907	8315	15235	199	57712	9
11303	5015	7134	108	2366	22
17063	9606	13214	249	9051	12
11668	5424	8979	108	1418	37
20401	11847	13710	438	2615	14
5385	3520	4288	112	550	
650	344	262			
5908	2788	7684	113	2344	15
10659	5565	10903	265	7579	16
3569	1227	1079	16	36	8
3435	1754	2910	14	171	1
22	9	15			
18137	8825	17255	274	2920	24
2792	710	1702	63	133	3
120	63	85			22
310	135	231	4	9	9
1308	525	874	4	16	2

4-17 各地区理工农医类
S&T Output of Higher Education in Social

地　区	Region	发表科技论文 (篇) Scientific Papers Issued (piece)	#国外发表 Published in Foreign Periodicals	出版科技著作 (种) Publication on S&T (kind)
全　国	**National Total**	**957341**	**376836**	**13824**
东部地区	Eastern Region	474010	221893	5120
中部地区	Middle Region	184227	63664	3945
西部地区	Western Region	201926	58382	3170
东北地区	Northeast Region	97178	32897	1589
北　京	Beijing	96704	45858	932
天　津	Tianjin	21366	12015	169
河　北	Hebei	25934	6722	470
山　西	Shanxi	14233	4273	351
内蒙古	Inner Mongolia	10599	1836	305
辽　宁	Liaoning	40134	14283	805
吉　林	Jilin	25193	8932	303
黑龙江	Heilongjiang	31851	9682	481
上　海	Shanghai	67020	36579	498
江　苏	Jiangsu	92944	43299	1058
浙　江	Zhejiang	37257	17535	414
安　徽	Anhui	28311	11340	434
福　建	Fujian	17838	7991	210
江　西	Jiangxi	16335	3997	333
山　东	Shandong	50086	23989	517
河　南	Henan	28366	6612	1226
湖　北	Hubei	59017	25353	845
湖　南	Hunan	37965	12089	756
广　东	Guangdong	62605	27246	756
广　西	Guangxi	15083	3346	165
海　南	Hainan	2256	659	96
重　庆	Chongqing	22083	9053	459
四　川	Sichuan	52419	18404	703
贵　州	Guizhou	10067	1483	265
云　南	Yunnan	11330	2910	216
西　藏	Tibet	729	96	5
陕　西	Shaanxi	49298	15163	687
甘　肃	Gansu	13175	3370	197
青　海	Qinghai	2104	89	26
宁　夏	Ningxia	4986	1049	80
新　疆	Xinjiang	10053	1583	62

高等学校科技产出(2017年)
Sciences & Humanities by Region(2017)

专利申请数 (件) Patents Application (piece)	#发明专利 Invetions	有效发明专利 (件) Patent in Force (piece)	专利所有权转 让及许可数 (件) Number of Transfer and Licensing of Patent Ownership (piece)	专利所有权转 让及许收入 (万元) Revenue from Transfer and Licensing of Patent Ownership (10 000 yuan)	形成国家或 行业标准数 (项) Number of National and Industrial Standard (item)
266418	**156210**	**302026**	**5899**	**196305**	**443**
136607	87908	184555	4026	152826	236
58287	29136	40703	693	15002	85
50497	25302	47851	851	13740	101
21027	13864	28917	329	14736	21
15245	12864	47476	429	49377	81
7422	5555	8408	111	631	
4919	2268	4219	103	819	8
2489	1757	3373	26	206	2
802	236	888	1	18	1
9720	6715	11513	158	13435	11
4671	2761	4612	50	476	
6636	4388	12792	121	825	10
10240	8558	21508	381	11747	
38841	24042	42950	1620	18806	67
18212	10089	24561	613	9751	54
11191	5538	5987	163	1515	8
7385	4092	6333	133	1369	6
6338	1919	2344	40	455	4
13661	8278	15181	199	57712	7
10738	4973	6993	107	2356	22
16898	9588	13195	249	9051	12
10633	5361	8811	108	1418	37
20042	11818	13657	437	2614	13
5302	3512	4286	112	550	
640	344	262			
5606	2776	7682	111	2308	15
10468	5561	10902	265	7579	16
3506	1222	1074	16	36	8
3298	1745	2901	14	171	1
22	9	15			
17304	8817	17248	274	2920	24
2472	701	1665	50	133	3
120	63	85			22
308	135	231	4	9	9
1289	525	874	4	16	2

4-18 各地区人文社科类
S&T Output of Higher Education in Social

地 区	Region	发表科技论文（篇） Scientific Papers Issued (piece)	#国外发表 Published in Foreign Periodicals	出版科技著作（种） Publication on S&T (kind)
全 国	**National Total**	**350769**	**13399**	**31767**
东部地区	Eastern Region	163516	8653	15292
中部地区	Middle Region	77537	1842	7201
西部地区	Western Region	79982	2091	6394
东北地区	Northeast Region	29734	813	2880
北 京	Beijing	30923	1897	3898
天 津	Tianjin	7278	593	616
河 北	Hebei	11590	180	1024
山 西	Shanxi	5530	55	629
内 蒙 古	Inner Mongolia	4375	141	512
辽 宁	Liaoning	14578	476	1543
吉 林	Jilin	8831	260	639
黑 龙 江	Heilongjiang	6325	77	698
上 海	Shanghai	17366	1621	2150
江 苏	Jiangsu	29044	1007	1845
浙 江	Zhejiang	16214	845	1535
安 徽	Anhui	10146	167	600
福 建	Fujian	10624	515	630
江 西	Jiangxi	8111	241	680
山 东	Shandong	12193	475	1393
河 南	Henan	17902	267	1864
湖 北	Hubei	18241	732	1902
湖 南	Hunan	17607	380	1526
广 东	Guangdong	25210	1470	1898
广 西	Guangxi	7776	54	560
海 南	Hainan	3074	50	303
重 庆	Chongqing	10771	297	985
四 川	Sichuan	15207	744	1213
贵 州	Guizhou	7023	42	491
云 南	Yunnan	9621	208	762
西 藏	Tibet	356	3	26
陕 西	Shaanxi	14416	511	1083
甘 肃	Gansu	5114	39	429
青 海	Qinghai	324	2	40
宁 夏	Ningxia	1551	29	161
新 疆	Xinjiang	3448	21	132

高等学校科技产出(2017年)
Sciences & Humanities by Region(2017)

专利申请数(件) Patents Application (piece)	#发明专利 Invetions	有效发明专利(件) Patent in Force (piece)	专利所有权转让及许可数(件) Number of Transfer and Licensing of Patent Ownership (piece)	专利所有权转让及许可收入(万元) Revenue from Transfer and Licensing of Patent Ownership (10 000 yuan)	形成国家或行业标准数(项) Number of National and Industrial Standard (item)
11106	**921**	**1257**	**43**	**77**	**8**
4614	465	600	1	6	5
4212	356	488	24	35	
1955	55	67	15	36	
325	45	102	3	1	3
25	15	35			
455	16	1			
449	40	272			
78	2	2			
5		4			
220	43	91	3	1	3
53	2	11			
52					
277	18	26			
2349	288	138		5	
107	1	18			2
1445	214	104	23	25	
337	21	3			
924	17	54			
246	37	54			2
565	42	141	1	10	
165	18	19			
1035	63	168			
359	29	53	1	1	1
83	8	2			
10					
302	12	2	2	36	
191	4	1			
63	5	5			
137	9	9			
833	8	7			
320	9	37	13		
2					
19					

五、高技术产业

High-tech Industry

5-1 高技术产业基本情况
Basic Statistics on High-tech Industry

指 标	Item	2000	2005	2008	2009	2010	2011
生产经营情况	**Statistics on Production and Operation**						
企业数（个）	Number of Enterprises(unit)	9758	17527	25817	27218	28189	21682
主营业务收入（亿元）	Revenue from Principal Business (100 million yuan)	10033.7	33921.8	55728.9	59566.7	74482.8	87527.2
利润总额（亿元）	Profits (100 million yuan)	673.5	1423.2	2725.1	3278.5	4879.7	5244.9
科技活动及相关情况	**Statistics on Science and Technology Activities and Relative Statistics**						
研发机构数（个）	R&D Institutions(unit)	1379	1619	2534	2845	3184	3254
R&D人员折合全时当量(万人年)	Full-time Equivalent of R&D Personnel(10 000 man-year)	9.2	17.3	28.5	32.0	39.9	42.7
R&D经费内部支出（亿元）	Expenditure on R&D (100 million yuan)	111.0	362.5	655.2	774.0	967.8	1237.8
新产品开发经费（亿元）	Expenditure on New Produts Development (100 million yuan)	117.8	415.7	798.4	925.1	1006.9	1528.0
专利申请数（件）	Patent Applications (piece)	2245	16823	39656	51513	59683	77725
有效发明专利数（件）	Number of Inventions In Force (piece)	1443	6658	23915	31830	50166	67428
固定资产投资情况	**Statistics on Investment in Fixed Assets**						
施工项目个数（个）	Number of Projects under Construction(unit)	2734	7095	8534	9780	10723	13204
#新开工项目个数	Number of Projects Started This Year	1640	4460	4872	6220	7117	8447
全部建成投产项目个数（个）	Number of Projects Completed and Put into Use (unit)	1282	3158	4290	5412	6011	7735
投资额（亿元）	Investment(100 million yuan)	563.0	2144.0	4169.2	4882.2	6944.7	9468.5
新增固定资产（亿元）	Newly Increased Fixed Assets (100 million yuan)	421.0	1464.0	2574.2	3160.5	4450.4	6355.2

注：本表生产经营情况的数据口径为规模以上工业企业，科技活动及相关情况的数据口径为大中型工业企业；2011年及之后年份固定资产投资情况的数据口径为投资额在500万元及以上的项目，2011年之前的数据口径为50万元及以上的项目。

Note: Statistics on production and operation cover industrial enterprises above designated size and statistics on science and technology activities and S&T-related cover Large and Medium-sized Enterprises; From the year 2011,statistics on investment in fixed assets cover all projects with the investment over 5 million RMB and cover all projects with the investment over 500 thousand RMB before 2011.

5-1 续表 continued

指 标	Item	2012	2013	2014	2015	2016	2017
生产经营情况	**Statistics on Production and Operation**						
企业数（个）	Number of Enterprises(unit)	24636	26894	27939	29631	30798	32027
主营业务收入（亿元）	Revenue from Principal Business (100 million yuan)	102284.0	116048.9	127367.7	139968.6	153796.3	159375.8
利润总额（亿元）	Profits (100 million yuan)	6186.3	7233.7	8095.2	8986.3	10301.8	11295.9
科技活动及相关情况	**Statistics on Science and Technology Activities and Relative Statistics**						
研发机构数（个）	R&D Institutions(unit)	4566	4583	4763	5572	6456	7018
R&D人员折合全时当量(万人年)	Full-time Equivalent of R&D Personnel(10 000 man-year)	52.6	55.9	57.3	59.0	58.0	59.0
R&D经费内部支出（亿元）	Expenditure on R&D (100 million yuan)	1491.5	1734.4	1922.2	2219.7	2437.6	2644.7
新产品开发经费（亿元）	Expenditure on New Produts Development (100 million yuan)	1827.5	2069.5	2350.6	2574.6	3000.4	3421.3
专利申请数（件）	Patent Applications (piece)	97200	102532	120077	114562	131680	158354
有效发明专利数（件）	Number of Inventions In Force (piece)	97878	115884	147927	199728	257234	306431
固定资产投资情况	**Statistics on Investment in Fixed Assets**						
施工项目个数（个）	Number of Projects under Construction(unit)	15681	17691	18403	20028	23715	27891
#新开工项目个数	Number of Projects Started This Year	10223	11637	12039	14122	17498	19270
全部建成投产项目个数（个）	Number of Projects Completed and Put into Use (unit)	8968	10528	11914	14100	14949	17770
投资额（亿元）	Investment(100 million yuan)	12932.7	15557.7	17451.7	19950.7	22786.7	26186.5
新增固定资产（亿元）	Newly Increased Fixed Assets (100 million yuan)	8377.1	9874.3	11790.7	14307.5	13140.3	15608.8

5-2 高技术产业生产经营情况（2017年）
Statistics on Production and Management in High-tech Industry(2017)

单位：亿元 (100 million yuan)

行业	Industry	企业数(个) Number of Enterprises (unit)	主营业务收入 Revenue from Principal Business	利润总额 Profits
合计	**Total**	**32027**	**159376**	**11296**
医药制造业	**Manufacture of Medicines**	**7532**	**27117**	**3325**
#化学药品制造	Manufacture of Chemical Medicine	2373	12875	1613
中成药生产	Manufacture of Finished Traditional Chinese Herbal Medicine	1624	5505	712
生物药品制造	Manufacture of Biological Medicine	942	3032	489
电子及通信设备制造业	**Manufacture of Electronic Equipment and Communication Equipment**	**16290**	**93452**	**5619**
#通信设备制造	Manufacture of Communication Equipment	1954	34780	1665
#通信系统设备制造	Manufacture of Communication System Equipment	881	11996	909
通信终端设备制造	Manufacture of Communication Terminal Equipment	1073	22784	756
广播电视设备制造	Manufacture of Broadcasting and TV Equipment	652	1822	133
雷达及配套设备制造	Manufacture of Radar and Its Fittings	63	372	19
视听设备制造	Manufacture of Audio and Video Equipment	1004	7596	315
电子器件制造	Manufacture of Electronic Appliances	3304	19002	1403
#电子真空器件制造	Manufacture of Electronic Vacuum Appliances	96	251	23
半导体分立器件制造	Manufacture of Semiconductor Discreting Appliances	346	1209	88
集成电路制造	Manufacture of Integrate Circuit	542	3994	525
电子元件制造	Manufacture of Electronic Components	6046	17704	1180
其他电子设备制造	Manufacture of Other Electronic Equipment	1454	5394	358
计算机及办公设备制造业	**Manufacture of Computers and Office Equipment**	**1861**	**20617**	**741**
#计算机整机制造	Manufacture of Entired Computer	199	12158	225
计算机零部件制造	Manufacture of Parts and Fixture for Computer	640	3071	175
计算机外围设备制造	Manufacture of Computer Peripheral Equipment	532	2886	140
办公设备制造	Manufacture of Office Equipment	243	1065	72
医疗仪器设备及仪器仪表制造业	**Manufacture of Medical Equipment and Measuring Instrument and Meter**	**5499**	**12067**	**1167**
1.医疗仪器设备及器械制造	Manufacture of Medical Equipment and Appliances	1548	2817	326
2.仪器仪表制造	Manufacture of Measuring Instrument and Meter	3951	9250	841
信息化学品制造业	**Manufacture of Electronic Chemicals**	**391**	**2571**	**235**

注：表5-2至表5-10的数据口径为规模以上工业企业。
Note: Statistics from table 5-2 to table 5-10 cover industrial enterprises above designated size.

5-3 高技术产业R&D活动情况（2017年）
Statistics on R&D Activities in High-tech Industry(2017)

单位：万元 (10 000 yuan)

行业	Industry	研发机构数（个）R&D Institutions (unit)	R&D人员折合全时当量（人年）Full-time Equivalent of R&D Personnel (man-year)	R&D经费内部支出 Intramual Expenditure on R&D	R&D项目数（项）R&D Projects (item)	R&D项目经费 Expenditure on R&D Projects
合　计	**Total**	**15696**	**747310**	**31825668**	**96944**	**31778033**
医药制造业	**Manufacture of Medicines**	**3318**	**121517**	**5341769**	**27784**	**5330475**
#化学药品制造	Manufacture of Chemical Medicine	1366	58765	2798665	13742	2791117
中成药生产	Manufacture of Finished Traditional Chinese Herbal Medicine	672	27173	956168	5735	954140
生物药品制造	Manufacture of Biological Medicine	538	17713	892527	4124	892021
电子及通信设备制造业	**Manufacture of Electronic Equipment and Communication Equipment**	**8252**	**436335**	**19669679**	**43261**	**19646699**
#通信设备制造	Manufacture of Communication Equipment	1098	153828	8540678	6207	8530349
#通信系统设备制造	Manufacture of Communication System Equipment	534	106130	6752036	3019	6744500
通信终端设备制造	Manufacture of Communication Terminal Equipment	564	47699	1788642	3188	1785850
广播电视设备制造	Manufacture of Broadcasting and TV Equipment	372	12446	473182	1740	472378
雷达及配套设备制造	Manufacture of Radar and Its Fittings	59	4982	112481	428	112366
视听设备制造	Manufacture of Audio and Video Equipment	538	27136	1271660	3033	1269645
电子器件制造	Manufacture of Electronic Appliances	1708	88222	4095493	10855	4092929
#电子真空器件制造	Manufacture of Electronic Vacuum Appliances	34	1487	52283	317	51986
半导体分立器件制造	Manufacture of Semiconductor Discreting Appliances	181	6945	194522	1009	194200
集成电路制造	Manufacture of Integrate Circuit	285	20593	1390589	2403	1389917
电子元件制造	Manufacture of Electronic Components	2674	83738	2564341	12048	2561803
其他电子设备制造	Manufacture of Other Electronic Equipment	754	34778	1118642	3922	1117524
计算机及办公设备制造业	**Manufacture of Computers and Office Equipment**	**985**	**57753**	**1995125**	**5366**	**1991979**
#计算机整机制造	Manufacture of Entired Computer	124	19725	882559	1009	881254
计算机零部件制造	Manufacture of Parts and Fixture for Computer	285	10548	294759	1095	294299
计算机外围设备制造	Manufacture of Computer Peripheral Equipment	257	10823	344413	1520	343271
办公设备制造	Manufacture of Office Equipment	133	4923	143989	694	143922
医疗仪器设备及仪器仪表制造业	**Manufacture of Medical Equipment and Measuring Instrument and Meter**	**2683**	**85798**	**2749363**	**17093**	**2742588**
1.医疗仪器设备及器械制造	Manufacture of Medical Equipment and Appliances	720	21256	735397	4744	733058
2.仪器仪表制造	Manufacture of Measuring Instrument and Meter	1963	64542	2013966	12349	2009530
信息化学品制造业	**Manufacture of Electronic Chemicals**	**236**	**9017**	**478306**	**1133**	**477894**

5-4 各地区高技术产业R&D活动情况（2017年）
Statistics on R&D Activities in High-tech Industry by Region(2017)

单位：万元 (10 000 yuan)

地 区	Region	研发机构数（个）R&D Institutions (unit)	R&D人员折合全时当量(人年) Full-time Equivalent of R&D Personnel (man-year)	R&D经费内部支出 Intramual Expenditure on R&D	R&D项目数(项) R&D Projects (item)	R&D项目经费 Expenditure on R&D Projects
全 国	**National Total**	**15696**	**747310**	**31825668**	**96944**	**31778033**
东部地区	Eastern Region	12314	546398	24114465	69811	24083679
中部地区	Middle Region	2158	106889	4012259	13540	4005867
西部地区	Western Region	1013	75236	3082954	10301	3073320
东北地区	Northeast Region	211	18787	615989	3292	615168
北 京	Beijing	264	23611	1317647	3495	1316984
天 津	Tianjin	111	16234	665098	2990	663949
河 北	Hebei	191	14663	430712	1914	430102
山 西	Shanxi	66	5741	112246	604	112212
内 蒙 古	Inner Mongolia	18	892	84926	250	84864
辽 宁	Liaoning	114	9066	307731	1534	307350
吉 林	Jilin	51	3258	118036	672	117937
黑 龙 江	Heilongjiang	46	6463	190222	1086	189881
上 海	Shanghai	160	25334	1449217	2885	1447632
江 苏	Jiangsu	3710	112019	4161442	14721	4155678
浙 江	Zhejiang	1422	71347	2329266	11183	2327246
安 徽	Anhui	792	20598	797670	3596	796574
福 建	Fujian	344	31253	1379717	3572	1376193
江 西	Jiangxi	406	12608	419568	1917	419072
山 东	Shandong	776	51057	2506226	7955	2501727
河 南	Henan	355	19676	758373	2489	756934
湖 北	Hubei	237	21000	1136648	2765	1134605
湖 南	Hunan	302	27266	787755	2169	786469
广 东	Guangdong	5316	200057	9837799	20713	9826849
广 西	Guangxi	55	1665	81271	433	81153
海 南	Hainan	20	824	37341	383	37319
重 庆	Chongqing	240	12162	489753	2455	489209
四 川	Sichuan	292	27809	1107843	3435	1104247
贵 州	Guizhou	88	5701	225563	931	225299
云 南	Yunnan	76	2686	88563	649	88531
西 藏	Tibet	1	36	625	16	625
陕 西	Shaanxi	183	20779	840078	1402	835107
甘 肃	Gansu	25	1442	50754	232	50734
青 海	Qinghai	9	299	17780	43	17779
宁 夏	Ningxia	13	1184	54351	261	54347
新 疆	Xinjiang	13	581	41448	194	41425

5-5 高技术产业新产品开发及销售（2017年）

Statistics on New Products Development and Sale in High-tech Industry (2017)

单位：万元 (10 000 yuan)

行 业	Industry	新产品开发项目数（项）New Products (unit)	新产品开发经费支出 Expenditure on New Produts Development	新产品销售收入 Sales Revenue of New Products	#出口 Export
合 计	**Total**	**113889**	**40973433**	**535471108**	**195150291**
医药制造业	**Manufacture of Medicines**	**28584**	**5886028**	**57132498**	**4996442**
#化学药品制造	Manufacture of Chemical Medicine	13698	3071338	30371000	3185500
中成药生产	Manufacture of Finished Traditional Chinese Herbal Medicine	5781	1016221	13092750	243584
生物药品制造	Manufacture of Biological Medicine	4475	1015845	6235438	880919
电子及通信设备制造业	**Manufacture of Electronic Equipment and Communication Equipment**	**54288**	**26198104**	**359836799**	**149543728**
#通信设备制造	Manufacture of Communication Equipment	8228	11672208	167389254	79151451
#通信系统设备制造	Manufacture of Communication System Equipment	3972	9321743	54282713	17432770
通信终端设备制造	Manufacture of Communication Terminal Equipment	4256	2350465	113106541	61718681
广播电视设备制造	Manufacture of Broadcasting and TV Equipment	2237	628186	5457896	1429786
雷达及配套设备制造	Manufacture of Radar and Its Fittings	535	213789	1252671	75179
视听设备制造	Manufacture of Audio and Video Equipment	3902	1589757	35938811	13071242
电子器件制造	Manufacture of Electronic Appliances	13337	5289720	59742294	24580832
#电子真空器件制造	Manufacture of Electronic Vacuum Appliances	353	64199	303233	70037
半导体分立器件制造	Manufacture of Semiconductor Discreting Appliances	1139	232324	2294825	673124
集成电路制造	Manufacture of Integrate Circuit	2849	1729735	8336144	3636328
电子元件制造	Manufacture of Electronic Components	14678	3428737	47995215	21759321
其他电子设备制造	Manufacture of Other Electronic Equipment	5067	1465836	15952182	3880824
计算机及办公设备制造业	**Manufacture of Computers and Office Equipment**	**7018**	**2853013**	**67342517**	**32507303**
#计算机整机制造	Manufacture of Entired Computer	1182	1316833	46207628	21194897
计算机零部件制造	Manufacture of Parts and Fixture for Computer	1541	446057	6257027	3255847
计算机外围设备制造	Manufacture of Computer Peripheral Equipment	2061	491045	8037514	4985539
办公设备制造	Manufacture of Office Equipment	840	171070	2318521	1020645
医疗仪器设备及仪器仪表制造业	**Manufacture of Medical Equipment and Measuring Instrument and Meter**	**20553**	**3626278**	**27508155**	**4007544**
1.医疗仪器设备及器械制造	Manufacture of Medical Equipment and Appliances	6055	1092395	5096125	931758
2.仪器仪表制造	Manufacture of Measuring Instrument and Meter	14498	2533883	22412030	3075787
信息化学品制造业	**Manufacture of Electronic Chemicals**	**985**	**397495**	**8302063**	**1532651**

5-6 各地区高技术产业新产品开发及销售（2017年）
Statistics on New Products Development and Sale in High-tech Industry by Region(2017)

单位：万元 (10 000 yuan)

地区	Region	新产品开发项目数（项） New Products (unit)	新产品开发经费支出 Expenditure on New Produts Development	新产品销售收入 Sales Revenue of New Products	#出口 Export
全国	**National Total**	**113889**	**40973433**	**535471108**	**195150291**
东部地区	Eastern Region	84814	32316683	405474693	144091356
中部地区	Middle Region	14808	4405092	78938798	36774352
西部地区	Western Region	10864	3467922	44371446	13591182
东北地区	Northeast Region	3403	783736	6686171	693400
北京	Beijing	4658	1622255	17568452	1702187
天津	Tianjin	2570	651633	12100448	5763777
河北	Hebei	1790	452910	4837950	734566
山西	Shanxi	631	96722	1701794	60143
内蒙古	Inner Mongolia	227	60384	1540745	112010
辽宁	Liaoning	1668	417891	4463378	567484
吉林	Jilin	760	168124	1429510	90354
黑龙江	Heilongjiang	975	197721	793284	35562
上海	Shanghai	3700	1827484	11760238	5886005
江苏	Jiangsu	16321	5857303	88516811	30001061
浙江	Zhejiang	11742	2547259	34170442	7865851
安徽	Anhui	3896	1008100	14248099	3125047
福建	Fujian	3395	1324120	15883464	7411695
江西	Jiangxi	2987	607565	6728488	887606
山东	Shandong	7859	2626373	33502808	6807311
河南	Henan	2139	610100	33568939	29587335
湖北	Hubei	2885	1280428	9483931	1234361
湖南	Hunan	2270	802177	13207548	1879861
广东	Guangdong	32392	15366493	186931452	77916109
广西	Guangxi	499	86729	1296977	515888
海南	Hainan	387	40854	202629	2795
重庆	Chongqing	2569	530595	17996612	11569703
四川	Sichuan	3731	1360734	14227446	622272
贵州	Guizhou	1032	253203	1688095	40681
云南	Yunnan	736	115359	898255	37275
西藏	Tibet	15	1506		
陕西	Shaanxi	1424	924195	4665646	160244
甘肃	Gansu	214	57254	930680	375380
青海	Qinghai	36	19061	169210	69
宁夏	Ningxia	197	24827	611410	157210
新疆	Xinjiang	184	34076	346371	451

5-7 高技术产业专利情况（2017年）
Statistics on Patents in High-tech Industry(2017)

单位：件 (piece)

行　业	Industry	专利申请数 Patent Applications	#发明专利 Inventions	有效发明专利数 Inventions in Force
合　计	**Total**	**223932**	**118099**	**379615**
医药制造业	**Manufacture of Medicines**	**19878**	**10886**	**41673**
#化学药品制造	Manufacture of Chemical Medicine	7857	4864	17649
中成药生产	Manufacture of Finished Traditional Chinese Herbal Medicine	3581	1840	10617
生物药品制造	Manufacture of Biological Medicine	3000	1768	6302
电子及通信设备制造业	**Manufacture of Electronic Equipment and Communication Equipment**	**141487**	**77633**	**267016**
#通信设备制造	Manufacture of Communication Equipment	41411	31203	151479
#通信系统设备制造	Manufacture of Communication System Equipment	28871	23700	138811
通信终端设备制造	Manufacture of Communication Terminal Equipment	12540	7503	12668
广播电视设备制造	Manufacture of Broadcasting and TV Equipment	4671	2159	7804
雷达及配套设备制造	Manufacture of Radar and Its Fittings	1153	658	1174
视听设备制造	Manufacture of Audio and Video Equipment	10793	5108	9127
电子器件制造	Manufacture of Electronic Appliances	36470	21147	52769
#电子真空器件制造	Manufacture of Electronic Vacuum Appliances	338	143	450
半导体分立器件制造	Manufacture of Semiconductor Discreting Appliances	2122	721	2435
集成电路制造	Manufacture of Integrate Circuit	7349	5282	14278
电子元件制造	Manufacture of Electronic Components	21519	7317	22419
其他电子设备制造	Manufacture of Other Electronic Equipment	10401	4218	10510
计算机及办公设备制造业	**Manufacture of Computers and Office Equipment**	**20702**	**12230**	**20696**
#计算机整机制造	Manufacture of Entired Computer	9791	7882	7940
计算机零部件制造	Manufacture of Parts and Fixture for Computer	3757	1472	3002
计算机外围设备制造	Manufacture of Computer Peripheral Equipment	3295	1129	5048
办公设备制造	Manufacture of Office Equipment	1817	794	1808
医疗仪器设备及仪器仪表制造业	**Manufacture of Medical Equipment and Measuring Instrument and Meter**	**31287**	**11697**	**37388**
1.医疗仪器设备及器械制造	Manufacture of Medical Equipment and Appliances	9171	3887	12234
2.仪器仪表制造	Manufacture of Measuring Instrument and Meter	22116	7810	25154
信息化学品制造业	**Manufacture of Electronic Chemicals**	**2271**	**1161**	**3145**

5-8 各地区高技术产业专利情况（2017年）
Statistics on Patents in High-tech Industry by Region(2017)

单位：件 (piece)

地区	Region	专利申请数 Patent Applications	#发明专利 Inventions	有效发明专利数 Inventions in Force
全国	**National Total**	**223932**	**118099**	**379615**
东部地区	Eastern Region	173574	93779	315883
中部地区	Middle Region	27722	12773	28955
西部地区	Western Region	18939	9301	27678
东北地区	Northeast Region	3697	2246	7099
北京	Beijing	7187	4715	19561
天津	Tianjin	2928	1349	6250
河北	Hebei	1805	696	3106
山西	Shanxi	281	120	882
内蒙古	Inner Mongolia	722	520	693
辽宁	Liaoning	2616	1635	4702
吉林	Jilin	383	224	1046
黑龙江	Heilongjiang	698	387	1351
上海	Shanghai	8273	5795	15553
江苏	Jiangsu	29302	12602	36228
浙江	Zhejiang	15059	5791	15374
安徽	Anhui	8326	4258	9814
福建	Fujian	7603	3200	7452
江西	Jiangxi	4635	1084	3207
山东	Shandong	17187	11370	17553
河南	Henan	3944	1379	3397
湖北	Hubei	6213	3961	7787
湖南	Hunan	4323	1971	3868
广东	Guangdong	84084	48148	194118
广西	Guangxi	506	284	1195
海南	Hainan	146	113	688
重庆	Chongqing	3442	1216	2190
四川	Sichuan	8929	4534	13761
贵州	Guizhou	1483	843	2480
云南	Yunnan	458	188	1059
西藏	Tibet	2	2	46
陕西	Shaanxi	2702	1399	5165
甘肃	Gansu	254	123	446
青海	Qinghai	138	53	54
宁夏	Ningxia	138	65	248
新疆	Xinjiang	165	74	341

5-9 高技术产业技术获取及技术改造（2017年）
Technology Acquisition and Renovation in High-tech Industry (2017)

单位：万元 (10 000 yuan)

行业	Industry	技术引进经费支出 Expenditure for Acquisition of Foreign Technology	消化吸收经费支出 Expenditure for Assimilation of Technology	购买境内技术经费支出 Expenditure for Purchase of Domestic Technology	技术改造经费支出 Expenditure for Technical Renovation
合　计	**Total**	**646170**	**55329**	**773578**	**4760205**
医药制造业	**Manufacture of Medicines**	**44080**	**26795**	**273121**	**853489**
#化学药品制造	Manufacture of Chemical Medicine	32812	17645	213958	513766
中成药生产	Manufacture of Finished Traditional Chinese Herbal Medicine	6287	3575	21946	181225
生物药品制造	Manufacture of Biological Medicine	4684	5271	17475	55454
电子及通信设备制造业	**Manufacture of Electronic Equipment and Communication Equipment**	**522927**	**22382**	**429451**	**2710156**
#通信设备制造	Manufacture of Communication Equipment	272942	615	367197	380557
#通信系统设备制造	Manufacture of Communication System Equipment	810	262	5725	52819
通信终端设备制造	Manufacture of Communication Terminal Equipment	272133	353	361473	327738
广播电视设备制造	Manufacture of Broadcasting and TV Equipment	4287	2248	3564	44946
雷达及配套设备制造	Manufacture of Radar and Its Fittings	169		169	56462
视听设备制造	Manufacture of Audio and Video Equipment	21278	6291	2243	195341
电子器件制造	Manufacture of Electronic Appliances	121281	2264	12926	997323
#电子真空器件制造	Manufacture of Electronic Vacuum Appliances			57	6347
半导体分立器件制造	Manufacture of Semiconductor Discreting Appliances	3893	450	431	34044
集成电路制造	Manufacture of Integrate Circuit	32539	1217	6906	138547
电子元件制造	Manufacture of Electronic Components	53514	1837	12966	716708
其他电子设备制造	Manufacture of Other Electronic Equipment	1662	580	3679	50870
计算机及办公设备制造业	**Manufacture of Computers and Office Equipment**	**10596**	**619**	**32272**	**312030**
#计算机整机制造	Manufacture of Entired Computer	5509		3344	186800
计算机零部件制造	Manufacture of Parts and Fixture for Computer	1727	445	9965	43281
计算机外围设备制造	Manufacture of Computer Peripheral Equipment	2469	112	11492	37309
办公设备制造	Manufacture of Office Equipment	891	62	395	14172
医疗仪器设备及仪器仪表制造业	**Manufacture of Medical Equipment and Measuring Instrument and Meter**	**43115**	**5046**	**17563**	**250754**
1.医疗仪器设备及器械制造	Manufacture of Medical Equipment and Appliances	29179	192	2762	78535
2.仪器仪表制造	Manufacture of Measuring Instrument and Meter	13936	4855	14801	172219
信息化学品制造业	**Manufacture of Electronic Chemicals**	**3030**		**245**	**34279**

5-10 各地区高技术产业技术获取及技术改造（2017年）
Technology Acquisition and Renovation in High-tech Industry by Region(2017)

单位：万元 (10 000 yuan)

地　区	Region	技术引进经费支出 Expenditure for Acquisition of Foreign Technology	消化吸收经费支出 Expenditure for Assimilation of Technology	购买境内技术经费支出 Expenditure for Purchase of Domestic Technology	技术改造经费支出 Expenditure for Technical Renovation
全　国	**National Total**	**646170**	**55329**	**773578**	**4760205**
东部地区	Eastern Region	576763	48117	647220	3287302
中部地区	Middle Region	35115	5438	43198	597431
西部地区	Western Region	20845	1004	71187	696521
东北地区	Northeast Region	13448	769	11973	178950
北　京	Beijing	31448	100	6454	17251
天　津	Tianjin	35815	1	3935	50290
河　北	Hebei	3668	4621	9552	41351
山　西	Shanxi			2186	22566
内蒙古	Inner Mongolia				3877
辽　宁	Liaoning	13396	683	10780	96743
吉　林	Jilin		56	50	10933
黑龙江	Heilongjiang	52	30	1143	71275
上　海	Shanghai	24037	4908	4779	48950
江　苏	Jiangsu	72511	17475	38008	865553
浙　江	Zhejiang	6273	4199	24931	207508
安　徽	Anhui	6574	352	11196	78562
福　建	Fujian	97962	8449	18473	653190
江　西	Jiangxi	1950	8	1328	22919
山　东	Shandong	11252	5033	151030	409409
河　南	Henan	1348	863	10404	52248
湖　北	Hubei	23518	3639	12267	52683
湖　南	Hunan	1725	576	5818	368452
广　东	Guangdong	293797	3331	387728	987945
广　西	Guangxi	62	26	305	6436
海　南	Hainan			2329	5858
重　庆	Chongqing	3155	131	10568	35199
四　川	Sichuan	11671	577	44800	349930
贵　州	Guizhou	308	7	2164	101183
云　南	Yunnan	3887		2966	20228
西　藏	Tibet				12
陕　西	Shaanxi	1117	263	7777	159368
甘　肃	Gansu	645		2013	553
青　海	Qinghai			124	475
宁　夏	Ningxia				18284
新　疆	Xinjiang			470	975

5-11 高技术产业投资（2017年）
Statistics on Investment in Fixed Assets in High-tech Industry(2017)

单位：个，亿元 (unit,100 million yuan)

行业	Industry	施工项目个数 Number of Projects under Construction	#新开工项目个数 Number of Projects Started This Year	全部建成投产项目数 Number of Projects Completed and Put into Use	投资额 Investment	新增固定资产 Newly Increased Fixed Assets
合　计	**Total**	**27891**	**19270**	**17770**	**26186.5**	**15608.8**
医药制造业	**Manufacture of Medicines**	**7832**	**5124**	**4865**	**5986.3**	**3889.3**
#化学药品制造	Manufacture of Chemical Medicine	2323	1450	1426	1928.2	1305.6
中成药生产	Manufacture of Finished Traditional Chinese Herbal Medicine	1266	787	776	947.8	615.3
生物药品制造	Manufacture of Biological Medicine	1369	877	845	1241.5	696.8
电子及通信设备制造业	**Manufacture of Electronic Equipment and Communication Equipment**	**12833**	**8910**	**8042**	**14832.8**	**8058.3**
#通信设备制造	Manufacture of Communication Equipment	1740	1213	1009	2238.2	1283.8
#通信系统设备制造	Manufacture of Communication System Equipment	842	560	512	792.5	509.7
通信终端设备制造	Manufacture of Communication Terminal Equipment	898	653	497	1445.7	774.0
广播电视设备制造	Manufacture of Broadcasting and TV Equipment	271	199	208	150.7	122.6
雷达及配套设备制造	Manufacture of Radar and Its Fittings	83	50	46	86.3	69.6
视听设备制造	Manufacture of Audio and Video Equipment	383	247	239	304.5	199.9
电子器件制造	Manufacture of Electronic Appliances	2414	1570	1414	4745.7	2251.8
#电子真空器件制造	Manufacture of Electronic Vacuum Appliances	138	97	105	172.8	81.1
半导体分立器件制造	Manufacture of Semiconductor Discreting Appliances	209	128	133	364.1	128.4
集成电路制造	Manufacture of Integrate Circuit	377	229	180	1113.4	434.9
电子元件制造	Manufacture of Electronic Components	3866	2776	2568	2675.8	1754.7
其他电子设备制造	Manufacture of Other Electronic Equipment	1651	1205	1086	1599.8	773.2
计算机及办公设备制造业	**Manufacture of Computers and Office Equipment**	**1271**	**900**	**800**	**1181.9**	**1025.4**
#计算机整机制造	Manufacture of Entired Computer	127	80	68	154.1	124.9
计算机零部件制造	Manufacture of Parts and Fixture for Computer	466	340	284	501.3	617.1
计算机外围设备制造	Manufacture of Computer Peripheral Equipment	214	147	142	131.8	86.4
办公设备制造	Manufacture of Office Equipment	112	83	75	69.3	42.0
医疗仪器设备及仪器仪表制造业	**Manufacture of Medical Equipment and Measuring Instrument and Meter**	**5100**	**3814**	**3573**	**3027.9**	**2086.7**
1.医疗仪器设备及器械制造	Manufacture of Medical Equipment and Appliances	2041	1520	1419	1236.6	842.2
2.仪器仪表制造	Manufacture of Measuring Instrument and Meter	3059	2294	2154	1791.2	1244.5
信息化学品制造业	**Manufacture of Electronic Chemicals**	**307**	**191**	**212**	**409.9**	**246.5**

注：表5-12和表5-13的数据口径为投资额在500万元及以上项目。
Note: Statistics on table 5-12 and 5-13 cover the projects with the investments above 5 million yuan.

5-12 各地区高技术产业投资（2017年）
Statistics on Investment in Fixed Assets in High-tech Industry by Region(2017)

单位：个，亿元 (unit,100 million yuan)

地区	Region	施工项目个数 Number of Projects under Construction	#新开工项目个数 Number of Projects Started This Year	全部建成投产项目数 Number of Projects Completed and Put into Use	投资额 Investment	新增固定资产 Newly Increased Fixed Assets
全国	**National Total**	**27891**	**19270**	**17770**	**26186.5**	**15608.8**
东部地区	Eastern Region	13779	9560	8833	11805.6	7684.7
中部地区	Middle Region	7907	5447	5114	8476.6	4839.6
西部地区	Western Region	4929	3268	3025	5043.7	2626.2
东北地区	Northeast Region	1276	995	798	860.7	458.2
北京	Beijing	151	31	31	201.1	107.4
天津	Tianjin	643	538	203	368.6	161.7
河北	Hebei	588	391	417	1029.0	600.2
山西	Shanxi	129	72	56	86.0	36.7
内蒙古	Inner Mongolia	200	152	152	182.1	83.6
辽宁	Liaoning	167	80	58	276.1	34.0
吉林	Jilin	852	714	572	434.2	299.1
黑龙江	Heilongjiang	257	201	168	150.4	125.1
上海	Shanghai	231	81	59	233.0	107.5
江苏	Jiangsu	4507	3452	3530	4068.8	3004.5
浙江	Zhejiang	1853	1225	1007	904.1	543.2
安徽	Anhui	2243	1514	1487	1844.2	1020.0
福建	Fujian	805	500	470	1036.1	778.5
江西	Jiangxi	1368	872	813	1890.0	939.4
山东	Shandong	2110	1530	1556	1831.2	1179.1
河南	Henan	1210	885	828	1826.4	1302.2
湖北	Hubei	1106	722	617	1618.1	811.4
湖南	Hunan	1851	1382	1313	1211.8	729.8
广东	Guangdong	2856	1797	1553	2103.2	1199.6
广西	Guangxi	1250	991	933	505.1	319.4
海南	Hainan	35	15	7	30.5	2.9
重庆	Chongqing	912	555	564	1201.9	869.1
四川	Sichuan	1015	589	536	1582.2	570.8
贵州	Guizhou	256	162	170	312.3	196.8
云南	Yunnan	210	122	111	164.9	72.7
西藏	Tibet	17	13	12	6.2	5.7
陕西	Shaanxi	660	447	321	751.3	321.3
甘肃	Gansu	128	67	75	67.8	27.4
青海	Qinghai	102	65	63	100.9	43.5
宁夏	Ningxia	74	43	37	90.8	59.7
新疆	Xinjiang	105	62	51	78.0	56.3

5-13 国家级高新区企业
Major Indicators of High-Technology

单位：万元

开发区	Development Area	企业数 (个) Number of Enterprises (unit)	期末从业人员 (人) Employed Persons (person)
合　计	**Total**	**103631**	**19407420**
中关村国家自主创新示范区	Zhongguancun Science Park	22013	2620437
天津滨海高新技术产业开发区	Tianjin Binhai High-tech Industrial Development Zone	4073	353116
石家庄高新技术产业开发区	Shijiazhuang High-tech Industrial Development Zone	822	124195
唐山高新技术产业开发区	Tangshan High-tech Industrial Development Zone	212	17401
保定国家高新技术产业开发区	Baoding High-tech Industrial Development Zone	414	131323
承德高新技术产业开发区	Chengde High-tech Industrial Development Zone	46	14655
燕郊高新技术产业开发区	Yanjiao High-tech Industrial Development Zone	221	35954
太原高新技术产业开发区	Taiyuan High-tech Industrial Development Zone	1143	121760
长治高新技术产业开发区	Changzhi High-tech Industrial Development Zone	68	42939
呼和浩特金山高新技术产业开发区	Hohhot Jinshan High-tech Industrial Development Zone	26	57051
包头稀土高新技术产业开发区	Baotou Rare Earth High-tech Industrial Development Zone	558	95962
鄂尔多斯高新技术产业开发区	Eerduosi High-tech Industrial Development Zone	23	10545
沈阳高新技术产业开发区	Shenyang High-tech Industrial Development Zone	755	104370
大连高新技术产业园区	Dalian High-tech Industrial Development Zone	1220	193893
鞍山高新技术产业开发区	Anshan High-tech Industrial Development Zone	289	37871
本溪高新技术产业开发区	Benxi High-tech Industrial Development Zone	56	6917
锦州高新技术产业开发区	Jinzhou High-tech Industrial Development Zone	82	22451
营口高新技术产业开发区	Yingkou High-tech Industrial Development Zone	110	23086
阜新高新技术产业开发区	Fuxin High-tech Industrial Development Zone	101	17068
辽阳高新技术产业开发区	Liaoyang High-tech Industrial Development Zone	49	45059
长春高新技术产业开发区	Changchun High-tech Industrial Development Zone	877	178224
长春净月高新技术产业开发区	Changchun Jingyue High-tech Industrial Development Zone	677	118772
吉林高新技术产业开发区	Jilin High-tech Industrial Development Zone	438	69813
通化国家医药高新技术产业开发区	Tonghua Medicine High-tech Industrial Development Zone	63	11916
延吉高新技术产业开发区	Yanji High-tech Industrial Development Zone	205	12469
哈尔滨高新技术产业开发区	Haerbin High-tech Industrial Development Zone	365	85990
齐齐哈尔高新技术产业开发区	Qiqihaer High-tech Industrial Development Zone	63	20515
大庆高新技术产业开发区	Daqing High-tech Industrial Development Zone	533	116715
上海张江高新技术产业开发区	Shanghai Zhangjiang Hi-Tech Park	5345	1062759
上海紫竹高新技术产业开发区	Shanghai Zizhu High-tech Industrial Development Zone	138	26829
南京高新技术产业开发区	Nanjing High-tech Industrial Development Zone	1319	305728
无锡国家高新技术产业开发区	Wuxi High-tech Industrial Development Zone	1099	262679
江阴高新技术产业开发区	Jiangyin High-tech Industrial Development Zone	244	83391
徐州高新技术产业开发区	Xuzhou High-tech Industrial Development Zone	180	61108
常州高新技术产业开发区	Changzhou High-tech Industrial Development Zone	1182	172515
武进国家高新技术产业开发区	Wujin High-tech Industrial Development Zone	420	119071
苏州国家高新技术产业开发区	Suzhou High-tech Industrial Development Zone	1195	232579
昆山高新技术产业开发区	Kunshan High-tech Industrial Development Zone	775	188277
常熟高新技术产业开发区	Changshu High-tech Industrial Development Zone	465	75863
南通高新技术产业开发区	Nantong High-tech Industrial Development Zone	436	97542
连云港高新技术产业开发区	Lianyungang High-tech Industrial Development Zone	127	47043
淮安高新技术产业开发区	Huaian High-tech Industrial Development Zone	192	23875
盐城高新技术产业开发区	Yancheng High-tech Industrial Development Zone	239	59701
扬州高新技术产业开发区	Yangzhou High-tech Industrial Development Zone	154	41058
镇江高新技术产业开发区	Zhenjiang High-tech Industrial Development Zone	447	63216
泰州医药高新技术产业开发区	Taizhou Medical High-tech Industrial Development Zone	374	59833
宿迁高新技术产业开发区	Suqian Medicine High-tech Industrial Development Zone	152	31850
杭州高新技术产业开发区	Hangzhou High-tech Industrial Development Zone	2015	324964
萧山临江高新技术产业开发区	Xiaoshan Linjiang High-tech Industrial Development Zone	426	74836
宁波国家高新技术产业开发区	Ningbo High-tech Industrial Development Zone	623	199230

主要经济指标（2017年）
Industrial Development Zone (2017)

(10 000 yuan)

营业收入 Revenue	#技术收入 Tech-related	#销售收入 Sales Revenue	总产值 Gross Output Value	净利润 Profits after Taxes	实缴税费 Taxes	出口额 Exports
3070574989	**333091026**	**2213154486**	**2030065786**	**214204334**	**172511946**	**322920415**
530257999	93695789	159341784	107960161	36910802	25984039	20843514
44725282	4737312	26161150	23592517	2345079	2077982	3673088
17548191	3617003	11742101	10561834	1268277	1008284	690926
1166803	27990	1070725	1117068	77183	74533	78656
20384908	56497	17955605	13082818	887109	1014121	466847
1532309	33468	1465609	1359975	58973	84456	14866
5804429	61663	5333660	4686161	40691	320825	57585
20342541	945133	18535356	16741769	367023	426293	93371
3050623	1462	2999490	2795168	205846	341610	4178
7026112	7336	6944527	1096204	566203	542367	
10914462	666585	9714773	9495022	439934	379909	217406
1224071	1984	1163713	1403269	162103	119533	100712
12568799	3408914	6612270	5289249	829408	610487	821211
22522992	3391706	16475017	11389908	990495	937746	3084100
6852444	547625	6198846	6433506	764843	516664	285620
318963	6618	309654	321451	10721	46762	19635
2831581	3769	2588097	2576924	146044	114994	238534
3446690	6442	3216920	3368123	132127	90945	638635
989628	9869	970867	1001076	40068	40493	76851
11943782	862	6265152	5646613	476388	833809	104333
50534866	2998609	45606606	47000379	5578200	7208905	1352506
9164770	1673302	7413296	6220955	1154726	457816	611726
8772941	49565	8360651	8151417	378235	1385938	81020
1284595	17	1265953	1423871	189531	118064	10847
1911062	5926	1859737	1876994	89432	725954	2599
16951784	2693496	13287957	7941810	351108	1055333	1398605
1594227	2420	1541949	1668211	-41350	179929	49069
25927892	2504640	23330156	21519318	1909060	1782332	302238
192580282	28757122	147887286	110843891	18832699	11475164	26311367
5118893	1195378	2868376	1642934	816001	409821	375352
57394654	4458604	50056372	49220552	3833879	3549460	5566641
38137680	1618927	35556083	35339048	2648875	1864473	14089570
16487222	43127	12777466	12612957	576179	553901	2457342
9842534	21510	9674549	8395960	722672	508869	382707
22832742	5027770	17698930	20807299	1592057	1116828	4207134
14077981	272191	9831183	10139752	1433366	992891	1639692
32078315	1083061	29301977	28234230	1534853	1092014	15658245
16648336	234777	15440938	15590230	941649	781600	5538939
9954199	131092	9556709	9597093	515444	450596	2478438
25276224	565814	23867640	14857075	2890620	1029857	3389373
4952437	10773	4919237	5663048	990170	678318	283405
1900476	1111	1869261	1943478	59298	88321	85463
6753946	43209	6475099	6448554	693524	335352	580776
5085200	72552	4901101	5209762	379409	308757	310500
7554431	133699	5929354	5908625	259883	266013	762643
11140669	182711	10457442	11074808	602136	628123	147061
2704661	8010	2289939	2592104	82222	91014	238416
54800066	15558422	32918428	33122195	5359280	3544494	4409341
12658185	36503	11618007	11830751	657979	700860	575776
36380057	2008122	21578033	19552824	1956960	2288472	4058770

5-13 续表 1

单位：万元

开发区	Development Area	企业数（个）Number of Enterprises (unit)	期末从业人员（人）Employed Persons (person)
温州高新技术产业开发区	Wenzhou High-tech Industrial Development Zone	455	84208
嘉兴秀洲高新技术产业开发区	Jiaxing Xiuzhou High-tech Industrial Development Zone	136	57142
莫干山高新技术产业开发区	Moganshan High-tech Industrial Development Zone	249	43918
绍兴国家高新技术产业开发区	Shaoxing High-tech Industrial Development Zone	294	126870
衢州高新技术开发区	Quzhou High-tech Industrial Development Zone	234	59781
合肥高新技术产业开发区	Hefei High-tech Industrial Development Zone	1294	242346
芜湖国家高新技术产业开发区	Wuhu High-tech Industrial Development Zone	291	97509
蚌埠国家高新技术产业开发区	Bengbu High-tech Industrial Development Zone	354	63952
马鞍山慈湖高新技术产业开发区	Maanshan Cihu High-tech Industrial Development Zone	182	38114
铜陵狮子山高新技术产业开发区	Tongling Shizishan High-tech Industrial Development Zone	80	11546
福州高新技术产业开发区	Fuzhou High-tech Industrial Development Zone	225	70613
厦门火炬高技术产业开发区	Xiamen Torch High-tech Industrial Development Zone	1088	212981
莆田高新技术产业开发区	Putian High-tech Industrial Development Zone	178	52370
三明高新技术产业开发区	Sanming High-tech Industrial Development Zone	130	21674
泉州高新技术产业开发区	Quanzhou High-tech Industrial Development Zone	263	81471
漳州高新技术产业开发区	Zhangzhou High-tech Industrial Development Zone	415	99155
龙岩高新技术产业开发区	Longyan High-tech Industrial Development Zone	180	34416
南昌高新技术产业开发区	Nanchang High-tech Industrial Development Zone	466	134609
景德镇高新技术产业开发区	Jingdezhen High-tech Industrial Development Zone	222	69714
新余高新技术企业开发区	Xinyu High-tech Industrial Development Zone	237	63434
鹰潭国家高新技术产业开发区	Yingtan High-tech Industrial Development Zone	120	26527
赣州高新技术产业开发区	Ganzhou High-tech Industrial Development Zone	131	18095
吉安高新技术产业开发区	Jian High-tech Industrial Development Zone	137	39694
抚州高新技术产业开发区	Fuzhou High-tech Industrial Development Zone	197	40207
济南高新技术产业开发区	Jinan High-tech Industrial Development Zone	933	283586
青岛高新技术产业开发区	Qingdao High-tech Industrial Development Zone	415	139269
淄博高新技术产业开发区	Zibo High-tech Industrial Development Zone	458	114014
枣庄高新技术产业开发区	Zaozhuang High-tech Industrial Development Zone	145	32470
黄河三角洲农业高新技术产业示范区	Huanghesanjiaozhou High-tech Industrial Development Zone	28	5017
烟台高新技术产业开发区	Yantai High-tech Industrial Development Zone	306	60777
潍坊高新技术产业开发区	Weifang High-tech Industrial Development Zone	584	159543
济宁高新技术产业开发区	Jining High-tech Industrial Development Zone	577	176795
泰安高新技术产业开发区	Taian High-tech Industrial Development Zone	319	52460
威海火炬高技术产业开发区	Weihai Torch High-tech Industrial Development Zone	297	122594
莱芜高新技术产业开发区	Laiwu High-tech Industrial Development Zone	142	14422
临沂高新技术产业开发区	Linyi High-tech Industrial Development Zone	369	51244
德州高新技术产业开发区	Dezhou High-tech Industrial Development Zone	166	23659
郑州高新技术产业开发区	Zhengzhou High-tech Industrial Development Zone	1445	231093
洛阳高新技术产业开发区	Luoyang High-tech Industrial Development Zone	812	175557
平顶山高新技术产业开发区	Pingdingshan High-tech Industrial Development Zone	88	15907
安阳高新技术产业开发区	Anyang High-tech Industrial Development Zone	319	66276
新乡高新技术产业开发区	Xinxiang High-tech Industrial Development Zone	237	64886
焦作高新技术产业开发区	Jiaozuo High-tech Industrial Development Zone	112	42291
南阳高新技术产业开发区	Nanyang High-tech Industrial Development Zone	178	45529
武汉东湖新技术开发区	Wuhan Donghu New Technology Development Zone	3052	554692
宜昌高新技术产业开发区	Yichang High-tech Industrial Development Zone	277	111796
襄阳高新技术产业开发区	Xiangyang High-tech Industrial Development Zone	826	176338
荆门高新技术产业开发区	Jingmen High-tech Industrial Development Zone	493	113255
孝感高新技术产业开发区	Xiaogan High-tech Industrial Development Zone	464	82841
黄冈高新技术产业开发区	Huanggang High-tech Industrial Development Zone	199	33665
咸宁高新技术产业开发区	Xianning High-tech Industrial Development Zone	411	66257
随州高新技术产业开发区	Suizhou High-tech Industrial Development Zone	282	52839
仙桃高新技术产业开发区	Xiantao High-tech Industrial Development Zone	326	84042

continued

(10 000 yuan)

营业收入 Revenue	#技术收入 Tech-related	#销售收入 Sales Revenue	总产值 Gross Output Value	净利润 Profits after Taxes	实缴税费 Taxes	出口额 Exports
4470405	98902	4189043	4628420	282970	266842	567826
6340489	42537	5610086	5212316	798712	346412	1526679
4753073	83952	4381675	4590536	330540	213281	1071461
5799410	570689	4977111	3142278	179537	230783	674242
7819783	11202	7521590	7638212	564322	366172	787795
45967308	10948985	34115640	36806317	4221082	4222110	7197518
13419935	115752	12594209	13919091	782729	601008	1023610
11686286	285534	11208733	11663431	652385	640548	283356
9795107	1162415	7853825	7437011	359955	264633	439955
927424	9926	711843	746273	23670	36431	26887
8895162	1002220	7516226	8424940	549299	271756	2473742
28446510	953257	25207044	24758821	1501881	1450110	10104306
6217685	16122	6164850	6173381	534537	117255	348283
3920904	57	3873406	4441805	66000	61103	123529
7330951	53736	7029804	8495401	469310	331270	568848
9511991	6748	9284561	9300824	917248	586664	1389383
3290384	5342	3226282	3413094	185261	152785	108856
28523027	1217329	26547317	24222288	1272773	1998838	2138808
10002665	281161	9657605	9205061	268327	316775	708548
12475108	78725	12331085	12342546	634878	314986	715900
6088740	13195	6028566	6062643	307222	180471	149579
3390551	27838	3298172	3345152	205092	79625	269840
4027838	235	3995347	3914759	261464	166931	689744
5605923	153405	5322417	5146206	349997	327582	205738
40376953	5361782	34341112	26111955	2621523	2425018	4214641
26908493	2592589	22728734	21086395	2139283	1545699	3756911
21243169	979530	19646944	20573048	1228049	2120309	1509861
2913928	620	2836615	2687965	148893	66426	108002
3737416	123	2753929	2064565	65800	57460	808
6850849	21668	6723416	4903649	439881	345872	640282
35044264	554633	33409470	24494822	2123464	1419711	2574195
24667633	69505	23084134	22754590	1202553	871233	1613285
4908965	120680	4377625	5005986	397365	232116	267412
15319949	1688962	13254070	14108143	1429527	820682	3249739
1882175	8722	1719482	2044448	62311	37181	104998
6531233	8957	6453808	6573743	313487	145507	223064
3061227	11158	3019509	3114240	128083	85550	218003
26610407	3270608	22315553	15883012	1714782	1069299	1969042
17600059	508744	16326250	14059433	460051	737461	917104
3089665	36861	2521336	2395324	128186	128804	27384
7346482	56987	6839228	5778811	389891	683357	109336
8195400	31535	8127088	7959567	1093616	253526	446762
4338332	102625	4117898	3952204	187498	65217	20130
3151392	286135	2609668	2597081	206167	142354	205382
120124578	32470404	76843012	55813221	8452330	5737804	10910707
13171935	1104455	11615777	8532706	811513	447881	1005102
31527138	2129512	29102038	29967711	2687862	1405253	683979
14444590	299682	13914835	15270089	1276182	563921	511922
11196367	69313	11025350	11267495	499912	547809	178336
2905154	9347	2821666	3573215	160572	86587	255217
8689140	383620	7846766	10704992	486684	321427	311829
6019337	2800	5545543	6312949	378666	167479	397938
6457870	94415	6298878	6505469	269501	140625	314420

5-13 续表 2

单位：万元

开发区	Development Area	企业数 (个) Number of Enterprises (unit)	期末从业人员 (人) Employed Persons (person)
长沙高新技术产业开发区	Changsha High-tech Industrial Development Zone	1340	364189
株洲高新技术产业开发区	Zhuzhou High-tech Industrial Development Zone	327	157469
湘潭高新技术产业开发区	Xiangtan High-tech Industrial Development Zone	359	84157
衡阳高新技术产业开发区	Hengyang High-tech Industrial Development Zone	164	54654
常德高新技术产业开发区	Changde High-tech Industrial Development Zone	259	35430
益阳高新技术产业开发区	Yiyang High-tech Industrial Development Zone	336	44923
郴州高新技术产业开发区	Chenzhou High-tech Industrial Development Zone	58	17668
广州高新技术产业开发区	Guangzhou High-tech Industrial Development Zone	3827	541788
深圳高新技术产业开发区	Shenzhen High-tech Industrial Development Zone	2091	486875
珠海高新技术产业开发区	Zhuhai High-tech Industrial Development Zone	904	235475
汕头高新技术产业开发区	Shantou High-tech Industrial Development Zone	409	71265
佛山高新技术产业开发区	Foshan High-tech Industrial Development Zone	1325	296429
江门高新技术产业开发区	Jiangmen High-tech Industrial Development Zone	402	87339
肇庆高新技术产业开发区	Zhaoqing High-tech Industrial Development Zone	201	55080
惠州仲恺高新技术产业开发区	Huizhou Zhongkai High-tech Industrial Development Zone	465	201722
源城高新技术产业开发区	Yuancheng High-tech Industrial Development Zone	121	48672
清远高新技术产业开发区	Qingyuan High-tech Industrial Development Zone	175	67931
东莞松山湖高新技术产业开发区	Dongguan Songshanhu High-tech Industrial Development Zone	572	89971
中山国家高新技术产业开发区	Zhongshan High-tech Industrial Development Zone	575	144903
南宁高新技术产业开发区	Nanning High-tech Industrial Development Zone	801	214349
柳州高新技术产业开发区	Liuzhou High-tech Industrial Development Zone	330	108068
桂林国家高新技术产业开发区	Guilin High-tech Industrial Development Zone	517	133257
北海高新技术产业开发区	Beihai High-tech Industrial Development Zone	75	31534
海口国家高新技术产业开发区	Haikou High-tech Industrial Development Zone	226	42809
重庆高新技术产业开发区	Chongqing High-tech Industrial Development Zone	1209	221521
璧山高新技术产业开发区	Bishan High-tech Industrial Development Zone	214	62783
成都高新技术产业开发区	Chengdu High-tech Industrial Development Zone	1914	384683
自贡高新技术产业开发区	Zigong High-tech Industrial Development Zone	192	33765
攀枝花高新技术产业开发区	Panzhihua High-tech Industrial Development Zone	93	15015
泸州高新技术产业开发区	Luzhou High-tech Industrial Development Zone	343	50046
德阳高新技术产业开发区	Deyang High-tech Industrial Development Zone	195	31233
绵阳国家高新技术产业开发区	Mianyang High-tech Industrial Development Zone	196	117531
内江高新技术产业开发区	Neijiang High-tech Industrial Development Zone	67	12169
乐山高新技术产业开发区	Leshan High-tech Industrial Development Zone	179	49433
贵阳国家高新技术产业开发区	Guiyang High-tech Industrial Development Zone	802	259977
安顺高新技术产业开发区	Anshun High-tech Industrial Development Zone	109	23142
昆明国家高新技术产业开发区	Kunming High-tech Industrial Development Zone	317	71530
玉溪高新技术产业开发区	Yuxi High-tech Industrial Development Zone	79	22079
西安高新技术产业开发区	Xi'an High-tech Industrial Development Zone	3973	450982
宝鸡高新技术产业开发区	Baoji High-tech Industrial Development Zone	642	157973
杨凌农业高新技术产业示范区	Yangling Agricultural High-tech Industries Demonstration Zone	224	29289
咸阳高新技术产业开发区	Xianyang High-tech Industrial Development Zone	86	22341
渭南国家高新技术产业开发区	Weinan High-tech Industrial Development Zone	88	24406
榆林高新科技产业园区	Yulin High-tech Industrial Development Zone	84	20515
安康高新技术产业开发区	Ankang High-tech Industrial Development Zone	220	23808
兰州高新技术产业开发区	Lanzhou High-tech Industrial Development Zone	575	149322
白银高新技术产业开发区	Baiyin High-tech Industrial Development Zone	192	60054
青海高新技术产业开发区	Qinghai High-tech Industrial Development Zone	97	14450
银川高产业开发区	Yinchuan High-tech Industrial Development Zone	65	9930
宁夏石嘴山高新技术产业开发区	Ningxia Shizuishan High-tech Industrial Development Zone	54	13290
乌鲁木齐高新技术产业开发区	Wulumuqi High-tech Industrial Development Zone	489	181335
昌吉高新技术产业开发区	Changji High-tech Industrial Development Zone	176	13021
新疆生产建设兵团石河子高新技术产业开发区	The Xinjiang Production and Construction Corps, Shihezi High-tech Industrial Development Zone	31	17966

continued

(10 000 yuan)

营业收入 Revenue	#技术收入 Tech-related	#销售收入 Sales Revenue	总产值 Gross Output Value	净利润 Profits after Taxes	实缴税费 Taxes	出口额 Exports
55191953	5230940	45643803	45498271	4157242	2819307	4942510
21648829	670840	19103496	18665386	1268083	1032018	854095
15258336	1315498	13032968	12807421	778912	392650	2790667
6988755	397586	6204450	6220136	268534	232024	824227
3509105	13105	3438967	3612796	192456	104288	109499
7228419	506018	6645120	6880663	260972	235208	293927
2143306	3122	2114082	1880672	53425	35666	579280
71318365	11900066	54297806	41674387	4745589	3378629	7838352
72711727	20134460	46999390	43331364	9568079	4773985	14250926
23956186	607872	20971860	18266793	3140249	1658664	6336160
4668482	131179	4173912	3225451	286971	209510	394598
41983565	2714106	37098264	39276626	3260356	1909638	5376137
8233776	6639	7963621	8077078	484081	364393	1984821
5968132	6189	5891739	5987773	269749	179892	538170
26726359	273888	25062685	26456211	1343980	952672	14450315
4780290	32130	4604077	4690196	159131	138359	1028981
5247820	224395	4455008	4559042	300740	213573	622136
32799795	295533	31100073	30881195	1924009	1163094	7920837
15605359	132407	14650160	15042626	636489	657738	6614330
25420727	4544265	19710965	16295922	1629624	798624	2375317
23157186	820074	19731881	20917057	798452	1242130	463548
8751123	664161	6910023	8435420	531240	535378	527990
7403301	35813	7223086	7211311	927225	129032	1149584
4515778	194837	3687670	3713829	195608	508449	213849
34651230	1738266	30771208	29171871	2867613	2545392	3172485
5071934	42467	4913052	5186918	285463	176846	524269
59275950	10322276	45255433	42348397	5148499	2868133	17117399
4277590	38427	4152138	4386873	167679	228567	201834
2841658	40148	2648667	3920218	178586	87871	105031
6610068	110185	5982494	5218966	304147	258902	19804
5255968	11578	5205890	5275727	253285	146555	59369
13165968	53589	12813545	16123681	253664	491545	1416158
1699626	10734	1532592	1864093	69966	47028	13689
4733683	15914	4485778	4799268	245902	197711	416416
31169006	2348444	23622230	20350455	1586958	3255047	687572
2024207	22171	1919487	1996132	108097	75758	125973
20787359	574161	13489297	12248096	230405	1045737	109223
8136857	5619	6864128	8301884	646046	4288257	59416
112296750	10578461	73812772	81243131	7119513	8025290	14982058
20470274	86345	15086746	21241782	887009	1256951	796127
2370912	278141	2002006	1574775	154045	87215	42368
4383360	333782	3727807	3806366	348908	1072726	124756
4026316	1563	3350394	4228458	346650	212348	264474
3992350	41202	3571026	3016349	797350	569193	122155
2778142	577845	1157688	2672674	484354	154160	15576
19462391	1099478	13327630	9716965	951672	1857774	374396
8405007	8591	8232785	5980839	50458	301873	39626
1045763	2669	1038247	1506429	36994	34266	7639
1085877	63	1074062	1248371	-21318	9161	144010
984424	2501	925665	945603	359	35367	85777
34638482	1848365	5556592	4624580	2003010	1749480	116914
3038666	6349	2967044	2926863	229372	88331	79082
3703810	842	2881781	3055822	358218	228279	10710

5-14 高技术产品进出口贸易
Value of Imports and Exports of High-tech Products

单位：百万美元 (million US dollar)

项　目	Item	出口贸易额 Exports	进口贸易额 Imports	进出口贸易总额 Total
	1985	521	4734	5255
	1990	2686	6967	9653
	1995	10091	21827	31918
	2000	37043	52507	89550
	2005	218253	197713	415966
	2010	492379	412655	905034
	2011	548830	463225	1012054
	2012	601173	506864	1108037
	2013	660330	558193	1218523
	2014	660543	551384	1211927
	2015	655297	549291	1204588
	2016	604174	523724	1127897
	2017	670815	586733	1257548
计算机与通讯技术	Computer and Communication Technology	460703	114013	574717
生命科学技术	Life Science and Technology	28037	33082	61119
电子技术	Electronics	120019	309339	429358
计算机集成制造技术	Computer Integrated Manufacturing Technology	14553	45797	60350
航空航天技术	Aviation and Aerospace	7259	35139	42398
光电技术	Photonics	31459	42276	73736
生物技术	Biotechnology	706	1769	2475
材料技术	Material Science	7300	4231	11531
其他技术	Others	778	1086	1864

5-15 按贸易方式分高技术产品进出口贸易（2017年）
Value of Imports and Exports of High-tech Products by Trade Form(2017)

单位：百万美元 (million US dollar)

项　目	Item	出口贸易额 Exports	进口贸易额 Imports	进出口贸易总额 Total
合　计	**Total**	**670815**	**586733**	**1257548**
一般贸易	Ordinary Trade	172278	190653	362931
国家间、国际组织无偿援助和赠送的物资	Aid or Donation Between Governments or by International Organizations	110	1	111
其他捐赠物资	Other Donations	1	3	3
加工贸易	Processing Trade	414715	249497	664211
#来料加工装配贸易	Processing & Assembling	28938	37333	66272
进料加工贸易	Processing with Imported Materials	385776	212163	597939
边境小额贸易	Border Trade	862	1	863
加工贸易进口设备	Equipment for Processing Trade		573	573
对外承包工程出口货物	Contracting Projects	1303		1303
租赁贸易	Goods on Lease	58	1683	1741
外商投资企业作为投资进口的设备、物品	Equipment/Materials Imported as Investment by FIE		2501	2501
出料加工贸易	Outward Processing	59	93	153
保税仓库进出境货物	Customs Warehousing Trade	8051	33310	41362
保税区仓储转口货物	Entrepot Trade by Bonded Area	70432	102294	172726
出口加工区进口设备	Equipment Imported into Export Processing Zone		4826	4826
其他	Others	2947	1298	4245

5-16 各地区高技术产品进出口贸易（2017年）
Value of Imports and Exports of High-tech Products by Region(2017)

单位：百万美元 (million US dollar)

地　区	Region	出口贸易额 Imports	进口贸易额 Exports	进出口贸易总额 Total
全　国	**National Total**	**670815**	**586733**	**1257548**
东部地区	Eastern Region	518244	481916	1000160
中部地区	Middle Region	63676	42398	106075
西部地区	Western Region	82873	54347	137220
东北地区	Northeast Region	6022	8072	14093
北　京	Beijing	11319	26607	37926
天　津	Tianjin	16302	28321	44623
河　北	Hebei	2190	954	3144
山　西	Shanxi	5953	3564	9517
内蒙古	Inner Mongolia	561	326	886
辽　宁	Liaoning	5558	5474	11033
吉　林	Jilin	294	2127	2421
黑龙江	Heilongjiang	169	471	640
上　海	Shanghai	84534	84629	169163
江　苏	Jiangsu	138650	95323	233974
浙　江	Zhejiang	18650	10233	28883
安　徽	Anhui	7740	6268	14008
福　建	Fujian	14833	15732	30565
江　西	Jiangxi	4177	3384	7562
山　东	Shandong	14644	14724	29368
河　南	Henan	30905	20605	51510
湖　北	Hubei	11528	6183	17711
湖　南	Hunan	3373	2395	5768
广　东	Guangdong	217042	203758	420800
广　西	Guangxi	4669	3332	8001
海　南	Hainan	79	1634	1713
重　庆	Chongqing	28354	12857	41210
四　川	Sichuan	25149	23885	49034
贵　州	Guizhou	2557	1330	3887
云　南	Yunnan	1641	812	2453
西　藏	Tibet	4	275	279
陕　西	Shaanxi	19065	11077	30142
甘　肃	Gansu	307	273	580
青　海	Qinghai	2	25	27
宁　夏	Ningxia	167	85	253
新　疆	Xinjiang	400	70	470

5-17 高技术产品、工业制成品、
Imports and Exports of High-tech Products,

单位：亿美元,%

项　　目	Item	2001	2002	2003	2004	2005
商品进出口贸易总额	**Total Value of Imports and Exports**	**5097**	**6208**	**8510**	**11546**	**14219**
工业制成品	Manufactured Goods	4376	5430	7437	9969	12254
占总额比重	% of Total Exports and Imports	85.9	87.5	87.4	86.3	86.2
#高技术产品	High-tech Products	1106	1507	2296	3267	4160
占总额比重	% of Total Exports and Imports	21.7	24.3	27.0	28.3	29.2
占工业制成品比重	% of Total Manufactured Goods	25.3	27.8	30.9	32.8	33.9
初级产品	Primary Goods	721	778	1073	1577	1965
占总额比重	% of Total Exports and Imports	14.2	12.5	12.6	13.7	13.8
商品出口贸易总额	**Total Value of Exports**	**2662**	**3256**	**4384**	**5934**	**7620**
工业制成品	Manufactured Goods	2398	2971	4036	5528	7130
占总额比重	% of Total Exports	90.1	91.3	92.1	93.2	93.6
#高技术产品	High-tech Products	465	679	1103	1654	2182
占总额比重	% of Total Exports	17.5	20.8	25.2	27.9	28.6
占工业制成品比重	% of Total Manufactured Goods	19.4	22.8	27.3	29.9	30.6
初级产品	Primary Goods	264	285	348	406	490
占总额比重	% of Total Exports	9.9	8.7	7.9	6.8	6.4
商品进口贸易总额	**Total Value of Imports**	**2436**	**2952**	**4128**	**5614**	**6601**
工业制成品	Manufactured Goods	1978	2459	3401	4441	5124
占总额比重	% of Total Imports	81.2	83.3	82.4	79.1	77.6
#高技术产品	High-tech Products	641	828	1193	1613	1977
占总额比重	% of Total Imports	26.3	28.1	28.9	28.7	30.0
占工业制成品比重	% of Total Manufactured Goods	32.4	33.7	35.1	36.3	38.6
初级产品	Primary Goods	458	493	728	1173	1477
占总额比重	% of Total Imports	18.8	16.7	17.6	20.9	22.4
商品进出口贸易差额	**Balance**	**225**	**304**	**256**	**319**	**1019**
工业制成品	Manufactured Goods	420	512	635	1087	2006
#高技术产品	High-tech Products	-177	-150	-90	41	205
初级产品	Primary Goods	-194	-208	-380	-768	-987

初级产品的进出口贸易额
Manufactured Goods and Primary Goods

(USD 100 million,%)

2006	2007	2008	2009	2010	2011	2012	2013	2014	2015	2016	2017
17604	**21738**	**25633**	**22075**	**29728**	**36419**	**38668**	**41603**	**43030**	**39569**	**36849**	**41045**
15204	18693	21229	18546	24585	29371	31316	33954	35429	33799	31399	34097
86.4	86.0	82.8	84.0	82.7	80.6	81.0	81.6	82.3	85.4	85.2	83.1
5288	6348	7574	6868	9050	10120	11080	12185	12119	12046	11279	12575
30.0	29.2	29.5	31.1	30.4	27.8	28.7	29.3	28.2	30.4	30.6	30.6
34.8	34.0	35.7	37.0	36.8	34.5	35.4	35.9	34.2	35.6	35.9	36.9
2401	3045	4404	3529	5143	7049	7352	7649	7601	5770	5450	6948
13.6	14.0	17.2	16.0	17.3	19.4	19.0	18.4	17.7	14.6	14.8	16.9
9689	**12180**	**14307**	**12016**	**15779**	**18986**	**20490**	**22100**	**23427**	**22749**	**20974**	**22635**
9160	11565	13527	11385	14962	17980	19484	21027	22300	21710	19925	21458
94.5	95.0	94.6	94.7	94.8	94.7	95.1	95.1	95.2	95.4	95.0	94.8
2815	3478	4156	3769	4924	5488	6012	6603	6605	6553	6042	6708
29.0	28.6	29.0	31.4	31.2	28.9	29.3	29.9	28.2	28.8	28.8	29.6
30.7	30.1	30.7	33.1	32.9	30.5	30.9	31.4	29.6	30.2	30.3	31.3
529	615	780	631	817	1006	1006	1073	1127	1040	1050	1177
5.5	5.0	5.4	5.3	5.2	5.3	4.9	4.9	4.8	4.6	5.0	5.2
7915	**9558**	**11326**	**10059**	**13948**	**17433**	**18178**	**19503**	**19603**	**16820**	**15875**	**18410**
6043	7128	7702	7161	9623	11391	11832	12927	28	12089	11475	12639
76.4	74.6	68.0	71.2	69.0	65.3	65.1	66.3	67.0	71.9	72.3	68.7
2473	2870	3418	3099	4127	4632	5069	5582	5514	5493	5237	5867
31.2	30.0	30.2	30.8	29.6	26.6	27.9	28.6	28.1	32.7	33.0	31.9
40.9	40.3	44.3	43.3	42.9	40.7	42.8	43.2	42.0	45.4	45.6	46.4
1871	2430	3624	2898	4326	6044	6346	6576	6474	4730	4400	5771
23.6	25.4	32.0	28.8	31.0	34.7	34.9	33.7	33.0	28.1	27.7	31.3
1775	**2622**	**2981**	**1957**	**1831**	**1553**	**2312**	**2597**	**3824**	**5930**	**5100**	**4225**
3117	4437	5826	4224	5339	6590	7652	8100	9171	9620	8450	8819
342	608	738	671	797	856	943	1021	1091	1060	804	841
-1342	-1815	-2844	-2267	-3508	-5038	-5340	-5503	-5347	-3690	-3350	-4594

六、企业创新活动

Innovation Activities of Enterprises

6-1 规模(限额)以上企业创新活动总体情况(2017年)
Enterprises above Designated Size with Innovation(2017)

项　目	Item	开展创新活动企业数(个) Number of Innovation-active Enterprises (unit)	#实现创新企业 Innovators	#同时实现四种创新企业 Enterprises with all 4 kinds of innovation	在全部企业中占比(%) Of Total(%) 开展创新活动企业 Innovation-active Enterprises	实现创新企业 Innovators	同时实现四种创新企业 Enterprises with all 4 kinds of innovation
总　计	**Total**	**298396**	**277670**	**58773**	**39.8**	**37.1**	**7.8**
一、按规模分	**by Size of Enterprises**						
大型企业	Large-sized Industrial Enterprises	15234	14296	4589	71.3	66.9	21.5
中型企业	Medium-sized Industrial Enterprises	67141	62925	14516	47.7	44.7	10.3
小型企业	Small -sized Industrial Enterprises	200672	185648	37905	39.9	36.9	7.5
微型企业	Micro-sized Industrial Enterprises	15349	14801	1763	18.3	17.7	2.1
二、按登记注册类型分	**by Status of Registration**						
内资企业	Domestic Funded	266285	248576	52469	38.9	36.3	7.7
国有企业	State-owned Enterprises	3348	3168	439	29.7	28.1	3.9
集体企业	Collective-owned Enterprises	1231	1162	129	20.2	19.1	2.1
股份合作企业	Cooperative Enterprises	502	462	81	30.1	27.7	4.9
联营企业	Joint Ownership Enterprises	81	75	7	26.9	24.9	2.3
有限责任公司	Limited Liability Corporations	85993	80536	16562	39.0	36.5	7.5
股份有限公司	Share-holding Corporations Ltd.	14167	13426	4506	58.9	55.8	18.7
私营企业	Private Enterprises	160462	149273	30680	38.3	35.6	7.3
其他企业	Other Enterprises	501	474	65	20.7	19.6	2.7
港、澳、台商投资企业	Enterprises with Funds from Hong Kong, Macau and Taiwan	15452	13944	3221	50.4	45.5	10.5
外商投资企业	Foreign Funded Enterprises	16659	15150	3083	50.7	46.1	9.4
三、按行业分	**by Industrial Sector**						
采矿业	Mining	2581	2240	163	23.4	20.3	1.5
制造业	Manufacturing	182523	165479	42570	52.1	47.2	12.2
电力、热力、燃气及水生产和供应业	Production and Supply of Electricity,Heat, Gas and Water	3438	2994	95	30.7	26.7	0.8
建筑业	Construction	12700	12272	1571	28.8	27.8	3.6
批发和零售业	Wholesale and Retail Trades	53411	52990	6405	26.5	26.3	3.2
交通运输、仓储和邮政业	Transport,Storage and Post	9342	9201	938	21.4	21.1	2.1
信息传输、软件和信息技术服务业	Information Transmission,Software and Information Technology	13219	12292	3775	63.1	58.6	18.0
租赁和商务服务业	Leasing and Business Services	10345	10122	1351	27.1	26.5	3.5
科学研究和技术服务业	Scientific Research and Technical Services	8873	8180	1622	40.9	37.7	7.5
水利、环境和公共设施管理业	Management of Water Conservancy, Environment and Public Facilities	1964	1900	283	31.8	30.8	4.6
四、按地区分	**by Region**						
东部地区	Eastern Region	188142	174823	37349	42.7	39.7	8.5
中部地区	Middle Region	59565	54687	12284	37.7	34.6	7.8
西部地区	Western Region	41401	39433	7480	35.9	34.2	6.5
东北地区	Northeast Region	9288	8727	1660	26.2	24.6	4.7

注：按规模分小型企业和微型企业仅包括规模(限额)以上小型企业和微型企业。6-1至6-7各表同。

6-1 续表 continued

项 目	Item	开展创新活动企业数(个) Number of Innovation-active Enterprises (unit)	#实现创新企业 Innovators	#同时实现四种创新企业 Enterprises with all 4 kinds of innovation	在全部企业中占比(%) Of Total(%) 开展创新活动企业 Innovation-active Enterprises	实现创新企业 Innovators	同时实现四种创新企业 Enterprises with all 4 kinds of innovation
北 京	Beijing	9497	8545	1423	40.0	36.0	6.0
天 津	Tianjin	5161	4827	976	37.0	34.6	7.0
河 北	Hebei	9126	8976	1282	37.8	37.2	5.3
山 西	Shanxi	2501	2353	294	27.8	26.2	3.3
内蒙古	Inner Mongolia	1805	1749	175	27.3	26.5	2.6
辽 宁	Liaoning	4635	4261	892	28.9	26.6	5.6
吉 林	Jilin	2813	2693	534	23.3	22.3	4.4
黑龙江	Heilongjiang	1840	1773	234	24.9	24.0	3.2
上 海	Shanghai	9273	8870	1806	37.1	35.5	7.2
江 苏	Jiangsu	39856	37033	7919	47.7	44.4	9.5
浙 江	Zhejiang	33222	31083	7936	47.2	44.1	11.3
安 徽	Anhui	13509	12875	3537	43.4	41.4	11.4
福 建	Fujian	13971	13172	2329	38.9	36.7	6.5
江 西	Jiangxi	7405	6838	1628	37.8	34.9	8.3
山 东	Shandong	27950	25800	4122	40.6	37.4	6.0
河 南	Henan	13610	12844	2123	31.4	29.6	4.9
湖 北	Hubei	11049	10407	2462	39.7	37.4	8.9
湖 南	Hunan	11491	9370	2240	42.3	34.5	8.3
广 东	Guangdong	39623	36081	9480	42.5	38.7	10.2
广 西	Guangxi	3387	3259	529	28.7	27.6	4.5
海 南	Hainan	463	436	76	36.0	33.9	5.9
重 庆	Chongqing	6555	6225	1502	38.3	36.4	8.8
四 川	Sichuan	10738	10277	1920	38.9	37.3	7.0
贵 州	Guizhou	3658	3356	604	34.1	31.3	5.6
云 南	Yunnan	4064	3908	996	41.3	39.7	10.1
西 藏	Tibet	162	157	21	36.4	35.3	4.7
陕 西	Shaanxi	5805	5541	1009	38.7	36.9	6.7
甘 肃	Gansu	1887	1782	286	36.6	34.5	5.5
青 海	Qinghai	449	430	61	32.1	30.8	4.4
宁 夏	Ningxia	958	925	183	40.7	39.3	7.8
新 疆	Xinjiang	1933	1824	194	27.0	25.5	2.7

6-2 规模(限额)以上企业产品和
Enterprises above Designated Size

项　目	Item	开展产品或工艺创新活动企业数(个) Number of Product or Process Innovationactive Enterprises (unit)	#实现产品或工艺创新企业 Product or Process Innovators
总　计	**Total**	**201139**	**169153**
一、按规模分	**by Size of Enterprises**		
大型企业	Large-sized Industrial Enterprises	12873	11352
中型企业	Medium-sized Industrial Enterprises	46387	39721
小型企业	Small -sized Industrial Enterprises	135813	113040
微型企业	Micro-sized Industrial Enterprises	6066	5040
二、按登记注册类型分	**by Status of Registration**		
内资企业	Domestic Funded	175145	147347
国有企业	State-owned Enterprises	1842	1524
集体企业	Collective-owned Enterprises	528	428
股份合作企业	Cooperative Enterprises	351	292
联营企业	Joint Ownership Enterprises	33	25
有限责任公司	Limited Liability Corporations	55863	47092
股份有限公司	Share-holding Corporations Ltd.	11545	10213
私营企业	Private Enterprises	104729	87569
其他企业	Other Enterprises	254	204
港、澳、台商投资企业	Enterprises with Funds from Hong Kong, Macau and Taiwan	12423	10355
外商投资企业	Foreign Funded Enterprises	13571	11451
三、按行业分	**by Industrial Sector**		
采矿业	Mining	1477	1001
制造业	Manufacturing	147461	123196
电力、热力、燃气及水生产和供应业	Production and Supply of Electricity,Heat, Gas and Water	1983	1374
建筑业	Construction	6516	5582
批发和零售业	Wholesale and Retail Trades	18076	16410
交通运输、仓储和邮政业	Transport,Storage and Post	3393	3035
信息传输、软件和信息技术服务业	Information Transmission,Software and Information Technology	10804	9074
租赁和商务服务业	Leasing and Business Services	4373	3758
科学研究和技术服务业	Scientific Research and Technical Services	6158	4954
水利、环境和公共设施管理业	Management of Water Conservancy, Environment and Public Facilities	898	769
四、按地区分	**by Region**		
东部地区	Eastern Region	133101	113051
中部地区	Middle Region	38819	31507
西部地区	Western Region	23868	20181
东北地区	Northeast Region	5351	4414

工艺创新分布情况(2017年)
with Product or Process Innovation(2017)

		在全部企业中占比(%) Of Total(%)			
#实现产品创新企业 Product Innovators	#实现工艺创新企业 Process Innovators	开展产品或工艺创新活动企业 Product or Process Innovation-active Enterprises	#实现产品或工艺创新企业 Product or Process Innovators	#实现产品创新企业 Product Innovators	#实现工艺创新企业 Process Innovators
128572	**138819**	**26.9**	**22.6**	**17.2**	**18.5**
8845	10045	60.2	53.1	41.4	47.0
30447	33324	33.0	28.2	21.6	23.7
85796	91437	27.0	22.5	17.1	18.2
3484	4013	7.3	6.0	4.2	4.8
111132	121448	25.6	21.5	16.2	17.7
953	1332	16.3	13.5	8.5	11.8
271	356	8.7	7.0	4.5	5.8
224	222	21.1	17.5	13.4	13.3
17	19	11.0	8.3	5.6	6.3
34553	39348	25.3	21.3	15.7	17.8
8396	8662	48.0	42.5	34.9	36.0
66586	71349	25.0	20.9	15.9	17.0
132	160	10.5	8.4	5.5	6.6
8299	8374	40.5	33.8	27.1	27.3
9141	8997	41.3	34.9	27.8	27.4
366	932	13.4	9.1	3.3	8.4
98004	100653	42.1	35.2	28.0	28.7
285	1312	17.7	12.3	2.5	11.7
2932	5286	14.8	12.7	6.7	12.0
10806	13501	9.0	8.1	5.4	6.7
1700	2628	7.8	6.9	3.9	6.0
7740	6835	51.5	43.3	36.9	32.6
2619	2925	11.4	9.8	6.9	7.7
3633	4083	28.4	22.8	16.8	18.8
487	664	14.6	12.5	7.9	10.8
88603	90722	30.2	25.7	20.1	20.6
22826	26964	24.6	19.9	14.5	17.1
13958	17342	20.7	17.5	12.1	15.1
3185	3791	15.1	12.4	9.0	10.7

6-2 续表

项 目	Item	开展产品或工艺创新活动企业数（个） Number of Product or Process Innovationactive Enterprises (unit)	#实现产品或工艺创新企业 Product or Process Innovators
北 京	Beijing	6872	5309
天 津	Tianjin	3406	2870
河 北	Hebei	4846	4415
山 西	Shanxi	1236	995
内蒙古	Inner Mongolia	817	695
辽 宁	Liaoning	2975	2407
吉 林	Jilin	1488	1262
黑龙江	Heilongjiang	888	745
上 海	Shanghai	6647	5898
江 苏	Jiangsu	29559	25470
浙 江	Zhejiang	26820	23790
安 徽	Anhui	8964	7911
福 建	Fujian	8085	6800
江 西	Jiangxi	5186	4351
山 东	Shandong	15536	12238
河 南	Henan	7217	6016
湖 北	Hubei	7525	6414
湖 南	Hunan	8691	5820
广 东	Guangdong	31066	26045
广 西	Guangxi	1772	1513
海 南	Hainan	264	216
重 庆	Chongqing	4315	3780
四 川	Sichuan	6222	5306
贵 州	Guizhou	2108	1653
云 南	Yunnan	2556	2244
西 藏	Tibet	75	66
陕 西	Shaanxi	3291	2739
甘 肃	Gansu	995	782
青 海	Qinghai	230	184
宁 夏	Ningxia	589	512
新 疆	Xinjiang	898	707

continued

		在全部企业中占比(%) Of Total(%)			
#实现产品创新企业 Product Innovators	#实现工艺创新企业 Process Innovators	开展产品或工艺创新活动企业 Product or Process Innovation-active Enterprises	#实现产品或工艺创新企业 Product or Process Innovators	#实现产品创新企业 Product Innovators	#实现工艺创新企业 Process Innovators
4008	3988	28.9	22.3	16.9	16.8
2205	2386	24.4	20.6	15.8	17.1
2796	3681	20.1	18.3	11.6	15.2
594	875	13.8	11.1	6.6	9.7
370	605	12.4	10.5	5.6	9.2
1822	2042	18.6	15.0	11.4	12.7
890	1118	12.3	10.4	7.4	9.3
473	631	12.0	10.1	6.4	8.5
4529	4733	26.6	23.6	18.1	18.9
20946	19951	35.4	30.5	25.1	23.9
20244	18182	38.1	33.8	28.7	25.8
6404	6761	28.8	25.4	20.6	21.7
4798	5667	22.5	18.9	13.4	15.8
3159	3699	26.5	22.2	16.1	18.9
8092	10424	22.5	17.8	11.7	15.1
4008	5146	16.7	13.9	9.3	11.9
4808	5407	27.1	23.1	17.3	19.5
3853	5076	32.0	21.4	14.2	18.7
20855	21518	33.3	27.9	22.4	23.1
1024	1286	15.0	12.8	8.7	10.9
130	192	20.5	16.8	10.1	14.9
2987	3194	25.2	22.1	17.5	18.7
3822	4438	22.6	19.2	13.9	16.1
1059	1428	19.6	15.4	9.9	13.3
1567	2006	25.9	22.8	15.9	20.4
40	52	16.9	14.8	9.0	11.7
1787	2412	21.9	18.2	11.9	16.1
479	683	19.3	15.1	9.3	13.2
119	157	16.5	13.2	8.5	11.2
323	458	25.0	21.7	13.7	19.4
381	623	12.5	9.9	5.3	8.7

6-3 规模(限额)以上企业产品或

Innovation Activities for Product or Process Innovation

项 目	Item	开展产品或工艺创新活动企业数(个) Number of Product or Process Innovation-active Enterprises (unit)	内部研发 In-house R&D
总 计	**Total**	**201139**	**53.3**
一、按规模分	**by Size of Enterprises**		
大型企业	Large-sized Industrial Enterprises	12873	65.5
中型企业	Medium-sized Industrial Enterprises	46387	53.9
小型企业	Small -sized Industrial Enterprises	135813	53.5
微型企业	Micro-sized Industrial Enterprises	6066	18.3
二、按登记注册类型分	**by Status of Registration**		
内资企业	Domestic Funded	175145	52.1
国有企业	State-owned Enterprises	1842	38.1
集体企业	Collective-owned Enterprises	528	35.6
股份合作企业	Cooperative Enterprises	351	51.9
联营企业	Joint Ownership Enterprises	33	36.4
有限责任公司	Limited Liability Corporations	55863	49.9
股份有限公司	Share-holding Corporations Ltd.	11545	63.6
私营企业	Private Enterprises	104729	52.4
其他企业	Other Enterprises	254	27.2
港、澳、台商投资企业	Enterprises with Funds from Hong Kong, Macau and Taiwan	12423	62.4
外商投资企业	Foreign Funded Enterprises	13571	60.4
三、按行业分	**by Industrial Sector**		
采矿业	Mining	1477	56.3
制造业	Manufacturing	147461	68.1
电力、热力、燃气及水生产和供应业	Production and Supply of Electricity,Heat, Gas and Water	1983	46.2
建筑业	Construction	6516	21.9
批发和零售业	Wholesale and Retail Trades	18076	
交通运输、仓储和邮政业	Transport,Storage and Post	3393	4.3
信息传输、软件和信息技术服务业	Information Transmission,Software and Information Technology	10804	13.9
租赁和商务服务业	Leasing and Business Services	4373	4.3
科学研究和技术服务业	Scientific Research and Technical Services	6158	26.4
水利、环境和公共设施管理业	Management of Water Conservancy, Environment and Public Facilities	898	11.7
四、按地区分	**by Region**		
东部地区	Eastern Region	133101	56.6
中部地区	Middle Region	38819	50.1
西部地区	Western Region	23868	42.2
东北地区	Northeast Region	5351	43.7

注：内部研发和外部研发数据不包括批发和零售业。

Note: Statistics on In-house R&D and External R&D do not cover the sector of wholesale and Retail Trades.

工艺创新活动类型(2017年)
in Enterprises above Designated Size(2017)

在开展产品或工艺创新活动企业中，有下列活动形式的企业占比(%) Of Product or Process innovation-active enterprises(%)						
外部研发 External R&D	获得机器设备和软件 Acquisition of Machinery, Equipment and Software	从外部获取相关技术 Acquisition of other External Knowledge	相关培训 Training for Innovative Activities	市场推介 Market Introduction of Innovations	相关设计 Design	其他创新活动 Other Innovation Activities
8.7	**57.3**	**4.1**	**37.9**	**19.7**	**18.8**	**23.9**
23.4	64.2	11.3	54.4	27.7	21.0	35.6
10.2	57.8	5.6	42.5	21.9	18.7	25.7
7.1	57.7	2.9	35.0	18.2	18.8	22.3
2.6	31.0	6.1	33.6	19.8	14.5	21.5
8.8	56.3	4.2	37.5	19.9	18.6	23.3
14.9	48.4	9.5	47.8	19.3	10.0	29.2
5.9	46.0	4.0	34.5	15.5	9.3	20.3
4.3	43.6	2.3	31.1	15.1	18.8	18.2
6.1	51.5	3.0	36.4	18.2	3.0	15.2
9.7	56.3	5.1	41.1	21.2	17.8	25.5
17.9	64.6	6.8	49.0	29.8	24.1	31.9
7.2	55.7	3.3	34.3	18.2	18.7	21.1
4.7	44.1	2.8	24.0	12.2	12.2	13.4
8.5	67.6	3.2	38.6	17.5	19.8	26.2
8.6	61.1	4.4	42.1	19.0	19.5	29.5
19.9	64.6	2.6	26.9	7.7	5.3	17.9
10.5	67.6	2.1	35.7	18.2	20.7	23.2
13.6	60.0	1.4	32.0	4.8	2.4	20.8
8.1	36.7	11.7	51.7	23.9	7.0	30.3
	22.6	8.6	44.0	28.9	18.9	22.5
1.7	29.3	8.4	42.0	17.8	7.7	21.8
3.6	25.1	10.3	42.4	24.8	13.8	29.6
1.4	24.4	10.1	45.3	26.4	13.4	24.8
6.9	32.7	13.6	47.4	18.7	11.7	31.7
2.8	34.1	11.5	45.4	21.5	12.1	23.3
8.0	57.9	4.2	37.2	19.1	19.0	24.4
10.2	59.1	3.5	36.0	18.9	17.4	20.7
10.3	53.9	4.7	44.3	24.3	20.2	25.7
9.6	46.6	4.1	40.7	20.4	17.3	26.5

6-3 续表

项 目	Item	开展产品或工艺创新活动企业数(个) Number of Product or Process Innovation-active Enterprises (unit)	内部研发 In-house R&D
北 京	Beijing	6872	27.1
天 津	Tianjin	3406	57.0
河 北	Hebei	4846	48.1
山 西	Shanxi	1236	41.1
内蒙古	Inner Mongolia	817	44.2
辽 宁	Liaoning	2975	50.6
吉 林	Jilin	1488	26.9
黑龙江	Heilongjiang	888	48.6
上 海	Shanghai	6647	36.4
江 苏	Jiangsu	29559	66.9
浙 江	Zhejiang	26820	59.4
安 徽	Anhui	8964	53.9
福 建	Fujian	8085	49.6
江 西	Jiangxi	5186	48.9
山 东	Shandong	15536	59.2
河 南	Henan	7217	51.5
湖 北	Hubei	7525	49.0
湖 南	Hunan	8691	48.1
广 东	Guangdong	31066	57.3
广 西	Guangxi	1772	32.3
海 南	Hainan	264	31.8
重 庆	Chongqing	4315	45.9
四 川	Sichuan	6222	45.5
贵 州	Guizhou	2108	46.8
云 南	Yunnan	2556	42.1
西 藏	Tibet	75	16.0
陕 西	Shaanxi	3291	38.3
甘 肃	Gansu	995	42.4
青 海	Qinghai	230	27.0
宁 夏	Ningxia	589	44.8
新 疆	Xinjiang	898	27.7

continued

在开展产品或工艺创新活动企业中，有下列活动形式的企业占比(%) Of Product or Process innovation-active enterprises(%)						
外部研发 External R&D	获得机器设备和软件 Acquisition of Machinery, Equipment and Software	从外部获取相关技术 Acquisition of other External Knowledge	相关培训 Training for Innovative Activities	市场推介 Market Introduction of Innovations	相关设计 Design	其他创新活动 Other Innovation Activities
6.3	40.2	8.0	43.7	23.3	15.3	29.6
9.6	42.0	4.3	41.7	20.0	15.6	27.8
8.8	48.7	3.1	37.6	18.6	16.5	21.9
13.1	63.8	4.3	43.2	19.9	14.1	24.0
12.4	43.6	5.1	46.6	23.1	17.0	25.5
9.5	47.4	4.3	41.3	20.2	15.9	25.9
8.9	45.1	3.2	39.9	20.9	20.0	27.4
11.4	46.1	4.7	40.0	20.4	17.5	27.3
5.8	46.7	6.2	49.1	24.5	19.6	32.9
9.9	63.3	4.0	34.6	15.4	14.7	21.4
7.0	46.3	2.8	31.0	15.9	20.5	21.0
13.8	64.7	4.0	45.7	23.9	22.4	26.8
8.7	51.9	4.9	37.5	21.3	21.4	24.9
6.5	70.7	3.0	34.7	17.6	16.6	19.1
11.0	54.8	3.9	31.2	16.9	15.8	17.4
8.9	46.2	4.0	34.6	18.5	15.8	17.0
10.4	51.4	3.6	37.0	19.8	18.1	23.6
9.1	63.3	2.7	26.3	13.8	13.8	15.3
5.7	75.4	4.4	43.3	23.9	24.1	30.7
7.7	46.4	5.1	49.7	28.4	20.5	29.3
15.2	47.3	5.3	54.5	25.0	18.6	26.1
10.0	62.2	4.6	41.3	21.6	19.9	26.5
10.9	53.5	4.6	43.0	24.4	19.6	25.6
12.3	53.2	4.6	36.6	19.1	17.7	22.2
9.2	58.3	4.9	54.0	29.4	26.3	28.9
6.7	30.7	8.0	44.0	36.0	18.7	26.7
10.1	50.9	4.8	45.3	25.4	21.5	25.3
11.8	47.2	4.4	40.9	25.1	18.7	20.1
11.7	53.9	4.8	45.7	24.3	13.9	27.8
10.9	61.6	6.1	49.1	26.3	20.5	28.2
8.7	45.5	4.1	41.5	21.0	14.5	21.4

6-4 规模以上工业企业创
Innovation Expenditure of Industrial

项 目	Item	创新费用支出合计(亿元) Total Core Innovation Expenditure (100 Million Yuan)	1.内部研发经费支出 In-house R&D
总 计	**Total**	**19146.0**	**12013.0**
一、按规模分	**by Size of Enterprises**		
大型企业	Large-sized Industrial Enterprises	10695.6	6171.8
中型企业	Medium-sized Industrial Enterprises	4158.9	2804.4
小型企业	Small -sized Industrial Enterprises	4233.1	3003.9
微型企业	Micro-sized Industrial Enterprises	58.4	32.9
二、按登记注册类型分	**by Status of Registration**		
内资企业	Domestic Funded	14927.9	9423.0
国有企业	State-owned Enterprises	478.8	213.4
集体企业	Collective-owned Enterprises	77.4	61.4
股份合作企业	Cooperative Enterprises	7.9	6.0
联营企业	Joint Ownership Enterprises	1.6	0.8
有限责任公司	Limited Liability Corporations	6611.6	4102.1
股份有限公司	Share-holding Corporations Ltd.	3096.9	1847.2
私营企业	Private Enterprises	4645.6	3188.1
其他企业	Other Enterprises	8.1	4.0
港、澳、台商投资企业	Enterprises with Funds from Hong Kong, Macau and Taiwan	1700.8	1115.1
外商投资企业	Foreign Funded Enterprises	2517.3	1474.9
三、按行业分	**by Industrial Sector**		
采矿业	**Mining**	533.9	281.8
煤炭开采和洗选业	Mining and Washing of Coal	308.9	148.9
石油和天然气开采业	Extraction of Petroleum and Natural Gas	96.4	57.3
黑色金属矿采选业	Mining of Ferrous Metal Ores	14.0	7.3
有色金属矿采选业	Mining of Non-ferrous Metal Ores	48.6	31.2
非金属矿采选业	Mining and Processing of Nonmetal Ores	20.2	11.9
开采辅助活动	Mining Support Service Activities	45.8	25.4
制造业	**Manufacturing**	18171.4	11624.7
农副食品加工业	Processing of Food from Agricultural Products	400.0	274.6
食品制造业	Manufacture of Foods	246.2	148.1
酒、饮料和精制茶制造业	Manufacture of Liquor, Beverages and Refined Tea	178.5	99.8
烟草制品业	Manufacture of Tobacco	124.3	19.8
纺织业	Manufacture of Textile	342.3	233.2
纺织服装、服饰业	Manufacture of Textile, Apparel and Accessories	150.9	110.5
皮革、毛皮、羽毛及其制品和制鞋业	Manufacture of Leather, Fur, Feather and Related Products and Shoes	89.2	65.1

新费用支出情况(2017年)
Enterprises above Designated Size(2017)

所占比重 (%) As Percentage of Total (%)	2.外部研发经费支出 External R&D	所占比重 (%) As Percentage of Total (%)	3.获得机器设备和软件经费支出 Acquisition of Machinery, Equipment and Software	所占比重 (%) As Percentage of Total (%)	4.从外部获取相关技术经费支出 Acquisition of other External Knowledge	所占比重 (%) As Percentage of Total (%)
62.7	**698.4**	**3.6**	**5834.4**	**30.5**	**600.2**	**3.1**
57.7	503.3	4.7	3536.5	33.1	484.0	4.5
67.4	108.8	2.6	1177.5	28.3	68.3	1.6
71.0	84.4	2.0	1098.6	26.0	46.2	1.1
56.3	1.9	3.3	21.9	37.5	1.7	2.9
63.1	544.4	3.6	4633.7	31.0	326.8	2.2
44.6	25.1	5.2	206.2	43.1	34.1	7.1
79.3	6.5	8.4	8.5	11.0	1.0	1.3
75.9	0.2	2.5	1.7	21.5		
50.0			0.7	43.8		
62.0	245.8	3.7	2147.5	32.5	116.2	1.8
59.6	118.3	3.8	1059.3	34.2	72.1	2.3
68.6	148.0	3.2	1206.1	26.0	103.4	2.2
49.4	0.5	6.2	3.7	45.7		
65.6	38.5	2.3	517.3	30.4	29.9	1.8
58.6	115.5	4.6	683.4	27.1	243.5	9.7
52.8	26.3	4.9	218.7	41.0	7.0	1.3
48.2	9.1	2.9	144.1	46.6	6.8	2.2
59.4	13.4	13.9	25.7	26.7		
52.1	0.5	3.6	6.2	44.3		
64.2	1.5	3.1	15.8	32.5		
58.9	0.5	2.5	7.7	38.1	0.1	0.5
55.5	1.3	2.8	19.1	41.7		
64.0	651.8	3.6	5312.4	29.2	582.6	3.2
68.7	9.9	2.5	111.6	27.9	3.9	1.0
60.2	9.3	3.8	83.8	34.0	5.2	2.1
55.9	3.6	2.0	72.0	40.3	3.1	1.7
15.9	3.9	3.1	94.1	75.7	6.5	5.2
68.1	4.4	1.3	99.4	29.0	5.3	1.5
73.2	2.9	1.9	35.6	23.6	1.9	1.3
73.0	0.9	1.0	22.8	25.6	0.4	0.4

6-4 续表 1

项 目	Item	创新费用支出合计（亿元） Total Core Innovation Expenditure (100 Million Yuan)	1.内部研发经费支出 In-house R&D
木材加工和木、竹、藤、棕、草制品业	Processing of Timbers and Manufacture of Wood,Bamboo, Rattan, Palm and Straw	91.0	60.3
家具制造业	Manufacture of Furniture	78.3	55.4
造纸和纸制品业	Manufacture of Paper and Paper Products	220.1	144.6
印刷和记录媒介复制业	Printing,Reproduction of Recording Media	79.9	53.9
文教、工美、体育和娱乐用品制造业	Manufacture of Artworks, and Articles for Culture, Education, Sports and Recreation	141.1	100.5
石油加工、炼焦和核燃料加工业	Processing of Petroleum ,Coking and Processing of Nucleus Fuel	380.9	146.6
化学原料和化学制品制造业	Manufacture of Chemical Raw Material and Chemical Products	1347.7	912.5
医药制造业	Manufacture of Medicines	810.3	534.2
化学纤维制造业	Manufacture of Chemical Fiber	164.8	106.1
橡胶和塑料制品业	Manufacture of Rubber and Plastic	453.7	307.2
非金属矿物制品业	Manufacture of Non-metallic Mineral Products	581.2	362.8
黑色金属冶炼和压延加工业	Manufacture and Processing of Ferrous Metals	1120.8	638.7
有色金属冶炼和压延加工业	Manufacture and Processing of Non-ferrous Metals	715.9	461.6
金属制品业	Manufacture of Metal Products	487.1	343.2
通用设备制造业	Manufacture of General Purpose Machinery	991.9	696.8
专用设备制造业	Manufacture of Special Purpose Machinery	880.8	636.9
汽车制造业	Manufacture of Motor Vehicles	2189.0	1164.6
铁路、船舶、航空航天和其他运输设备制造业	Manufacture of Railway, Ships, Aerospace and Other Transport Equipment	707.8	428.8
电气机械和器材制造业	Manufacture of Electrical Machinery and Equipment	1750.2	1242.4
计算机、通信和其他电子设备制造业	Manufacture of Computer, Communication and Other Electronic Equipment	3069.6	2002.8
仪器仪表制造业	Manufacture of Measuring Instrument and Meter	287.7	210.2
其他制造业	Other Manufacturing	45.9	32.6
废弃资源综合利用业	Waste Recycling and Recovery	24.2	16.3
金属制品、机械和设备修理业	Repaire Service of Metal Products, Machinery and Equipment	20.1	14.7
电力、热力、燃气及水生产和供应业	**Production and Distribution of Electricity, Gas and Water**	440.7	106.4
电力、热力生产和供应业	Production and Supply of Electric Power and Heat Power	363.8	85.8
燃气生产和供应业	Production and Distribution of Gas	22.8	11.1
水的生产和供应业	Production and Distribution of Water	54.1	9.6
四、按地区分	**by Region**		
东部地区	Eastern Region	12678.8	8150.2
中部地区	Middle Region	3507.1	2173.0
西部地区	Western Region	2196.3	1257.2
东北地区	Northeast Region	763.8	432.5

continued

所占比重 (%) As Percentage of Total (%)	2.外部研发经费支出 External R&D	所占比重 (%) As Percentage of Total (%)	3.获得机器设备和软件经费支出 Acquisition of Machinery, Equipment and Software	所占比重 (%) As Percentage of Total (%)	4.从外部获取相关技术经费支出 Acquisition of other External Knowledge	所占比重 (%) As Percentage of Total (%)
66.3	0.8	0.9	29.3	32.2	0.7	0.8
70.8	1.5	1.9	21.2	27.1	0.1	0.1
65.7	1.5	0.7	68.2	31.0	5.9	2.7
67.5	0.9	1.1	24.2	30.3	0.9	1.1
71.2	2.1	1.5	37.7	26.7	0.8	0.6
38.5	7.2	1.9	218.8	57.4	8.4	2.2
67.7	21.9	1.6	389.7	28.9	23.6	1.8
65.9	68.9	8.5	175.5	21.7	31.7	3.9
64.4	1.6	1.0	55.3	33.6	1.8	1.1
67.7	7.2	1.6	129.4	28.5	10.0	2.2
62.4	6.5	1.1	206.6	35.5	5.4	0.9
57.0	13.0	1.2	434.7	38.8	34.3	3.1
64.5	6.2	0.9	241.4	33.7	6.7	0.9
70.5	6.9	1.4	132.2	27.1	4.9	1.0
70.2	27.2	2.7	240.5	24.2	27.5	2.8
72.3	16.0	1.8	217.5	24.7	10.2	1.2
53.2	128.9	5.9	654.5	29.9	241.0	11.0
60.6	72.2	10.2	189.5	26.8	17.2	2.4
71.0	41.4	2.4	436.7	25.0	29.6	1.7
65.2	172.9	5.6	802.0	26.1	91.9	3.0
73.1	9.4	3.3	65.0	22.6	3.1	1.1
71.0	2.1	4.6	11.0	24.0	0.1	0.2
67.4	0.3	1.2	7.6	31.4	0.1	0.4
73.1	0.6	3.0	4.7	23.4	0.2	1.0
24.1	20.3	4.6	303.4	68.8	10.6	2.4
23.6	19.6	5.4	249.6	68.6	8.8	2.4
48.7	0.2	0.9	9.8	43.0	1.7	7.5
17.7	0.4	0.7	43.9	81.1	0.1	0.2
64.3	481.3	3.8	3610.4	28.5	436.9	3.4
62.0	96.5	2.8	1178.2	33.6	59.4	1.7
57.2	83.6	3.8	777.6	35.4	77.9	3.5
56.6	37.0	4.8	268.3	35.1	26.0	3.4

6-4 续表 2

项　目	Item	创新费用支出合计(亿元) Total Core Innovation Expenditure (100 Million Yuan)	1.内部研发经费支出 In-house R&D
北　京	Beijing	480.3	269.1
天　津	Tianjin	321.6	241.1
河　北	Hebei	570.6	351.0
山　西	Shanxi	227.8	112.2
内蒙古	Inner Mongolia	151.2	108.3
辽　宁	Liaoning	479.9	274.9
吉　林	Jilin	161.3	75.0
黑龙江	Heilongjiang	122.7	82.6
上　海	Shanghai	1020.2	540.0
江　苏	Jiangsu	2785.7	1833.9
浙　江	Zhejiang	1419.9	1030.1
安　徽	Anhui	735.4	436.1
福　建	Fujian	724.9	448.8
江　西	Jiangxi	385.4	221.7
山　东	Shandong	2140.7	1563.7
河　南	Henan	651.0	472.3
湖　北	Hubei	668.6	468.9
湖　南	Hunan	838.8	461.8
广　东	Guangdong	3199.3	1865.0
广　西	Guangxi	204.8	93.6
海　南	Hainan	15.7	7.5
重　庆	Chongqing	456.0	280.0
四　川	Sichuan	486.5	301.1
贵　州	Guizhou	139.1	64.9
云　南	Yunnan	171.7	88.6
西　藏	Tibet	0.6	0.3
陕　西	Shaanxi	306.6	196.4
甘　肃	Gansu	100.5	46.7
青　海	Qinghai	19.9	8.3
宁　夏	Ningxia	72.8	29.1
新　疆	Xinjiang	86.6	40.0

continued

所占比重 (%) As Percentage of Total (%)	2.外部研发经费支出 External R&D	所占比重 (%) As Percentage of Total (%)	3.获得机器设备和软件经费支出 Acquisition of Machinery, Equipment and Software	所占比重 (%) As Percentage of Total (%)	4.从外部获取相关技术经费支出 Acquisition of other External Knowledge	所占比重 (%) As Percentage of Total (%)
56.0	37.2	7.7	143.8	29.9	30.3	6.3
75.0	13.2	4.1	60.3	18.8	7.0	2.2
61.5	15.0	2.6	192.7	33.8	11.9	2.1
49.3	9.3	4.1	101.1	44.4	5.3	2.3
71.6	5.0	3.3	34.5	22.8	3.4	2.2
57.3	18.4	3.8	168.9	35.2	17.6	3.7
46.5	11.2	6.9	69.8	43.3	5.3	3.3
67.3	7.5	6.1	29.5	24.0	3.1	2.5
52.9	71.8	7.0	290.3	28.5	118.1	11.6
65.8	65.2	2.3	845.0	30.3	41.6	1.5
72.5	39.3	2.8	328.8	23.2	21.7	1.5
59.3	24.2	3.3	267.6	36.4	7.6	1.0
61.9	15.0	2.1	231.9	32.0	29.3	4.0
57.5	7.5	1.9	144.6	37.5	11.6	3.0
73.0	63.2	3.0	476.0	22.2	37.8	1.8
72.6	12.8	2.0	159.2	24.5	6.8	1.0
70.1	22.8	3.4	157.7	23.6	19.2	2.9
55.1	20.0	2.4	348.1	41.5	9.0	1.1
58.3	159.2	5.0	1036.0	32.4	139.0	4.3
45.7	6.5	3.2	100.7	49.2	4.1	2.0
47.8	2.3	14.7	5.6	35.7	0.2	1.3
61.4	13.9	3.0	122.1	26.8	40.0	8.8
61.9	21.5	4.4	153.6	31.6	10.3	2.1
46.7	4.0	2.9	63.3	45.5	6.9	5.0
51.6	4.6	2.7	72.8	42.4	5.7	3.3
50.0			0.3	50.0		
64.1	14.2	4.6	90.4	29.5	5.6	1.8
46.5	2.9	2.9	50.4	50.1	0.5	0.5
41.7	1.2	6.0	10.3	51.8		
40.0	1.3	1.8	41.4	56.9	1.0	1.4
46.2	8.4	9.7	37.8	43.6	0.4	0.5

6-5 规模(限额)以上企业产品或
Cooperation for Product or Process Innovation

项　目	Item	开展创新合作的企业数(个) Enterprises with Cooperation for Product or Process Innovation (unit)	创新合作企业占全部企业的比重(%) Of Total (%)	集团内其他企业 Other Enterprises within the Enterprise Group	高等学校 Universities
总　计	**Total**	**130971**	**17.5**	**28.4**	**31.2**
一、按规模分	**by Size of Enterprises**				
大型企业	Large-sized Industrial Enterprises	10148	47.5	57.5	49.2
中型企业	Medium-sized Industrial Enterprises	31727	22.5	36.8	32.7
小型企业	Small -sized Industrial Enterprises	85003	16.9	21.7	29.0
微型企业	Micro-sized Industrial Enterprises	4093	4.9	29.3	19.7
二、按登记注册类型分	**by Status of Registration**				
内资企业	Domestic Funded	114688	16.7	26.1	32.0
国有企业	State-owned Enterprises	1378	12.2	46.8	44.0
集体企业	Collective-owned Enterprises	327	5.4	25.4	26.0
股份合作企业	Cooperative Enterprises	197	11.8	12.2	23.9
联营企业	Joint Ownership Enterprises	17	5.6	23.5	17.6
有限责任公司	Limited Liability Corporations	38181	17.3	36.6	33.4
股份有限公司	Share-holding Corporations Ltd.	8641	35.9	33.9	49.2
私营企业	Private Enterprises	65780	15.7	18.6	28.8
其他企业	Other Enterprises	167	6.9	21.6	20.4
港、澳、台商投资企业	Enterprises with Funds from Hong Kong, Macau and Taiwan	7565	24.7	38.2	27.1
外商投资企业	Foreign Funded Enterprises	8718	26.6	50.1	23.3
三、按行业分	**by Industrial Sector**				
采矿业	Mining	863	7.8	39.1	42.9
制造业	Manufacturing	92054	26.3	25.1	33.5
电力、热力、燃气及水生产和供应业	Production and Supply of Electricity,Heat, Gas and Water	1208	10.8	47.6	29.6
建筑业	Construction	4748	10.8	37.6	37.2
批发和零售业	Wholesale and Retail Trades	13552	6.7	33.4	14.3
交通运输、仓储和邮政业	Transport,Storage and Post	2459	5.6	38.6	12.5
信息传输、软件和信息技术服务业	Information Transmission,Software and Information Technology	7667	36.6	36.8	30.9
租赁和商务服务业	Leasing and Business Services	3232	8.5	35.7	20.3
科学研究和技术服务业	Scientific Research and Technical Services	4519	20.8	38.1	45.0
水利、环境和公共设施管理业	Management of Water Conservancy, Environment and Public Facilities	669	10.8	33.2	29.6
四、按地区分	**by Region**				
东部地区	Eastern Region	84074	19.1	28.5	29.5
中部地区	Middle Region	25928	16.4	26.0	35.4
西部地区	Western Region	17427	15.1	30.2	31.5
东北地区	Northeast Region	3542	10.0	33.6	37.2

工艺创新合作开展情况(2017年)
in Enterprises above Designated Size(2017)

在创新合作企业中，与下列伙伴开展合作的企业占比(%) Share of enterprises cooperate with these partners in enterprises with cooperation for innovation(%)								
研究机构 Public Research institutes	政府部门 Government Departments	行业协会 Industry Associations	供应商 Suppliers	客户 Clients or Customers	竞争对手或同行业企业 Competitors or other Enterprises in this Sector	市场咨询机构 Consultants	风险投资机构 Venture Capital Institutes	其他合作对象 Others
18.6	**11.2**	**20.4**	**36.4**	**42.8**	**15.9**	**12.0**	**1.3**	**17.1**
32.4	13.4	21.4	34.1	31.2	13.3	13.5	1.2	12.0
19.7	11.3	20.3	35.1	39.2	15.0	12.9	1.3	15.8
16.8	10.6	20.3	37.3	45.5	16.4	11.5	1.2	17.8
13.5	15.6	21.7	32.4	45.2	19.7	12.3	2.8	26.5
19.2	11.8	21.3	36.0	42.7	16.3	11.9	1.3	17.6
28.5	19.9	20.1	29.5	27.1	14.9	8.5	0.9	16.0
16.2	15.9	25.4	31.5	38.5	19.0	8.6	1.2	19.3
18.8	11.2	20.8	28.9	48.7	14.7	16.2	1.0	16.8
23.5	11.8	11.8	29.4	29.4	29.4	11.8		11.8
21.0	12.2	20.7	34.4	38.6	15.4	11.7	1.3	17.0
30.4	14.1	22.5	32.3	36.8	14.4	13.4	1.9	14.5
16.5	11.1	21.5	37.6	46.2	17.1	11.9	1.3	18.4
17.4	13.8	19.8	31.1	32.9	12.0	12.0	1.2	28.1
14.9	7.5	16.0	39.7	44.7	13.8	13.4	1.0	14.5
13.7	5.9	12.9	38.8	42.8	12.5	11.9	0.7	13.2
38.2	10.8	16.9	35.9	16.7	8.0	6.6	1.6	16.8
19.9	8.6	19.0	38.0	43.9	14.5	10.7	0.8	14.5
26.2	10.3	14.4	46.5	9.9	9.1	10.3	1.0	17.4
20.3	17.3	33.2	39.1	24.9	17.7	14.1	1.1	21.3
9.4	12.4	21.2	36.2	48.9	20.3	15.6	2.3	26.1
9.9	17.4	22.1	34.2	38.0	17.9	12.9	1.9	27.8
14.7	22.3	21.6	26.0	46.0	23.1	14.4	3.3	22.5
11.8	22.4	27.9	25.3	41.5	19.0	22.0	3.3	26.6
27.4	21.2	27.4	26.0	34.8	16.6	14.3	2.1	17.7
19.3	28.4	28.1	28.7	32.7	15.8	19.1	1.5	23.2
17.1	9.9	19.9	37.1	44.2	16.0	12.9	1.2	16.5
20.9	12.4	22.5	34.7	39.7	15.3	10.0	1.3	17.3
21.0	14.9	20.9	36.8	41.5	16.9	11.1	1.5	20.1
25.1	13.3	17.6	30.3	38.6	13.4	9.7	1.4	16.6

6-5 续表

项 目	Item	开展创新合作的企业数(个) Enterprises with Cooperation for Product or Process Innovation (unit)	创新合作企业占全部企业的比重(%) Of Total (%)	集团内其他企业 Other Enterprises within the Enterprise Group	高等学校 Universities
北 京	Beijing	4281	18.0	42.1	31.7
天 津	Tianjin	2127	15.2	39.8	30.9
河 北	Hebei	3329	13.8	27.3	30.2
山 西	Shanxi	890	9.9	29.4	42.2
内蒙古	Inner Mongolia	638	9.7	38.6	33.2
辽 宁	Liaoning	1815	11.3	36.2	39.6
吉 林	Jilin	1100	9.1	29.0	31.9
黑龙江	Heilongjiang	627	8.5	34.3	39.6
上 海	Shanghai	4552	18.2	45.1	29.9
江 苏	Jiangsu	18187	21.8	28.3	35.1
浙 江	Zhejiang	17302	24.6	19.6	23.7
安 徽	Anhui	6191	19.9	24.1	41.5
福 建	Fujian	5340	14.9	24.9	27.5
江 西	Jiangxi	3486	17.8	26.5	34.5
山 东	Shandong	10079	14.6	30.2	33.1
河 南	Henan	5021	11.6	25.9	29.5
湖 北	Hubei	5213	18.8	27.8	36.8
湖 南	Hunan	5127	18.9	25.7	31.8
广 东	Guangdong	18667	20.0	28.8	27.4
广 西	Guangxi	1341	11.4	33.0	32.4
海 南	Hainan	210	16.3	42.9	23.8
重 庆	Chongqing	3133	18.3	29.3	24.9
四 川	Sichuan	4504	16.3	28.4	34.6
贵 州	Guizhou	1458	13.6	31.9	31.3
云 南	Yunnan	1917	19.5	29.7	29.3
西 藏	Tibet	58	13.0	31.0	22.4
陕 西	Shaanxi	2410	16.0	28.2	35.4
甘 肃	Gansu	720	13.9	32.1	34.3
青 海	Qinghai	179	12.8	29.1	28.5
宁 夏	Ningxia	442	18.8	29.9	31.0
新 疆	Xinjiang	627	8.8	37.6	28.7

continued

在创新合作企业中，与下列伙伴开展合作的企业占比(%) Share of enterprises cooperate with these partners in enterprises with cooperation for innovation(%)								
研究机构 Public Research institutes	政府部门 Government Departments	行业协会 Industry Associations	供应商 Suppliers	客户 Clients or Customers	竞争对手或同行业企业 Competitors or other Enterprises in this Sector	市场咨询机构 Consultants	风险投资机构 Venture Capital Institutes	其他合作对象 Others
21.1	15.0	20.8	31.0	39.4	16.6	13.2	1.7	15.8
16.3	10.1	16.8	36.9	42.9	15.8	11.1	1.1	15.4
22.5	11.1	18.2	32.4	37.3	14.1	7.7	0.9	17.8
27.2	11.2	15.1	33.3	28.8	11.9	7.3	1.1	17.9
26.0	14.9	18.0	35.4	29.5	13.5	10.3	1.7	18.3
23.4	10.8	16.7	31.2	39.0	12.5	9.2	1.5	14.5
25.9	17.5	19.0	29.5	41.5	15.3	10.2	1.3	20.1
28.7	13.4	17.7	28.9	32.4	12.6	10.0	1.4	16.3
15.1	10.7	21.5	37.6	42.0	16.1	15.2	1.6	14.1
18.3	9.6	19.3	34.3	40.9	14.4	10.3	1.0	14.0
13.6	7.6	18.1	37.5	51.1	16.6	13.4	0.7	16.6
21.5	12.9	21.8	37.1	44.5	15.7	12.1	1.3	18.0
16.3	11.2	22.6	39.1	46.3	17.8	12.1	1.4	22.2
21.1	11.7	23.1	34.3	36.7	14.6	10.5	1.4	19.0
22.5	12.0	20.8	31.7	37.5	13.4	9.7	1.2	15.0
20.0	12.0	22.4	33.4	39.8	15.9	10.1	1.1	13.3
18.7	11.1	21.9	35.3	41.0	16.4	9.4	1.5	18.3
21.7	14.1	24.8	32.8	36.5	14.1	8.3	1.2	18.1
15.1	9.3	20.8	43.8	47.4	18.0	17.4	1.8	18.5
21.1	15.8	20.2	36.6	41.4	18.0	11.0	1.6	22.2
28.6	13.8	15.7	34.8	27.1	15.7	12.4	1.0	22.4
16.5	12.9	22.4	40.1	45.8	18.6	11.4	1.2	20.1
19.2	13.1	22.9	33.7	43.0	16.9	11.1	1.4	18.7
26.1	15.2	19.5	35.3	37.3	15.0	10.6	1.5	23.8
22.9	15.9	20.0	42.4	44.6	17.9	13.5	1.4	20.8
12.1	10.3	19.0	51.7	25.9	19.0	12.1	1.7	19.0
22.1	17.7	20.5	35.1	41.7	16.4	10.2	1.8	19.9
24.2	18.6	20.0	33.2	37.1	16.4	10.1	1.4	20.3
25.7	16.8	15.6	35.2	31.8	17.9	10.6	1.7	25.7
23.5	17.2	18.8	40.5	36.0	16.1	10.0	1.4	17.9
23.1	16.3	15.6	38.6	34.5	14.2	9.4	1.6	18.0

6-6 规模(限额)以上企业组织和
Enterprises above Designated Size with

项　目	Item	实现组织或营销创新企业数(个) Number of Organizational or Marketing Innovators (unit)
总　计	**Total**	**232402**
一、按规模分	**by Size of Enterprises**	
大型企业	Large-sized Industrial Enterprises	11837
中型企业	Medium-sized Industrial Enterprises	53236
小型企业	Small -sized Industrial Enterprises	153643
微型企业	Micro-sized Industrial Enterprises	13686
二、按登记注册类型分	**by Status of Registration**	
内资企业	Domestic Funded	210787
国有企业	State-owned Enterprises	2808
集体企业	Collective-owned Enterprises	1041
股份合作企业	Cooperative Enterprises	358
联营企业	Joint Ownership Enterprises	64
有限责任公司	Limited Liability Corporations	69160
股份有限公司	Share-holding Corporations Ltd.	11517
私营企业	Private Enterprises	125424
其他企业	Other Enterprises	415
港、澳、台商投资企业	Enterprises with Funds from Hong Kong, Macau and Taiwan	10524
外商投资企业	Foreign Funded Enterprises	11091
三、按行业分	**by Industrial Sector**	
采矿业	Mining	1870
制造业	Manufacturing	128435
电力、热力、燃气及水生产和供应业	Production and Supply of Electricity,Heat, Gas and Water	2476
建筑业	Construction	11158
批发和零售业	Wholesale and Retail Trades	50955
交通运输、仓储和邮政业	Transport,Storage and Post	8576
信息传输、软件和信息技术服务业	Information Transmission,Software and Information Technology	10594
租赁和商务服务业	Leasing and Business Services	9545
科学研究和技术服务业	Scientific Research and Technical Services	7024
水利、环境和公共设施管理业	Management of Water Conservancy, Environment and Public Facilities	1769
四、按地区分	**by Region**	
东部地区	Eastern Region	141034
中部地区	Middle Region	47685
西部地区	Western Region	35840
东北地区	Northeast Region	7843

营销创新情况(2017年)
Organizational or Marketing Innovation(2017)

#实现组织创新企业 Organizational Innovators	#实现营销创新企业 Marketing Innovators	在全部企业中占比(%) Of Total(%)		
		实现组织或营销创新企业 Organizational or Marketing Innovators	#实现组织创新企业 Organizational Innovators	#实现营销创新企业 Marketing Innovators
187720	**174010**	**31.0**	**25.1**	**23.2**
10310	8651	55.4	48.2	40.5
44311	38881	37.8	31.5	27.6
122530	116516	30.5	24.4	23.2
10569	9962	16.4	12.6	11.9
170569	158485	30.8	24.9	23.1
2455	1575	24.9	21.8	14.0
850	665	17.1	14.0	10.9
279	257	21.5	16.7	15.4
48	45	21.3	15.9	15.0
56814	50358	31.3	25.7	22.8
9869	8889	47.9	41.0	37.0
99931	96371	29.9	23.9	23.0
323	325	17.1	13.3	13.4
8373	7813	34.3	27.3	25.5
8778	7712	33.8	26.7	23.5
1657	1035	16.9	15.0	9.4
103167	101309	36.7	29.4	28.9
2222	1131	22.1	19.8	10.1
10501	4939	25.3	23.8	11.2
37829	41059	25.3	18.8	20.4
7453	4869	19.6	17.1	11.1
9194	8019	50.5	43.9	38.3
8000	6292	25.0	20.9	16.5
6257	4118	32.4	28.8	19.0
1440	1239	28.7	23.4	20.1
112806	103903	32.0	25.6	23.6
38748	37894	30.2	24.5	24.0
29825	26422	31.1	25.9	22.9
6341	5791	22.1	17.9	16.3

6-6 续表

项　目	Item	实现组织或营销创新企业数（个） Number of Organizational or Marketing Innovators (unit)
北　京	Beijing	7027
天　津	Tianjin	4061
河　北	Hebei	7651
山　西	Shanxi	2136
内蒙古	Inner Mongolia	1634
辽　宁	Liaoning	3727
吉　林	Jilin	2518
黑龙江	Heilongjiang	1598
上　海	Shanghai	7243
江　苏	Jiangsu	27965
浙　江	Zhejiang	23672
安　徽	Anhui	11401
福　建	Fujian	11312
江　西	Jiangxi	5743
山　东	Shandong	22504
河　南	Henan	11417
湖　北	Hubei	8876
湖　南	Hunan	8112
广　东	Guangdong	29196
广　西	Guangxi	2968
海　南	Hainan	403
重　庆	Chongqing	5431
四　川	Sichuan	9261
贵　州	Guizhou	3052
云　南	Yunnan	3616
西　藏	Tibet	148
陕　西	Shaanxi	5125
甘　肃	Gansu	1676
青　海	Qinghai	391
宁　夏	Ningxia	829
新　疆	Xinjiang	1709

continued

		在全部企业中占比(%) Of Total(%)		
#实现组织创新企业 Organizational Innovators	#实现营销创新企业 Marketing Innovators	实现组织或营销创新企业 Organizational or Marketing Innovators	#实现组织创新企业 Organizational Innovators	#实现营销创新企业 Marketing Innovators
5735	4590	29.6	24.1	19.3
3434	2670	29.1	24.6	19.1
5944	5346	31.7	24.6	22.1
1730	1503	23.8	19.3	16.7
1331	1127	24.7	20.1	17.1
3014	2722	23.2	18.8	17.0
2060	1899	20.8	17.1	15.7
1267	1170	21.6	17.1	15.8
5753	5048	29.0	23.0	20.2
22636	20127	33.5	27.1	24.1
18810	18099	33.6	26.7	25.7
9250	9221	36.6	29.7	29.6
8546	8362	31.5	23.8	23.3
4742	4656	29.3	24.2	23.8
18334	16825	32.7	26.6	24.4
9132	9043	26.4	21.1	20.9
7292	6860	31.9	26.2	24.7
6602	6611	29.9	24.3	24.4
23283	22553	31.3	25.0	24.2
2386	2189	25.2	20.2	18.6
331	283	31.4	25.8	22.0
4568	4088	31.7	26.7	23.9
7681	6754	33.6	27.9	24.5
2575	2326	28.4	24.0	21.7
3082	2808	36.7	31.3	28.5
127	104	33.3	28.5	23.4
4261	3813	34.1	28.4	25.4
1396	1222	32.5	27.0	23.7
326	287	28.0	23.3	20.5
696	586	35.2	29.5	24.9
1396	1118	23.9	19.5	15.6

6-7 规模(限额)以上企业创新
Innovation Strategic Objectives in

项　目	Item	制定创新战略目标的企业数(个) Number of Enterprises with Innovation Strategic Objectives (unit)	制定创新战略目标企业占全部企业的比重(%) Of Total (%)
总　计	**Total**	**376986**	**50.7**
#有创新活动的企业	Innovation-active Enterprises	232424	77.9
#有技术创新活动的企业	Technological Innovation-active Enterprises	166323	82.7
一、按规模分	**by Size of Enterprises**		
大型企业	Large-sized Industrial Enterprises	16703	78.4
中型企业	Medium-sized Industrial Enterprises	82617	58.9
小型企业	Small -sized Industrial Enterprises	252754	50.4
微型企业	Micro-sized Industrial Enterprises	24912	30.7
二、按登记注册类型分	**by Status of Registration**		
内资企业	Domestic Funded	340146	50.0
国有企业	State-owned Enterprises	5384	48.3
集体企业	Collective-owned Enterprises	2033	33.8
股份合作企业	Cooperative Enterprises	641	38.9
联营企业	Joint Ownership Enterprises	109	36.8
有限责任公司	Limited Liability Corporations	113899	51.9
股份有限公司	Share-holding Corporations Ltd.	16118	67.3
私营企业	Private Enterprises	201224	48.4
其他企业	Other Enterprises	738	31.0
港、澳、台商投资企业	Enterprises with Funds from Hong Kong, Macau and Taiwan	17225	56.6
外商投资企业	Foreign Funded Enterprises	19615	60.0
三、按行业分	**by Industrial Sector**		
采矿业	Mining	3845	35.3
制造业	Manufacturing	200468	57.7
电力、热力、燃气及水生产和供应业	Production and Supply of Electricity,Heat, Gas and Water	5337	47.7
建筑业	Construction	21384	50.0
批发和零售业	Wholesale and Retail Trades	81818	40.7
交通运输、仓储和邮政业	Transport,Storage and Post	16979	38.9
信息传输、软件和信息技术服务业	Information Transmission,Software and Information Technology	14999	71.7
租赁和商务服务业	Leasing and Business Services	17212	45.2
科学研究和技术服务业	Scientific Research and Technical Services	12008	55.6
水利、环境和公共设施管理业	Management of Water Conservancy, Environment and Public Facilities	2936	47.9

战略目标制定情况(2017年)
Enterprises above Designated Size(2017)

在制定创新战略目标企业中，制定下列目标的企业占比(%) Share of Enterprises with these Objectives(%)					
保持本领域的国际领先地位 Maintain International Leading Level	赶超同行业国际领先企业 Try to Catch up with International Leading Level	赶超同行业国内领先企业 Try to Catch up with National Leading Level	增加创新投入，提升企业竞争力 Increase Input and Improve Competitiveness	保持现有的技术水平和生产经营状况 Maintain the Current Level	其他目标 Other Objectives
4.1	**5.7**	**20.2**	**51.7**	**17.9**	**0.4**
4.8	7.0	22.8	53.4	11.7	0.2
5.5	8.1	23.6	54.2	8.5	0.2
9.3	11.1	25.1	46.7	7.4	0.4
4.9	6.7	22.3	51.0	14.7	0.4
3.5	5.2	19.6	52.5	18.9	0.3
3.4	4.1	15.7	50.2	26.0	0.6
3.2	5.2	20.4	52.5	18.3	0.3
3.0	3.8	15.0	54.2	23.0	0.9
1.7	2.5	9.4	53.4	32.5	0.5
2.5	3.1	15.4	54.1	24.5	0.3
6.4	4.6	14.7	49.5	24.8	
3.4	5.4	21.2	51.9	17.6	0.4
6.0	8.7	24.0	50.6	10.3	0.3
2.9	4.9	20.0	53.0	19.0	0.3
2.6	3.1	9.5	51.2	32.4	1.2
8.7	9.5	20.1	47.0	14.3	0.4
14.6	11.0	16.7	42.8	14.4	0.5
2.0	2.9	12.9	51.2	30.7	0.3
4.6	6.8	21.1	52.2	15.2	0.2
4.3	5.0	23.1	44.2	22.4	0.9
1.7	2.6	15.6	56.8	23.0	0.3
3.4	4.4	18.9	49.9	22.7	0.6
2.7	4.0	18.7	48.1	25.6	0.8
5.3	6.4	23.6	55.8	8.5	0.4
4.4	4.8	20.5	51.5	18.0	0.8
4.8	6.1	21.9	50.7	16.0	0.4
2.2	3.1	17.4	57.6	19.3	0.5

6-7 续表

项　目	Item	制定创新战略目标的企业数(个) Number of Enterprises with Innovation Strategic Objectives (unit)	制定创新战略目标企业占全部企业的比重(%) Of Total (%)
四、按地区分	**by Region**		
东部地区	Eastern Region	224755	51.5
中部地区	Middle Region	79368	50.5
西部地区	Western Region	57734	50.5
东北地区	Northeast Region	15129	42.7
北　京	Beijing	13271	56.8
天　津	Tianjin	7001	50.5
河　北	Hebei	11594	48.3
山　西	Shanxi	4250	47.7
内蒙古	Inner Mongolia	2836	43.1
辽　宁	Liaoning	7346	45.9
吉　林	Jilin	4819	39.9
黑龙江	Heilongjiang	2964	40.1
上　海	Shanghai	13430	54.6
江　苏	Jiangsu	44410	53.4
浙　江	Zhejiang	38340	54.5
安　徽	Anhui	17868	57.7
福　建	Fujian	15910	44.7
江　西	Jiangxi	9201	47.1
山　东	Shandong	33514	49.2
河　南	Henan	20549	47.7
湖　北	Hubei	14475	52.4
湖　南	Hunan	13025	48.2
广　东	Guangdong	46625	50.4
广　西	Guangxi	5520	46.9
海　南	Hainan	660	51.6
重　庆	Chongqing	8317	49.2
四　川	Sichuan	14252	52.1
贵　州	Guizhou	4886	45.9
云　南	Yunnan	5504	56.3
西　藏	Tibet	238	53.6
陕　西	Shaanxi	8071	54.0
甘　肃	Gansu	2707	52.7
青　海	Qinghai	704	50.6
宁　夏	Ningxia	1325	56.5
新　疆	Xinjiang	3374	47.4

continued

在制定创新战略目标企业中，制定下列目标的企业占比(%) Share of Enterprises with these Objectives(%)					
保持本领域的国际领先地位 Maintain International Leading Level	赶超同行业国际领先企业 Try to Catch up with International Leading Level	赶超同行业国内领先企业 Try to Catch up with National Leading Level	增加创新投入，提升企业竞争力 Increase Input and Improve Competitiveness	保持现有的技术水平和生产经营状况 Maintain the Current Level	其他目标 Other Objectives
4.7	6.4	20.7	50.8	17.1	0.3
2.9	4.6	19.8	53.4	19.0	0.3
3.1	4.3	18.5	54.6	19.0	0.5
5.7	5.7	21.2	46.6	20.5	0.4
6.5	7.2	23.3	47.5	15.0	0.5
6.0	6.6	21.6	46.3	19.0	0.5
3.9	5.5	21.8	49.8	18.7	0.3
2.5	4.3	18.9	50.1	23.6	0.6
4.0	4.6	19.4	49.8	21.8	0.4
6.3	6.6	22.3	45.1	19.3	0.4
4.8	4.8	19.9	49.4	20.6	0.4
5.4	4.8	20.3	45.8	23.3	0.4
9.6	9.3	22.0	42.9	15.6	0.5
4.5	6.3	21.3	50.5	17.1	0.3
3.9	6.7	20.9	52.0	16.0	0.4
2.9	4.5	19.9	55.6	16.9	0.3
3.6	5.2	18.6	53.2	19.2	0.2
3.6	5.8	22.4	52.0	15.9	0.3
3.5	5.3	19.6	51.3	20.1	0.2
2.2	3.6	17.6	53.6	22.7	0.2
3.1	5.5	20.6	51.6	19.0	0.3
3.1	4.8	20.9	54.0	16.9	0.3
4.6	6.6	19.9	53.0	15.4	0.4
2.8	3.9	17.2	55.2	20.5	0.5
4.5	5.3	20.2	51.5	18.0	0.5
3.1	4.3	18.6	55.1	18.5	0.4
3.0	4.4	19.1	54.3	18.8	0.4
3.5	4.8	19.3	53.9	17.9	0.5
3.2	3.9	16.5	57.9	18.0	0.5
3.4	5.0	19.7	49.6	20.2	2.1
2.9	4.5	19.8	54.8	17.5	0.5
2.6	4.2	17.5	56.3	18.5	0.8
2.7	4.0	17.8	55.5	19.9	0.1
2.8	4.1	18.4	55.6	18.0	1.1
2.9	3.7	17.7	50.9	23.8	1.0

七、国家科技计划

National Program for Science and Technology Development

7-1 国家主要科技计划基本情况
Appropriation for S&T by Central Government in the Main Programs of S&T

单位：万元 (10 000 yuan)

项 目	Item	2008	2009	2010	2011	2012	2013	2014	2015	2016
863计划	863 Program	559200	511500	511500	511500	551500	520263	515265	196862	196862
基础研究计划	Basic Research Program									
国家自然科学基金	National Natural Science Fund	535851	642697	1038109	1404343	1700000	1616241	1940284	2584293	2680331
国家重点基础研究发展计划（973计划）	National Key Basic Research Program of China	150415	189976	271813	309245	267819	282811	299103	268467	297109
国家重大科学研究计划	National Major Scientific Research Program of China	39585	70024	128187	140756	132181	122710	135517	166255	124650
国家重点研发计划	National Key R&D Program of China									1035418
科技支撑计划	Key Technologies R&D Program	506556	500000	500000	550000	642555	612553	651080	695000	276709
科技基础条件建设	S&T Basic Conditional Construction Program									
国家重点实验室建设计划	State Key Laboratory Construction Program	216774	291695	275922	296081	337768	289089	304500	1148096	357900
国家工程技术研究中心	National Engineering Research Centres		10300	10500	19500	10500	9893	9893	9893	9893
科技基础性工作专项	S&T Basic Work	15000	15048	15515	18350	22506	23937	18000	23000	79672
科技成果转化引导基金	National Fund for Technology Transfer and Commercialization									178607
科技型中小企业技术创新基金	Innovation Fund for Small Technology-based Firms	162109	348357	429709	463999	511385	512105		113600	86373

注：表中各项国家主要科技计划及相关内容依据“十三五”国家科技计划体系。
Note: In the table, the main program plans of S&T and its related contents base on "the Thirteen Five" National S&T Programs.

7-2 国家科技支撑计划/国家科技攻关计划①中央财政拨款
Appropriation for S&T by Central Government in Key Technologies R&D Program

单位：万元 (10 000 yuan)

项　目	Item	2008	2009	2010	2011	2012	2013	2014	2015	2016
合　计	**Total**	**506556**	**500000**	**500000**	**550000**	**642555**	**612553**	**651080**	**695000**	**276709**
能　源②	Energy	24148	15863	15532	17635	23810	21981	23998	30641	6552
资　源③	Resource	43393	42771	34322	36265	27686	25498	32015	35176	23157
环　境	Environment	33188	37681	38827	47399	39015	42059	51695	46046	29273
农　业	Agriculture	102004	96600	110132	131919	115032	112191	130599	153325	61938
材　料	Material	51483	53625	41434	51134	62411	56999	44380	26539	5497
制造业	Manufacture	45199	28749	14873	24403	35460	34171	35951	44221	16274
交通运输	Traffic and Transport	30795	71304	78626	54087	31545	37648	47241	86887	30039
信息产业与现代服务业	Information and Services	46562	41036	52849	72237	152096	133962	122905	73434	16638
人口与健康	Population and Health	47422	46871	61482	52584	69878	58184	65651	77155	36661
城镇化与城市发展	Urbanization and Urban Development	26845	26127	18069	30451	36264	45670	44703	62993	14375
公共安全及其他社会事业④	Public Security and Other Social Undertakings	55517	39373	33854	31886	49358	43490	51942	58583	36306

注：①2005年及以前为国家科技攻关计划，自2006年起为国家科技支撑计划。
②2001-2005年数据包括交通运输领域。
③2001-2005年数据包括环境领域。
④2001-2005年数据包括城镇化与城市发展领域。

Note: a) Data before 2005 refer to S&T programs for tackling key programs and adjust to S&T support programs from 2006.
b) Data from 2001 to 2005 contain the field of transportation.
c) Data from 2001 to 2005 contain the field of environment.
d) Data from 2001 to 2005 contain the fields of urbanization and urban development.

7-3 国家重点基础研究发展计划(973计划)中央财政拨款
Appropriation for S&T by Central Government in National Key Basic Research Program of China

单位：万元 (10 000 yuan)

项　目	Item	2008	2009	2010	2011	2012	2013	2014	2015	2016
合　计	**Total**	**150415**	**189976**	**271813**	**309245**	**267819**	**282811**	**299103**	**268467**	**297109**
农　业	Agriculture Science	16982	22860	21961	25959	31268	25312	28479	27416	31386
能　源	Energy Science	16811	24038	29658	32051	18967	23193	25614	28619	26786
信　息	Information Science	15302	20310	27367	40940	21288	29332	30487	28318	37306
资源环境	Environment Science	18156	23698	24155	21831	28330	20613	24818	23451	24397
健　康	Health Science	26059	31976	34108	40276	49087	36326	40049	36428	38926
材　料	Materials Science	18889	21300	30326	31417	19918	28114	27811	24634	24588
制造与工程	Manufacturing and Infrastructural Engineering Science				13541	11060	10453	26510	27373	35371
综合交叉①	Synthesis Science	17527	23547	66691	68863	38671	65628	46751	33166	32128
重大科学前沿	Forefront of Major Science	20689	22248	37547	34367	49230	43840	48584	39062	46221
其它	Others									

注：2005年数据包括重大科学前沿。

Note: Data 2005 contain forefront of major science.

7-4 国家重大科学研究计划中央财政拨款
Appropriation for S&T by Central Government in National Major Scientific Research Program of China

单位：万元 (10 000 yuan)

项　目	Item	2009	2010	2011	2012	2013	2014	2015	2016
合　计	**Total**	**70024**	**128187**	**140756**	**132181**	**122710**	**135517**	**166255**	**124650**
纳米研究	Nano Studies	24005	34889	42353	34905	35587	35963	42985	28646
量子调控研究	Quantum Regulation Studies	12499	15876	21694	18697	19085	18944	26954	15897
蛋白质研究	Protein Studies	15446	16070	28673	24406	22651	26680	31499	26199
发育与生殖研究	Growth and Reproduction Studies	18074	20729	27617	20719	17471	18053	23836	16276
干细胞研究	Stem Cell Studies		12287	4941	9376	11724	14202	19950	15391
全球变化研究	Global Change Studies		28336	15478	24078	16192	21675	21031	22241

7-5 国家自然科学基金资助项目经费
Project Funding Approved by the National Natural Science Foundation of China

单位：万元 (10 000 yuan)

项　目	Item	2009	2010	2011	2012	2013	2014	2015	2016	2017
总　计	**Total**	**705392**	**965315**	**1827450**	**2365585**	**2352354**	**2506310**	**2584293**	**2680331**	**2986659**
面上项目	General Programs	330516	452450	898941	1248000	1200000	1193487	1220262	1212115	1272818
重点项目	Key Programs	72408	96450	142500	156700	166300	204620	212480	203864	236141
重大项目	Major Program	11000	16000	22500	32200	39000	39000	37647	41665	77678
重大研究计划	Major Research Plan	33379	48605	62213	71023	72605	83079	83497	83989	99292
联合基金项目	Program of Joint Funds with other Institutions	18008	16790	36900	47787	50964	73312	100126	133213	146034
国家杰出青年科学基金(包括外籍)	Projects of National Distinguished Young Scientists (including Foreign)	35020	38820	38760	38980	38760	77760	77640	77640	77640
优秀青年科学基金	Excellent Young Scientists Fund				40000	39900	40000	59980	60000	59850
青年科学基金项目*	Young Scientists Fund	120304	164600	311710	337500	370000	398943	380000	370892	476326
地区科学基金项目*	Regional Fund	22180	33560	99920	120000	120000	130750	130690	130101	130694
海外及港澳学者合作研究基金项目	Programs of Joint Research for Oversea Scientists	1540	1660	4000	6340	6400	6640	6320	6300	6800
创新研究群体项目	Programs of Innovation Research Teams	26480	34660	38460	36900	39660	68160	68760	67560	49920
国家重大科研仪器设备研制专项	Special Fund for Research on National Major Research Instruments and Facilities				108700	91300	99767	98487	93933	104531
应急管理项目	Management Program for Emergency						26955	26570	34566	39510
数学天元基金	Tianyuan Fund of Mathematics						2500	2500	2500	2500
国际合作研究项目	International Cooperation Research Projects						53101	71090	93826	112447
外国青年学者研究基金项目	Research Foundation Projects for Young Scholars of Foreign						1996	3299	3543	5313
国际合作与交流	International Cooperation and Exchange	16895	28934	47814	57813	63691	6241	4946	7580	7246
基础科学中心项目	Programs of Basic Science Centres								57043	81919

注："青年科学基金项目"和"地区科学基金项目"自2007年开始从原"面上项目"中分出。
Note: Date of "Youth Scientists Fund" and "Regional Fund" seperated from "General Programs" in 2007.

7-6 分部门国家自然科学基金资助项目经费(2017年)
Project Funding Approved by the National Natural Science Foundation of China by Sectors (2017)

单位：万元 (10 000 yuan)

项 目	Item	合 计 Total	高等学校 Higher Education	#教育部所属院校 Subordinated Directly to Ministry of Education	科研机构 Research Institution	#中国科学院 China Academy of Sciences	其 他 Others
总 计	**Total**	**2986659**	**2357693**	**1292211**	**591608**	**404866**	**37358**
面上项目	General Programs	1272818	1047355	580601	211409	136725	14054
重点项目	Key Programs	236141	183971	127745	50738	40987	1432
重大项目	Major Program	77678	58646	43312	18787	16397	245
重大研究计划项目	Major Research Plan	99292	70962	50397	28258	22875	72
国际(地区)合作研究项目		112447	84505	57118	25795	20952	2147
青年科学基金项目	Young Scientists Fund	476326	385510	153324	82820	40949	7996
地区科学基金项目	Regional Fund	130694	118074		8042		4579
优秀青年科学基金项目	Excellent Young Scientists Fund	59850	48300	33750	11550	9300	
国家杰出青年科学基金项目	Projects of National Distinguished Young Scientists	77640	56560	45080	21080	18280	
创新研究群体项目	Programs of Innovation Research Teams	49920	36720	30480	11400	11400	1800
海外及港澳学者合作研究基金项目	Programs of Joint Research for Oversea Scientists	6800	5400	3840	1360	1100	40
国家重大科研仪器研制项目	Special Fund for Research on National Major Research Instruments and Facilities	104531	74804	43605	28831	27224	895
联合基金项目	Program of Joint Funds with other Institutions	146034	111388	61606	33920	25641	726
国际(地区)合作交流项目	International Cooperation and Exchange	7246	3358	2503	1030	884	2858
应急管理项目	Management Program for Emergency	39510	25617	14688	13427	10808	466
外国青年学者研究基金项目	Research Foundation Projects for Young Scholars of Foreign	5313	3851	2256	1414	1083	48
数学天元基金	Tianyuan Fund of Mathematics	2500	2412	1647	88	50	
基础科学中心项目	Programs of Basic Science Centres	81919	40260	40260	41660	20213	

7-7 国家重点实验室
State Key Laboratories and National

项　目	Item	实验室数(个) Number of Laboratories (unit)①	实验室人员 Personnel of Laboratories 固定人员(人) Full-time Personnel (person)	客座人员(人) Guest Researchers (person)
总　计	**Total**	**260**	**24664**	**12341**
工业与信息化部	Ministry of Industry and Information Technology of the People's Republic of China	8	648	293
国家卫生和计划生育委员会	National Health and Family Planning Commission of China	8	622	218
教育部	Ministry of Education	133	11638	6200
农业部	Ministry of Agriculture	6	420	307
水利部	Ministry of Water Resources	1	83	8
环境保护部	Ministry of Environmental Protection	1	95	33
国家林业局	State Forestry Administration	1	93	13
中国科学院	Chinese Academy of Sciences	81	8417	3861
中国地震局	China Earthquake Administration	1	88	63
中国气象局	China Meteorological Administration	1	92	45
国家海洋局	State Oceanic Administration People's Republic of China	1	54	72
中央军委后勤保障部	Central Military Commission Logistical Support Department	3	261	8
中央军委训练管理部	Central Military Commission Training Department	3	214	54
河北省科学技术厅	Hebei Science and Technology Department	1	82	1
陕西省科学技术厅	Shaanxi Science and Technology Deparment	1	65	43
山西省科学技术厅	The Shanxi Science and Technology Department	1	73	30
四川省科学技术厅	Science and technology Bureau of Sichuan Province	2	191	162
江苏省科学技术厅	Jiangsu Science and Technology Department	2	187	49
山东省科学技术厅	Department of Science and Technology of Shandong Province	1	97	78
广东省科学技术厅	Guangdong Science and Technology Department	1	51	7
广西壮族自治区科学技术厅	Guangxi Science and Technology Department	1	95	53
湖南省科学技术厅	Hunan Science and Technology Department	1	87	34
青岛海洋科学与技术试点国家实验室	Qingdao National Laboratory for Marine Science and Technology	1	1011	709

注：统计范围为学科类国家重点实验室。

运行情况(2017年)
Laboratories Operation By Sectors (2017)

研究经费 Funds		科研项目 Projects		获奖成果(项)	发表论文(篇)	毕业研究生(人)
筹集(万元) R&D Founds (10 000 yuan)	支出(万元) R&D Expenditure (10 000 yuan)	项数(项) R&D Projects (item)	经费(万元) Funds (10 000 yuan)	Achievements Awarded (item)②	Paper Published (piece)	Graduated Masters & Doctors (person)
526788	**448931**	**44520**	**2374595**	**127**	**70896**	**30715**
11938	11448	866	64713	3	2274	1268
5940	5930	796	43840		1188	366
227890	202309	25539	1200003	86	44042	22070
4646	4646	962	55836	2	1330	488
6189	5200	179	13807	1	391	42
2792	1948	90	16356	3	195	42
685	685	97	6689		102	108
220388	177505	12263	754761	24	16020	4186
1299	1056	83	1671	1	154	24
		58	4464		282	23
5487	4570	59	3500		93	13
1530	1213	208	26961		398	163
1890	605	183	7120		254	134
855	844	145	2515	1	367	60
3280	3280	167	5418		208	152
810	810	103	5586		139	40
4192	830	343	11739	1	909	658
3185	2881	334	16467	2	498	286
720	720	90	4478	1	150	267
720	500	44	2113		219	86
630	231	237	7017		166	167
650	650	130	6849	1	88	71
21072	21072	1544	112688	1	1429	1

7-8 全国创业风险投资基本情况
Basic Statistics on National VC Capital

项目	Item	2008	2009	2010	2011	2012	2013	2014	2015	2016	2017
一、机构数（个）	**No. of VC Firms (unit)**	**464**	**576**	**720**	**860**	**942**	**1408**	**1551**	**1775**	**2045**	**2296**
二、管理资本总额（亿元）	**VC Capital under Management (100 Million Yuan)**	**1455.7**	**1605.1**	**2406.6**	**3198.0**	**3312.9**	**3573.9**	**5232.4**	**6653.3**	**8277.1**	**8872.5**
三、投资强度（万元/项）	**Avg. VC Deals Size (10 000 yuan/unit)**	**1041.3**	**1059.8**	**1356.5**	**1550.5**	**1322.7**	**1282.1**	**1129.5**	**1360.2**	**1842.0**	**3145.8**
四、累计投资	**Cumulative Investment**										
1.累计投资项目数（项）	No. of Cumulative Deals(unit)	6796	7435	8693	9978	11112	12149	14118	17376	19296	20674
#累计投资高新技术企业(项目)数	In Hi-tech Deals	3845	4737	5160	5940	6404	6779	7330	8047	8490	8851
2.累计投资金额（亿元）	Cumulative Capital (100 Million Yuan)	769.7	906.2	1491.3	2036.6	2355.1	2634.1	2933.6	3361.2	3765.2	4110.2
#累计投资高新技术企业(项目)额	In Hi-tech Deals	427.4	405.1	808.8	1038.6	1193.1	1302.1	1401.9	1493.1	1566.8	1627.3
五、投资轮次（%）	**Investment Rounds (%)**										
首轮投资	First	84.5	82.7	86.2	83.4	80.1	77.5	68.1	62.7	69.0	72.7
后续投资	Follows-on	15.5	17.3	13.8	16.6	19.9	22.5	31.9	37.3	31.0	27.3
六、投资阶段	**Investment Stages**										
1.按投资项目分（%）	By Investment Deal (%)										
种子期	Seed	19.3	32.2	19.9	9.7	12.3	18.3	20.8	18.2	19.6	17.8
起步期	Startup	30.2	20.3	27.1	22.7	28.7	32.5	36.5	35.6	38.9	39.5
成长(扩张)期	Expansion	34.0	35.2	40.9	48.3	45.0	38.2	36.0	40.1	35.0	36.2
成熟(过渡)期	Maturity	12.1	9.0	10.0	16.7	13.2	10.0	6.5	5.4	5.7	5.9
重建期	Turn Around	4.4	3.4	2.2	2.6	0.8	1.0	0.3	0.7	0.8	0.6
2.按投资金额分（%）	By Investment Amt. (%)										
种子期	Seed	9.4	19.9	10.2	4.3	6.6	12.2	4.6	8.1	4.3	4.5
起步期	Startup	19.0	12.8	17.4	14.8	19.3	22.4	20.7	21.5	30.3	20.8
成长(扩张)期	Expansion	38.5	45.0	49.2	55.0	52.0	41.4	66.4	54.5	38.5	44.7
成熟(过渡)期	Maturity	26.5	18.5	20.2	22.3	21.5	22.8	8.3	15.2	26.3	29.8
重建期	Turn Around	6.6	3.7	3.0	3.6	0.6	1.2		0.7	0.6	0.2
七、退出方式（%）	**Exit (%)**										
上市	IPO	22.7	25.3	29.8	29.4	29.4	24.3	20.8	15.5	15.5	13.7
收购	Acquisition	23.2	33.0	28.6	30.0	18.9	26.3	36.0	31.0	31.0	32.7
回购	Buyback	34.8	35.3	32.8	32.3	45.0	44.8	36.0	37.5	37.5	34.8
清算	Liquidation	9.2	6.3	6.9	3.2	6.7	4.6	4.8	6.5	6.5	8.9
其它	Others	10.1						2.4	9.5	9.5	9.9

八、科技活动成果

Results of Science and Technology Activities

8-1 国内专利申请数
Domestic Patent Applications

单位：件 (piece)

地区	Region	1995	2000	2005	2010	2011	2012	2013	2014	2015	2016	2017
全国	**National Total**	**69535**	**140339**	**383157**	**1109428**	**1504670**	**1912151**	**2234560**	**2210616**	**2639446**	**3305225**	**3536333**
北京	Beijing	6362	10344	22572	57296	77955	92305	123336	138111	156312	189129	185928
天津	Tianjin	1648	2789	11657	25973	38489	41009	60915	63422	79963	106514	86996
河北	Hebei	2707	3848	6401	12295	17595	23241	27619	30000	44060	54838	61288
山西	Shanxi	917	1475	1985	7927	12769	16786	18859	15687	14948	20031	20697
内蒙古	Inner Mongolia	647	1138	1455	2912	3841	4732	6388	6359	8876	10672	11701
辽宁	Liaoning	4449	7151	15672	34216	37102	41152	45996	37860	42153	52603	49871
吉林	Jilin	1389	2501	4101	6445	8196	9171	10751	11933	14800	18922	20450
黑龙江	Heilongjiang	2569	3106	6050	10269	23432	30610	32264	31856	34611	35293	30958
上海	Shanghai	2456	11337	32741	71196	80215	82682	86450	81664	100006	119937	131740
江苏	Jiangsu	4078	8211	34811	235873	348381	472656	504500	421907	428337	512429	514402
浙江	Zhejiang	4042	10316	43221	120742	177066	249373	294014	261435	307264	393147	377115
安徽	Anhui	1026	1877	3516	47128	48556	74888	93353	99160	127709	172552	175872
福建	Fujian	1979	4211	9460	21994	32325	42773	53701	58075	83146	130376	128079
江西	Jiangxi	1008	1557	2815	6307	9673	12458	16938	25594	36936	60494	70591
山东	Shandong	4624	10019	28835	80856	109599	128614	155170	158619	193220	212911	204859
河南	Henan	2386	3823	8981	25149	34076	43442	55920	62434	74373	94669	119240
湖北	Hubei	2004	3486	11534	31311	42510	51316	50816	59050	74240	95157	110234
湖南	Hunan	2628	4117	8763	22381	29516	35709	41336	44194	54501	67779	77934
广东	Guangdong	7729	21123	72220	152907	196272	229514	264265	278358	355939	505667	627834
广西	Guangxi	1231	1762	2379	5117	8106	13610	23251	32298	43696	59239	56988
海南	Hainan	183	502	498	1019	1489	1824	2359	2416	3127	3658	4564
重庆	Chongqing	318	1780	6260	22825	32039	38924	49036	55298	82791	59518	64648
四川	Sichuan	2868	4496	10567	40230	49734	66312	82453	91167	110746	142522	167484
贵州	Guizhou	562	986	2226	4414	8351	11296	17405	22467	18295	25315	34610
云南	Yunnan	959	1710	2556	5645	7150	9260	11512	13343	17603	23709	28695
西藏	Tibet	11	28	102	162	263	170	203	248	309	712	1097
陕西	Shaanxi	1721	2080	4166	22949	32227	43608	57287	56235	74904	69611	98935
甘肃	Gansu	546	798	1759	3558	5287	8261	10976	12020	14584	20276	24448
青海	Qinghai	100	174	216	602	732	844	1099	1534	2590	3284	3181
宁夏	Ningxia	169	341	516	739	1079	1985	3230	3532	4394	6149	8575
新疆	Xinjiang	609	1088	1851	3560	4736	7044	8224	10210	12250	14105	14260
香港	Hongkong	655	1374	2645	2980	3171	3168	3322	3242	3319	4552	3907
澳门	Macao		13	27	32	36	65	147	84	213	221	206
台湾	Taiwan	4955	10778	20599	22419	22702	23349	21465	20804	19231	19234	18946

注：本年鉴中有关专利申请受理与授权的数据口径为由我国专利机构受理与授权的专利，不包括我国在外国申请专利及被授权的数据。

8-2 国内专利授权数
Domestic Patents Granted

单位：件 (piece)

地 区	Region	1995	2000	2005	2010	2011	2012	2013	2014	2015	2016	2017
全 国	**National Total**	**41881**	**95236**	**171619**	**740620**	**883861**	**1163226**	**1228413**	**1209402**	**1596977**	**1628881**	**1720828**
北 京	Beijing	4025	5905	10100	33511	40888	50511	62671	74661	94031	100578	106948
天 津	Tianjin	1034	1611	3045	11006	13982	19782	24856	26351	37342	39734	41675
河 北	Hebei	1580	2812	3585	10061	11119	15315	18186	20132	30130	31826	35348
山 西	Shanxi	569	968	1220	4752	4974	7196	8565	8371	10020	10062	11311
内蒙古	Inner Mongolia	415	775	845	2096	2262	3084	3836	4031	5522	5846	6271
辽 宁	Liaoning	2745	4842	6195	17093	19176	21223	21656	19525	25182	25104	26495
吉 林	Jilin	824	1650	2023	4343	4920	5930	6219	6696	8878	9995	11090
黑龙江	Heilongjiang	1403	2252	2906	6780	12236	20268	19819	15412	18943	18046	18221
上 海	Shanghai	1436	4050	12603	48215	47960	51508	48680	50488	60623	64230	72806
江 苏	Jiangsu	2413	6432	13580	138382	199814	269944	239645	200032	250290	231033	227187
浙 江	Zhejiang	2131	7495	19056	114643	130190	188463	202350	188544	234983	221456	213805
安 徽	Anhui	574	1482	1939	16012	32681	43321	48849	48380	59039	60983	58213
福 建	Fujian	933	3003	5147	18063	21857	30497	37511	37857	61621	67142	68304
江 西	Jiangxi	509	1072	1361	4349	5550	7985	9970	13831	24161	31472	33029
山 东	Shandong	2861	6962	10743	51490	58844	75496	76976	72818	98101	98093	100522
河 南	Henan	1145	2766	3748	16539	19259	26791	29482	33366	47766	49145	55407
湖 北	Hubei	1017	2198	3860	17362	19035	24475	28760	28290	38781	41822	46369
湖 南	Hunan	1515	2555	3659	13873	16064	23212	24392	26637	34075	34050	37916
广 东	Guangdong	4611	15799	36894	119343	128413	153598	170430	179953	241176	259032	332652
广 西	Guangxi	665	1191	1225	3647	4402	5900	7884	9664	13573	14858	15270
海 南	Hainan	108	320	200	714	765	1093	1331	1597	2061	1939	2133
重 庆	Chongqing	305	1158	3591	12080	15525	20364	24828	24312	38914	42738	34780
四 川	Sichuan	1714	3218	4606	32212	28446	42218	46171	47120	64953	62445	64006
贵 州	Guizhou	274	710	925	3086	3386	6059	7915	10107	14115	10425	12559
云 南	Yunnan	569	1217	1381	3823	4199	5853	6804	8124	11658	12032	14230
西 藏	Tibet	2	17	44	124	142	133	121	146	198	245	420
陕 西	Shaanxi	1085	1462	1894	10034	11662	14908	20836	22820	33350	48455	34554
甘 肃	Gansu	257	493	547	1868	2383	3662	4737	5097	6912	7975	9672
青 海	Qinghai	65	117	79	264	538	527	502	619	1217	1357	1580
宁 夏	Ningxia	111	224	214	1081	613	844	1211	1424	1865	2677	4244
新 疆	Xinjiang	312	717	921	2562	2642	3439	4998	5238	8761	7116	8094
香 港	Hongkong	633	1285	1669	2601	2588	2619	2297	2867	2940	2970	2888
澳 门	Macao		13	3	34	19	26	93	55	142	179	139
台 湾	Taiwan	4041	8465	11811	18577	17327	16982	15832	14837	15654	13821	12690

8-3 国内有效专利数
Domestic Patents in Force

单位：件 (piece)

地 区	Region	2008	2009	2010	2011	2012	2013	2014	2015	2016	2017
全 国	**National Total**	**923797**	**1193110**	**1825403**	**2303015**	**3005023**	**3635929**	**4032362**	**4792356**	**5527183**	**6324215**
北 京	Beijing	55771	71076	100623	131255	170516	219243	274667	344916	417666	494941
天 津	Tianjin	17319	20515	29672	38690	52338	68540	83628	103775	124443	144706
河 北	Hebei	15776	18606	27472	33813	43358	54781	66529	86360	105490	128291
山 西	Shanxi	6076	7921	11998	14764	19561	25037	29077	34009	38702	44848
内蒙古	Inner Mongolia	3711	4188	5935	7162	8996	11421	13734	16799	20007	23846
辽 宁	Liaoning	27614	31107	45241	54320	64019	74134	80089	90970	101657	113693
吉 林	Jilin	8657	9619	13201	15594	18818	21926	24668	29046	34101	39892
黑龙江	Heilongjiang	13589	15519	21010	29042	44570	55316	56451	58789	61245	65756
上 海	Shanghai	66941	83235	126178	149202	173513	194496	218156	251157	285877	329442
江 苏	Jiangsu	94372	154887	273249	371322	537180	616779	594186	674053	740215	809379
浙 江	Zhejiang	121343	170474	268471	331703	449957	552681	597051	668889	732438	785190
安 徽	Anhui	10447	16608	32460	60400	88326	119704	135785	162177	188240	212785
福 建	Fujian	22976	28364	44116	58969	81267	107246	126232	162451	197393	226325
江 西	Jiangxi	5706	7050	10931	14237	19663	26037	34458	51824	73745	94531
山 东	Shandong	58482	71771	111295	139884	177511	206983	226424	270920	312937	351351
河 南	Henan	20713	26917	39972	50785	67824	84420	99590	126381	148862	174998
湖 北	Hubei	19931	25745	40580	50906	64719	82392	96682	119345	143802	169585
湖 南	Hunan	17633	20640	32516	43108	59428	75530	88779	107088	122584	142224
广 东	Guangdong	177144	221131	325566	400571	490159	586592	670131	802493	940138	1165677
广 西	Guangxi	6213	7421	10503	13149	16822	22038	28303	37215	45928	54582
海 南	Hainan	1085	1456	2097	2442	3108	3948	5059	6416	7366	8442
重 庆	Chongqing	16361	20012	30947	41070	53383	66208	73780	94975	116201	121604
四 川	Sichuan	29310	39415	66644	74455	94938	119531	135209	169203	193737	215601
贵 州	Guizhou	5130	6241	8995	11240	15931	21835	27965	34909	37562	43048
云 南	Yunnan	6608	8051	11363	13683	17483	21837	26736	34045	40583	50223
西 藏	Tibet	231	430	529	390	462	527	588	724	989	1474
陕 西	Shaanxi	11106	14828	24158	31544	41447	55310	66573	86053	116270	119892
甘 肃	Gansu	3113	3657	5318	6728	9260	12459	15077	18580	22593	28222
青 海	Qinghai	559	656	857	1195	1502	1588	1946	2975	3962	5107
宁 夏	Ningxia	1336	1969	2790	2133	2493	3277	4221	5317	7220	10288
新 疆	Xinjiang	4130	5022	7225	8603	10571	13594	16466	21681	24531	28064
香 港	Hongkong	7862	8161	10071	10913	11326	11825	13578	14608	15815	16426
澳 门	Macao	44	51	84	95	104	176	236	360	511	563
台 湾	Taiwan	66508	70367	83336	89648	94470	98518	100308	103853	104373	103219

8-4 国内、外三种专利申请数
Three Kinds of Applications for Patents

单位：件 (piece)

项目	Item	1995	2000	2005	2010	2012	2013	2014	2015	2016	2017
合计	**Total**	**83045**	**170682**	**476264**	**1222286**	**2050649**	**2377061**	**2361243**	**2798500**	**3464824**	**3697845**
1.发明	Inventions	21636	51747	173327	391177	652777	825136	928177	1101864	1338503	1381594
国内	Domestic	10018	25346	93485	293066	535313	704936	801135	968251	1204981	1245709
职务	Official	2993	12609	62270	223754	428427	571073	648023	776117	982971	1043770
大专院校	Universities and Colleges	574	1942	14643	48294	75688	98509	111993	133645	173049	179879
科研单位	Research Institutions	865	2228	6726	18254	29518	36582	39625	44545	55076	53308
企业	Industrial and Mineral Enterprises	1086	8316	40196	154581	316414	426544	484747	582512	735533	788194
机关团体	Government Agencies and Organizations	468	123	705	2625	6807	9438	11658	15415	19313	22389
非职务	Non-official	7025	12737	31215	69312	106886	133863	153112	192134	222010	201939
国外	Foreign	11618	26401	79842	98111	117464	120200	127042	133613	133522	135885
职务	Official	11045	25334	77575	95517	114700	117654	124362	130838	130699	132883
非职务	Non-official	573	1067	2267	2594	2764	2546	2680	2775	2823	3002
2.实用新型	Utility Models	43741	68815	139566	409836	740290	892362	868511	1127577	1475977	1687593
国内	Domestic	43429	68461	138085	407238	734437	885226	861053	1119714	1468295	1679807
职务	Official	8727	17792	46879	242479	512203	633446	653904	858743	1135997	1348590
大专院校	Universities and Colleges	771	965	3843	18223	39999	55997	60369	89077	124155	135481
科研单位	Research Institutions	1376	1616	2661	7474	12786	14360	15044	18830	21535	22089
企业	Industrial and Mineral Enterprises	4739	14912	39649	212081	450002	551056	565757	730865	964644	1158372
机关团体	Government Agencies and Organizations	1841	299	726	4701	9416	12033	12734	19971	25663	32648
非职务	Non-official	34702	50669	91206	164759	222234	251780	207149	260971	332298	331217
国外	Foreign	312	354	1481	2598	5853	7136	7458	7863	7682	7786
职务	Official	190	259	1171	2248	5482	6666	6985	7323	7013	7198
非职务	Non-official	122	95	310	350	371	470	473	540	669	588
3.外观设计	Designs	17668	50120	163371	421273	657582	659563	564555	569059	650344	628658
国内	Domestic	15433	46532	151587	409124	642401	644398	548428	551481	631949	610817
职务	Official	8193	22974	49733	192337	352686	350551	271127	268214	325655	339869
大专院校	Universities and Colleges	18	17	1435	12815	16961	13150	11607	12440	17310	20825
科研单位	Research Institutions	104	278	359	1234	2815	2090	1192	1101	1663	1183
企业	Industrial and Mineral Enterprises	6031	22634	47552	173338	330804	332458	255962	252374	304160	315201
机关团体	Government Agencies and Organizations	2040	45	387	4950	2106	2853	2366	2299	2522	2660
非职务	Non-official	7240	23558	101854	216787	289715	293847	277301	283267	306294	270948
国外	Foreign	2235	3588	11784	12149	15181	15165	16127	17578	18395	17841
职务	Official	2013	3432	11230	11535	14456	14289	15183	16637	17248	16899
非职务	Non-official	222	156	554	614	725	876	944	941	1147	942

8-5 国内、外三种专利授权数
Three Kinds of Patents Granted

单位：件 (piece)

项 目	Item	1995	2000	2005	2010	2012	2013	2014	2015	2016	2017
合 计	**Total**	**45064**	**105345**	**214003**	**814825**	**1255138**	**1313000**	**1302687**	**1718192**	**1753763**	**1836434**
1.发 明	Inventions	3393	12683	53305	135110	217105	207688	233228	359316	404208	420144
国 内	Domestic	1530	6177	20705	79767	143847	143535	162680	263436	302136	326970
职 务	Official	932	2824	14761	66149	125954	126860	146172	238818	276007	303577
大专院校	Universities and Colleges	258	652	4453	19036	33821	33309	38317	57196	62311	75693
科研单位	Research Institutions	304	910	2423	6557	11248	12284	13573	19243	20109	22369
企 业	Industrial and Mineral Enterprises	205	1016	7712	40049	78651	79439	91874	158620	189564	200804
机关团体	Government Agencies and Organizations	165	246	173	507	2234	1828	2408	3759	4023	4711
非职务	Non-official	598	3353	5944	13618	17893	16675	16508	24618	26129	23393
国 外	Foreign	1863	6506	32600	55343	73258	64153	70548	95880	102072	93174
职 务	Official	1748	6222	31555	54169	71871	62991	69301	94325	100466	91817
非职务	Non-official	115	284	1045	1174	1387	1162	1247	1555	1606	1357
2.实用新型	Utility Models	30471	54743	79349	344472	571175	692845	707883	876217	903420	973294
国 内	Domestic	30195	54407	78137	342256	566750	686208	699971	868734	897035	967416
职 务	Official	6766	15519	29191	209275	410763	512203	564055	687372	734885	825126
大专院校	Universities and Colleges	623	868	2391	16002	33389	43085	47600	68827	77166	83497
科研单位	Research Institutions	1025	1529	1599	7074	7754	11319	12238	13680	13908	14617
企 业	Industrial and Mineral Enterprises	2627	12821	24743	183289	359990	451662	497268	592771	631299	713043
机关团体	Government Agencies and Organizations	2491	301	458	2910	9630	6137	6949	12094	12512	13969
非职务	Non-official	23429	38888	48946	132981	155987	174005	135916	181362	162150	142290
国 外	Foreign	276	336	1212	2216	4425	6637	7912	7483	6385	5878
职 务	Official	154	261	1011	1903	4085	6233	7451	7030	5962	5434
非职务	Non-official	122	75	201	313	340	404	461	453	423	444
3.外观设计	Designs	11200	37919	81349	335243	466858	412467	361576	482659	446135	442996
国 内	Domestic	9523	34652	72777	318597	452629	398670	346751	464807	429710	426442
职 务	Official	5344	17789	27566	146407	262217	233534	189210	249538	221633	235520
大专院校	Universities and Colleges	10	28	555	8115	10073	8644	6571	10311	10283	11231
科研单位	Research Institutions	156	248	170	637	850	1275	769	728	903	819
企 业	Industrial and Mineral Enterprises	2554	17482	26658	135680	246879	221575	181188	237326	209495	222582
机关团体	Government Agencies and Organizations	2624	31	183	1975	4415	2040	682	1173	952	888
非职务	Non-official	4179	16863	45211	172190	190412	165136	157541	215269	208077	190922
国 外	Foreign	1677	3267	8572	16646	14229	13797	14825	17852	16425	16554
职 务	Official	1402	3108	8254	15851	13608	13116	14021	16878	15566	15575
非职务	Non-official	275	159	318	795	621	681	804	974	859	979

8-6 国内、外三种专利有效数
Three Kinds of Patents in Force

单位：件 (piece)

项目	Item	2010	2011	2012	2013	2014	2015	2016	2017
合计	**Total**	**2216082**	**2739906**	**3508561**	**4195139**	**4642506**	**5477625**	**6285238**	**7147608**
1.发明	Inventions	564760	696939	875385	1033908	1196497	1472374	1772203	2085367
国内	Domestic	257893	351288	473187	586493	708690	921757	1158203	1413911
职务	Official	209559	291541	411470	519589	638148	839551	1066375	1313439
大专院校	Universities and Colleges	53144	73320	96707	116337	136613	173683	210553	258399
科研单位	Research Institutions	22976	30545	37639	46734	56274	70403	84411	100274
企业	Industrial and Mineral Enterprises	131794	185357	274038	351500	438221	585404	758354	938336
机关团体	Government Agencies and Organizations	1645	2319	3086	5018	7040	10061	13057	16430
非职务	Non-official	48334	59747	61717	66904	70542	82206	91828	100472
国外	Foreign	306867	345651	402198	447415	487807	550617	614000	671456
职务	Official	300476	338645	394757	439619	479685	541889	604689	661755
非职务	Non-official	6391	7006	7441	7796	8122	8728	9311	9701
2.实用新型	Utility Models	857968	1120596	1501044	1936789	2291326	2732554	3154485	3603187
国内	Domestic	849454	1109958	1486839	1917122	2265224	2700833	3118410	3563389
职务	Official	501555	717902	1074312	1461587	1828413	2238950	2640791	3110502
大专院校	Universities and Colleges	30255	42079	63650	84984	103344	135785	170863	194581
科研单位	Research Institutions	20702	26090	26839	33400	39225	44899	51130	56795
企业	Industrial and Mineral Enterprises	444655	639741	973122	1329876	1669822	2034725	2388230	2823828
机关团体	Government Agencies and Organizations	5943	9992	10701	13327	16022	23541	30568	35298
非职务	Non-official	347899	392056	412527	455535	436811	461883	477619	452887
国外	Foreign	8514	10638	14205	19667	26102	31721	36075	39798
职务	Official	7276	9254	12807	18124	24378	29881	34176	37836
非职务	Non-official	1238	1384	1398	1543	1724	1840	1899	1962
3.外观设计	Designs	793354	922371	1132132	1224442	1154683	1272697	1358550	1459054
国内	Domestic	718056	841769	1044997	1132314	1058448	1169766	1250570	1346915
职务	Official	327916	427350	589620	672339	626252	680400	729868	806344
大专院校	Universities and Colleges	12783	13912	17161	19289	16284	18486	21003	23347
科研单位	Research Institutions	1584	1696	2671	3395	2744	2532	2821	2953
企业	Industrial and Mineral Enterprises	308031	403960	564716	646281	605410	657156	703506	777397
机关团体	Government Agencies and Organizations	5518	7782	5072	3374	1814	2226	2538	2647
非职务	Non-official	390140	414419	455377	459975	432196	489366	520702	540571
国外	Foreign	75298	80602	87135	92128	96235	102931	107980	112139
职务	Official	73046	78070	84519	89259	93063	99292	104117	107952
非职务	Non-official	2252	2532	2616	2869	3172	3639	3863	4187

8-7 国内三种专利申请数按地区分布(2017年)
Three Kinds of Domestic Patent Applications by Region (2017)

单位：件 (piece)

地 区	Region	合 计 Total	发 明 Invention	实用新型 Utility Model	外观设计 Design
全 国	**National Total**	**3536333**	**1245709**	**1679807**	**610817**
北 京	Beijing	185928	99167	68400	18361
天 津	Tianjin	86996	25652	56675	4669
河 北	Hebei	61288	13982	36134	11172
山 西	Shanxi	20697	7379	11719	1599
内蒙古	Inner Mongolia	11701	2845	7468	1388
辽 宁	Liaoning	49871	20500	25456	3915
吉 林	Jilin	20450	7780	10964	1706
黑龙江	Heilongjiang	30958	10607	17963	2388
上 海	Shanghai	131740	54630	60925	16185
江 苏	Jiangsu	514402	187005	219503	107894
浙 江	Zhejiang	377115	98975	191372	86768
安 徽	Anhui	175872	93527	72333	10012
福 建	Fujian	128079	26456	76724	24899
江 西	Jiangxi	70591	11507	39496	19588
山 东	Shandong	204859	67772	118252	18835
河 南	Henan	119240	35625	66803	16812
湖 北	Hubei	110234	51569	49744	8921
湖 南	Hunan	77934	31365	33073	13496
广 东	Guangdong	627834	182639	283564	161631
广 西	Guangxi	56988	37976	14595	4417
海 南	Hainan	4564	1627	2242	695
重 庆	Chongqing	64648	19297	37525	7826
四 川	Sichuan	167484	64642	73789	29053
贵 州	Guizhou	34610	13885	16898	3827
云 南	Yunnan	28695	7801	17867	3027
西 藏	Tibet	1097	273	652	172
陕 西	Shaanxi	98935	46607	31595	20733
甘 肃	Gansu	24448	5785	13691	4972
青 海	Qinghai	3181	949	1946	286
宁 夏	Ningxia	8575	2561	5633	381
新 疆	Xinjiang	14260	3207	8927	2126
香 港	Hongkong	3907	1232	1098	1577
澳 门	Macao	206	83	66	57
台 湾	Taiwan	18946	10802	6715	1429

8-8 国内三种专利授权数按地区分布(2017年)
Three Kinds of Domestic Patent Granted by Region (2017)

单位：件 (piece)

地 区	Region	合 计 Total	发 明 Invention	实用新型 Utility Model	外观设计 Design
全 国	**National Total**	**1720828**	**326970**	**967416**	**426442**
北 京	Beijing	106948	46091	46011	14846
天 津	Tianjin	41675	5844	32353	3478
河 北	Hebei	35348	4927	21841	8580
山 西	Shanxi	11311	2382	7730	1199
内 蒙 古	Inner Mongolia	6271	848	4453	970
辽 宁	Liaoning	26495	7708	15821	2966
吉 林	Jilin	11090	3057	6673	1360
黑 龙 江	Heilongjiang	18221	4947	11395	1879
上 海	Shanghai	72806	20681	39942	12183
江 苏	Jiangsu	227187	41518	126482	59187
浙 江	Zhejiang	213805	28742	114311	70752
安 徽	Anhui	58213	12440	38304	7469
福 建	Fujian	68304	8718	39608	19978
江 西	Jiangxi	33029	2238	17613	13178
山 东	Shandong	100522	19090	67005	14427
河 南	Henan	55407	7914	35822	11671
湖 北	Hubei	46369	10880	28867	6622
湖 南	Hunan	37916	7909	20337	9670
广 东	Guangdong	332652	45740	169017	117895
广 西	Guangxi	15270	4553	7755	2962
海 南	Hainan	2133	373	1285	475
重 庆	Chongqing	34780	6138	23261	5381
四 川	Sichuan	64006	11367	33613	19026
贵 州	Guizhou	12559	1875	7986	2698
云 南	Yunnan	14230	2259	10085	1886
西 藏	Tibet	420	42	257	121
陕 西	Shaanxi	34554	8774	17003	8777
甘 肃	Gansu	9672	1340	6637	1695
青 海	Qinghai	1580	240	1079	261
宁 夏	Ningxia	4244	657	3345	242
新 疆	Xinjiang	8094	950	5630	1514
香 港	Hongkong	2888	554	751	1583
澳 门	Macao	139	16	19	104
台 湾	Taiwan	12690	6158	5125	1407

8-9 国内三种专利有效数按地区分布(2017年)
Three Kinds of Domestic Patents in Force by Region (2017)

单位：件 (piece)

地区	Region	合计 Total	发明 Invention	实用新型 Utility Model	外观设计 Design
全 国	**National Total**	**6324215**	**1413911**	**3563389**	**1346915**
北 京	Beijing	494941	205320	231317	58304
天 津	Tianjin	144706	28601	103717	12388
河 北	Hebei	128291	21499	80716	26076
山 西	Shanxi	44848	11675	28663	4510
内蒙古	Inner Mongolia	23846	4505	15592	3749
辽 宁	Liaoning	113693	33270	69555	10868
吉 林	Jilin	39892	11585	23286	5021
黑龙江	Heilongjiang	65756	20007	39270	6479
上 海	Shanghai	329442	100433	182459	46550
江 苏	Jiangsu	809379	179963	473244	156172
浙 江	Zhejiang	785190	109952	437039	238199
安 徽	Anhui	212785	47734	139040	26011
福 建	Fujian	226325	31006	134193	61126
江 西	Jiangxi	94531	8936	54462	31133
山 东	Shandong	351351	74590	227491	49270
河 南	Henan	174998	28615	115789	30594
湖 北	Hubei	169585	40410	108329	20846
湖 南	Hunan	142224	34774	79679	27771
广 东	Guangdong	1165677	208502	574463	382712
广 西	Guangxi	54582	18157	26744	9681
海 南	Hainan	8442	2344	4545	1553
重 庆	Chongqing	121604	22306	77986	21312
四 川	Sichuan	215601	44511	120675	50415
贵 州	Guizhou	43048	8408	27291	7349
云 南	Yunnan	50223	10551	32474	7198
西 藏	Tibet	1474	539	552	383
陕 西	Shaanxi	119892	33752	61741	24399
甘 肃	Gansu	28222	6045	18066	4111
青 海	Qinghai	5107	1182	3072	853
宁 夏	Ningxia	10288	2216	7361	711
新 疆	Xinjiang	28064	4458	18792	4814
香 港	Hongkong	16426	4831	4025	7570
澳 门	Macao	563	98	142	323
台 湾	Taiwan	103219	53136	41619	8464

8-10 按国别(地区)分国外三种专利申请受理
Three Kinds of Foregin Patent Applications Accepted by Country (Area)

单位：件 (piece)

国 家 (地区)	Country (Area)	合 计 Total	发 明 Invention	实用新型 Utility Model	外观设计 Design
总 计	**Total**	**161512**	**135885**	**7786**	**17841**
安道尔	Andorra	1	1		
阿根廷	Argentina	15	11	1	3
奥地利	Austria	924	828	37	59
澳大利亚	Australia	958	675	57	226
巴哈马	Bahamas	5	5		
巴巴多斯	Barbados	135	70	3	62
比利时	Belgium	828	708	27	93
伯利兹	Belize	9	4	5	
百慕大群岛	Bermuda	74	72	2	
巴 西	Brazil	154	133	15	6
保加利亚	Bulgaria	12	8	3	1
加拿大	Canada	1186	984	84	118
开曼群岛	Cayman Islands	3223	2867	82	274
智 利	Chile	22	22		
哥伦比亚	Colombia	6	2		4
克罗地亚	Croatia	5	5		
古 巴	Cuba				
塞浦路斯	Cyprus	33	19	5	9
捷 克	Czech Republic	170	44	14	112
朝 鲜	North Korea	2	2		
丹 麦	Denmark	993	871	25	97
埃 及	Egypt	2	2		
芬 兰	Finland	1084	877	79	128
法 国	France	5890	4926	313	651
德 国	Germany	16860	14342	879	1639
直布罗陀	Gibraltar	4	3	1	
希 腊	Greece	34	32	1	1
匈牙利	Hungary	41	28	1	12
冰 岛	Iceland	11	11		
印 度	India	330	277	17	36
印度尼西亚	Indonesia	12	3		9
伊 朗	Iran	6	1	5	
爱尔兰	Ireland	286	251	10	25
以色列	Israel	992	884	38	70
意大利	Italy	2408	1695	155	558
日 本	Japan	46734	40908	2070	3756
哈萨克斯坦	Kazakhstan	2	2		
吉尔吉斯斯坦	kyrgyzstan	1			1
拉托维亚	Latvia	2	1	1	

8-10 续表 continued

单位：件 (piece)

国家（地区）	Country (Area)	合计 Total	发明 Invention	实用新型 Utility Model	外观设计 Design
列支敦士登	Liechtenstein	180	138	3	39
卢森堡	Luxembourg	427	345	10	72
马来西亚	Malaysia	107	65	20	22
马耳他	Malta	48	47		1
毛里求斯	Mauritius	2	1		1
墨西哥	Mexico	54	40		14
摩纳哥	Monaco	8	8		
荷　兰	Netherlands	3708	3267	104	337
荷属安的列斯群岛	Netherlands Antilles	1	1		
新西兰	New Zealand	263	197	13	53
挪　威	Norway	238	211	5	22
巴拿马	Panama	3	3		
菲律宾	Philippines	24	15	8	1
波　兰	Poland	96	68	7	21
葡萄牙	Portugal	45	38		7
韩　国	South Korea	16581	13180	809	2592
罗马尼亚	Romania	6	5		1
俄罗斯联邦	Russian Federation	221	154	23	44
萨摩亚	Samoa	44	31	12	1
沙特阿拉伯	Saudi Arabia	170	87	3	80
塞舌尔	Seychelles	32	25	6	1
新加坡	Singapore	1683	1015	520	148
斯洛伐克	Slovakia	11	7		4
斯洛文尼亚	Slovenia	23	13		10
南　非	South Africa	86	61	3	22
西班牙	Spain	601	378	27	196
瑞　典	Sweden	2262	1842	53	367
瑞　士	Switzerland	4402	3431	156	815
泰　国	Thailand	141	86	19	36
突尼斯	Tunis				
土耳其	Turkey	85	62	6	17
乌克兰	Ukraine	30	14	3	13
越　南	Viet Nam	30	4		26
阿拉伯联合酋长国	United Arab Emirates	54	28	3	23
英　国	United Kingdom	3121	2296	117	708
美　国	United States of America	42922	36980	1876	4066
维尔京群岛	Virgin Islands, British	224	99	34	91
其　他	Others	110	56	15	39

8-11 按国别(地区)分国外三种专利授权
Three Kinds of Foregin Patents Granted by Country (Area)

单位：件 (piece)

国家(地区)	Country (Area)	合计 Total	发明 Invention	实用新型 Utility Model	外观设计 Design
总 计	**Total**	**115606**	**93174**	**5878**	**16554**
安道尔	Andorra				
阿根廷	Argentina	5	3		2
奥地利	Austria	920	832	41	47
澳大利亚	Australia	639	383	64	192
巴哈马	Bahamas	6	6		
巴巴多斯	Barbados	146	104	1	41
比利时	Belgium	587	493	25	69
伯利兹	Belize	8	2	6	
百慕大群岛	Bermuda	52	52		
巴 西	Brazil	102	73	17	12
保加利亚	Bulgaria	4	3		1
加拿大	Canada	830	667	49	114
开曼群岛	Cayman Islands	889	543	51	295
智 利	Chile	10	9	1	
哥伦比亚	Colombia	8	3		5
克罗地亚	Croatia				
古 巴	Cuba	3	3		
塞浦路斯	Cyprus	25	15	2	8
捷 克	Czech Republic	127	27	9	91
朝 鲜	North Korea				
丹 麦	Denmark	722	570	18	134
埃 及	Egypt	2	1	1	
芬 兰	Finland	952	814	47	91
法 国	France	4185	3382	196	607
德 国	Germany	13405	11240	606	1559
直布罗陀	Gibraltar	4	4		
希 腊	Greece	17	11		6
匈牙利	Hungary	22	21		1
冰 岛	Iceland	14	14		
印 度	India	162	134	12	16
印度尼西亚	Indonesia	12	2	1	9
伊 朗	Iran	22		8	14
爱尔兰	Ireland	211	195	3	13
以色列	Israel	503	423	18	62
意大利	Italy	1843	1123	121	599
日 本	Japan	36224	31090	1598	3536
哈萨克斯坦	Kazakhstan	1	1		
吉尔吉斯斯坦	kyrgyzstan				
拉托维亚	Latvia	2	2		

8-11 续表 continued

单位：件 (piece)

国家(地区)	Country (Area)	合计 Total	发明 Invention	实用新型 Utility Model	外观设计 Design
列支敦士登	Liechtenstein	135	101	2	32
卢森堡	Luxembourg	221	149	9	63
马来西亚	Malaysia	68	31	15	22
马耳他	Malta	24	22		2
毛里求斯	Mauritius	5	3		2
墨西哥	Mexico	36	19		17
摩纳哥	Monaco	4	3		1
荷 兰	Netherlands	2632	2278	71	283
荷属安的列斯群岛	Netherlands Antilles	3	3		
新西兰	New Zealand	153	88	11	54
挪 威	Norway	205	172	6	27
巴拿马	Panama	4	2		2
菲律宾	Philippines	12	8		4
波 兰	Poland	57	37	1	19
葡萄牙	Portugal	17	11		6
韩 国	South Korea	11107	7857	624	2626
罗马尼亚	Romania				
俄罗斯联邦	Russian Federation	145	96	19	30
萨摩亚	Samoa	15	5	8	2
沙特阿拉伯	Saudi Arabia	191	111		80
塞舌尔	Seychelles	11	7	3	1
新加坡	Singapore	851	471	330	50
斯洛伐克	Slovakia	10	7		3
斯洛文尼亚	Slovenia	33	23		10
南 非	South Africa	72	52	3	17
西班牙	Spain	381	224	21	136
瑞 典	Sweden	1860	1376	44	440
瑞 士	Switzerland	3317	2453	166	698
泰 国	Thailand	55	10	6	39
突尼斯	Tunis	3	3		
土耳其	Turkey	64	43	5	16
乌克兰	Ukraine	15	7		8
越 南	Viet Nam	40	2		38
阿拉伯联合酋长国	United Arab Emirates	33	16	3	14
英 国	United Kingdom	2110	1449	99	562
美 国	United States of America	28776	23673	1487	3616
维尔京群岛	Virgin Islands, British	215	93	43	79
其 他	Others	58	22	7	29

8-12 按国别(地区)分国外三种专利有效数
Three Kinds of Foregin Patents in Force by Country (Area)

单位：件 (piece)

国家 (地区)	Country (Area)	合计 Total	发明 Invention	实用新型 Utility Model	外观设计 Design
总　计	**Total**	**823393**	**671456**	**39798**	**112139**
安道尔	Andorra	7	5	1	1
阿根廷	Argentina	41	30	4	7
奥地利	Austria	4729	4060	221	448
澳大利亚	Australia	4290	2810	268	1212
巴哈马	Bahamas	102	91	1	10
巴巴多斯	Barbados	797	649	11	137
比利时	Belgium	4115	3572	118	425
伯利兹	Belize	50	5	36	9
百慕大群岛	Bermuda	454	312	60	82
巴　西	Brazil	764	457	69	238
保加利亚	Bulgaria	35	23	3	9
加拿大	Canada	6147	4990	234	923
开曼群岛	Cayman Islands	5392	3793	253	1346
智　利	Chile	67	64	2	1
哥伦比亚	Colombia	27	16	2	9
克罗地亚	Croatia	10	8	1	1
古　巴	Cuba	74	74		
塞浦路斯	Cyprus	131	85	14	32
捷　克	Czech Republic	590	135	46	409
朝　鲜	North Korea	5	3	2	
丹　麦	Denmark	5218	4064	169	985
埃　及	Egypt	13	5	2	6
芬　兰	Finland	7746	6499	381	866
法　国	France	30804	24784	1404	4616
德　国	Germany	85058	69505	4049	11504
直布罗陀	Gibraltar	27	23	1	3
希　腊	Greece	131	83	1	47
匈牙利	Hungary	165	148	8	9
冰　岛	Iceland	85	83	1	1
印　度	India	1105	932	41	132
印度尼西亚	Indonesia	67	20	7	40
伊　朗	Iran	41	2	9	30
爱尔兰	Ireland	1470	1355	32	83
以色列	Israel	2766	2169	197	400
意大利	Italy	12249	8228	540	3481
日　本	Japan	302116	255429	14433	32254
哈萨克斯坦	Kazakhstan	11	9	2	
吉尔吉斯斯坦	kyrgyzstan	1	1		
拉托维亚	Latvia	19	15	1	3

8-12 续表 continued

单位：件 (piece)

国家(地区)	Country (Area)	合计 Total	发明 Invention	实用新型 Utility Model	外观设计 Design
列支敦士登	Liechtenstein	773	558	9	206
卢森堡	Luxembourg	1708	1258	88	362
马来西亚	Malaysia	662	270	126	266
马耳他	Malta	138	120	9	9
毛里求斯	Mauritius	114	104	2	8
墨西哥	Mexico	421	310	7	104
摩纳哥	Monaco	35	28	2	5
荷　兰	Netherlands	20203	17567	429	2207
荷属安的列斯群岛	Netherlands Antilles	42	42		
新西兰	New Zealand	793	497	51	245
挪　威	Norway	1461	1267	24	170
巴拿马	Panama	135	103	4	28
菲律宾	Philippines	93	64	11	18
波　兰	Poland	314	185	14	115
葡萄牙	Portugal	119	85	1	33
韩　国	South Korea	68991	52355	2421	14215
罗马尼亚	Romania	5	4	1	
俄罗斯联邦	Russian Federation	723	481	116	126
萨摩亚	Samoa	315	196	94	25
沙特阿拉伯	Saudi Arabia	558	411	6	141
塞舌尔	Seychelles	137	53	43	41
新加坡	Singapore	4587	2804	1093	690
斯洛伐克	Slovakia	47	26	1	20
斯洛文尼亚	Slovenia	151	119		32
南　非	South Africa	511	429	17	65
西班牙	Spain	2327	1367	118	842
瑞　典	Sweden	13341	10952	342	2047
瑞　士	Switzerland	23696	17977	1249	4470
泰　国	Thailand	263	78	25	160
突尼斯	Tunis	4	4		
土耳其	Turkey	588	330	34	224
乌克兰	Ukraine	57	30	9	18
越　南	Viet Nam	71	12	1	58
阿拉伯联合酋长国	United Arab Emirates	109	49	13	47
英　国	United Kingdom	13829	9904	602	3323
美　国	United States of America	186843	155771	9820	21252
维尔京群岛	Virgin Islands, British	1962	972	343	647
其　他	Others	279	115	47	117

8-13 按国际专利标准分类的专利申请受理、授权和有效数(2017年)
Patents Applications Accepted, Granted and in Force by International Patent Classification (2017)

单位：件

项 目	Item	申 请 Application	授 权 Granted	有 效 in Force
合 计	**Total**	**2816449**	**1393438**	**5688554**
A部(人类生活需要)	**Section A: Human Necessities**	**557259**	**184085**	**710130**
农、林、牧、渔	Agriculture, Forestry, Animal Husbandry and Fishery	107283	42743	134416
烘烤、食用面团	Baking and Edible Doughs	5204	1754	6517
屠宰、加工	Butchering and Meat Treatment	2374	966	3168
食品、食物及处理	Foods and Foodstuffs and their Treatment	58499	10837	53423
烟类及用品	Tobacco, Cigars and Cigarettes	4887	3060	13048
服 装	Clothing	11859	6196	21260
帽类制品	Headwear	1985	888	2765
鞋 类	Footwear	6353	3557	13328
男用服饰用品、珠宝	Haberdashery and Jewelry	3640	2011	7796
手携及旅行用品	Hand or Traveling Articles	14417	7543	23431
刷类用品	Brushware	2297	1182	3749
家具、家庭日用品或设备	Furniture, Domestic Articles, and Appliance	96919	36014	130837
医学、兽医学、卫生学	Medical or Veterinary Science and Hygiene	163102	51260	243539
救生、消防	Life-saving and Fire-fighting	8290	3152	12991
运动、游戏、娱乐活动	Sports, Games and Recreation	24220	12919	39850
本部其他类目中不包括的技术主题	Subject Matter not Otherwise Provided for in this Section	45930	3	12
B部(作业、运输)	**Section B: Industrial and Transportation**	**725483**	**402730**	**1487538**
物理或化学的方法功能装置	Physical or Chemical Processes or Apparatus	94623	46783	174994
破碎、研磨、粉碎	Crushing,Pulverizing or Disintegrating	18887	8468	27647
分选、分离	Separation of Solid Materials, Electrostatic Separation	4463	2822	10848
离心装置、离心机	Centrifugal Apparatus or Machines	1871	1090	4622
喷射、雾化	Spraying or Atomizing in General	16696	9635	34368
机械振动的产生和传递	Generating or transmission of Mechanical Vibrations	293	206	938
固体分离、分选	Separating Solids from Solids Wastes	12817	6135	19214
清 洁	Cleaning	19219	8601	28530
固体废料的处理	Disposal of Solid Waste	4178	1955	6507
金属加工、冲裁	Mechanical Metal-working and Stamping	32704	19763	80272
铸造、粉末冶金	Casting and Powder Metallurgy	13574	8467	35177
机床、其他金属加工	Machine Tools	75081	45412	164871
磨削、抛光	Grinding and Polishing	21221	11189	37758
简单工具	Hand tools, Portable Power Tools and Workshop Equipment	32099	17649	58872
手工切割工具、切断	Hand Cutting Tools, Cutting and Servering	14776	7753	25432
木材加工、保存、钉钉机	Wood Preservation and Nailing or Stapling Machines	7917	3616	12434
加工水泥、粘土和石料	Cement, Clay or Stone	14445	7294	25387
塑料制品的加工	Working of Plastics	38913	22203	77727
压力机	Presses	4474	2415	9538
纸品制作、纸的加工	Paper Making and Processing Paper	3432	1876	6904
叠层产品	Layered Products	12137	6892	29428
印刷、打字机、印刷机	Pringting, Lining Machines, and Typewriters	12592	7589	35108
装订、图册、文件夹	Bookbinding, Albums, and Files	3059	1664	5341
绘图具、办公附属用品	Writing or Drawing Appliances	7978	2793	7591
装饰艺术	Decorative Arts	4512	2159	7155

注：1.本表只包含发明和实用新型专利。
2.分类指专利分类部门对每一件发明专利申请或实用新型专利申请的技术主题进行分类，给出完整的代表发明或实用新型的发明情报的分类号。

8-13 续表 1 continued

单位：件

项 目	Item	申请 Application	授权 Granted	有效 in Force
一般车辆	Vehicles in General	56639	33451	136638
铁 路	Railways	5404	3546	16036
无轨陆用车牌	Land Vehicles other than Rails	28951	17060	64467
船舶、船只，有关的设备	Ships and Related Equipment	7545	4635	16130
飞行器、航空、宇宙航行	Aircraft and Aviation	10853	5632	16465
输送、包装、存储、搬运	Conveying aand Packing Inflammatory Material	111813	64222	228931
卷扬、提升、牵引	Hoistng, Lifting, and Hauling	27050	16531	69738
液体的储运	Opening or Closing Bottles, Jars or Similar Containers	4487	2580	9755
鞍具、室内装璜	Saddlery and Upholstery	160	70	311
微观结构技术	Micro-Structural Technology	505	511	1949
超微技术	Nano-Technology	115	63	455
C部（化学、冶金）	**Section C: Chemistry and Metallurgy**	**247300**	**95879**	**498245**
无机化学	Inorganic Chemistry	11142	5990	30328
水、废污水、泥浆的处理	Treatment of Water, Waste Water, Sewage or Sludge	39263	17329	66034
玻璃、矿棉和渣棉	Glass, Mineral or Slag Wool	6825	3206	16205
水泥、陶瓷等、隔音材料	Cements, Concrete, Artificial Stone,Ceramics, Refractories	14595	3411	20474
肥料及制造	Fertilizers and Related Products	12429	1451	8925
炸药、火柴	Explosives and Matches	410	238	1440
有机化学	Organic Chemistry	25796	11722	75242
有机高分子化合物	Organic Macromolecular Compounds	33390	10621	65722
杂料、涂料、抛光剂等	Dyes, Paints, Polishes, Resins, and Adhesives	23542	6646	36700
石油、煤气及炼焦工业	Petroleum, Gas or Coke Industries,Inert Gases	9520	4516	25873
动植物油、脂类	Animal or Vegetable Oils, Fats	5948	1050	6181
生化、酒、醋、酶、遗传工程	Biochemistry, Beer, Spirits, Wine, Microbiology	30429	9886	53280
糖或淀粉工业	Sugar Industry	334	92	527
大小原皮、毛皮、皮革	Skins, Hides, Pelts, Leather	981	478	1643
黑色冶金	Metallurgy of Iron	6145	3730	20078
冶金学、合金或有色合金	Metallurgy, Ferrous or Non-ferrous Alloys	10644	6304	26550
金属加工涂料、防腐防绣	Coating Metallic Materials	8491	4525	21660
电解电泳方法及设备	Electrolytic or Electrophoretic Processes	5476	3459	15057
晶体生长	Crystal Growth	1852	1186	6175
组合技术	Combinatorial Technology	88	39	151
D部（纺织、造纸）	**Section D: Textiles and Papers Making**	**42301**	**21388**	**94048**
线、纤维、纺纱	Natural or Artificial Threads or Fibres, Spinning	6878	3810	17832
纺纱、整经或络经	Yarn, Mechanical Finishing of Yarns or Ropes	1703	857	3757
织 造	Weaving	2906	1642	7696
编带、花边、针织、整理	Braiding, Lacce-making, Knitting	3721	2190	10052
缝纫、绣花、簇绒	Sewing, Embroidering, Tufting	4241	2229	9488
织物等的处理、洗涤	Treatment of Textiles, Laundering	18144	8100	32471
绳、除电缆外的缆绳	Ropes, Cables other than Electric	614	311	1653
造纸、纤维素的生产	Paper-making, Production of Cellulose	4094	2249	11099
E部（固定建筑物）	**Section E: Fixed Constructions**	**172549**	**98381**	**371675**
道路、铁路和桥梁的建筑	Construction od Roads, Railways, or Bridges	26142	13577	46435
水利工程、基础、运土	Hydraulic Engineering, Foundations, Soil-shifting	23174	12804	49176

a) Invention and Utility Model only.

b) Classification refers to the patent classification department classify technology theme of every piece of invention and utility model and give each complete classification number.

8-13 续表 2 continued

单位：件

项 目	Item	申 请 Application	授 权 Granted	有 效 in Force
给水、排水	Water Supply, Sewerage	13037	6389	23078
建筑物	Building	61100	34485	123815
锁、钥匙、门窗、保险箱	Locks, Keys, Windows or Door Fittings,Safes	12961	8489	33332
一般门、窗、百叶窗、梯子	Doors, Windows, Shutters, or Roller Blinds in General,Ladders	13957	8312	30595
钻进、采矿	Well Drilling, Mining	22178	14325	65244
F部（机械工程）	**Section F: Mechanical Engineering**	**278992**	**166197**	**707492**
一般机器、发动机、蒸汽机	Machines or Engines in General,Engines Plants in General, Steam Engines	8773	5880	28728
内燃机等	Combustion Engines	10114	7344	37803
液力机械和其他发动机	Machines or Engines for Liquids	6041	3119	14199
液体变容机械、泵	Prositive-displacement Machines for Liquids	21237	13730	62120
液压调节器、液压技术	Fluid-pressure Ajustors,Hydraulic or Pneumatics in General	5047	4061	16486
工程元件或部件	Engineering Elements of Units	78030	49029	215904
气体或液体的储藏或分配	Storing or Distributing of Gases or Liquids	3983	2325	10130
照 明	Lighting	39648	21533	84666
蒸汽的产生	Steam Generation	2659	1672	7355
燃烧设备、燃烧技术	Combustion Apparatus,Combustion Processes	11290	6855	28011
采暖、炉灶、通风	Heating, Ranges, Ventilation	46393	24702	96234
制冷气体的液化和固化	Refrigeration or Cooling, Heat Pump System	13286	7981	35986
干 燥	Drying	14267	6775	21098
炉、窑、灶、罐	Furnaces, Kins, Ovens	6455	4069	18612
一般热交换	Heat Exchanges in General	7614	4710	20951
武 器	Weapons	2183	1359	4890
弹药、爆破	Ammunition, Blasting Caps	1972	1053	4319
G部（物理）	**Section G: Physics**	**444803**	**220516**	**865021**
测量、测试	Measurements,Testing	165265	94230	362392
光学技术	Optics	25726	14719	74638
照相术、电影术、电刻术	Photograpphy,Cinematography, Electrography	7663	4835	31254
测时技术	Horology	2461	1383	5498
控制、调节技术	Controlling, Regulating	28737	15071	59565
计算、推算、计数技术	Computing, Calculating, Counting	137429	50640	181190
核算装置	Checking Devices	16184	7111	27032
信号装置	Signaling	17174	8555	33239
教育、密码、显示、广告等	Education, Cryptography, Advertising, Seals	34326	18205	56962
乐器、声学	Musical Instruments, Acoustics	5214	2183	10497
信息的储存	Information Storage	2643	1973	16663
仪器的零部件	Instrument Details	245	146	850
核物理、核工程	Nuclear Physics, Nuclear Engineering	77		5228
本部其他类目中不包括的技术主题	Subject Matter not Otherwise Provided for in this Section	1659	1465	13
H部（电学）	**Section H: Electricity**	**347762**	**204262**	**954405**
基本电器元件	Basic Electric Elements	119016	79136	366060
电力的发电、变电或配电	Generation, Conversion, or Distribution of Electric Power	85770	51381	213104
基本电子电路	Basic Electronic Circuitry	6725	4963	25439
电信技术	Telecommunication Technique	107620	51390	276231
其他类不包括的电技术	Electric Technique not Otherwise Provided for	28631	17392	73571

8-14 国防专利申请数
National Defense Patent Applications

单位：件 (piece)

地区	Region	2000	2005	2010	2011	2012	2013	2014	2015	2016	2017
全国	**National Total**	**264**	**1587**	**6264**	**6787**	**8558**	**10578**	**4962**	**12749**	**13028**	**12283**
东部地区	Eastern Region	138	757	3576	3762	4963	5748	2841	6621	6855	6487
中部地区	Middle Region	36	271	1020	1168	1281	1611	620	2064	1880	1930
西部地区	Western Region	49	408	1383	1565	1936	2628	1200	3373	3645	3202
东北地区	Northeast Region	41	151	285	292	378	591	301	691	648	664
北京	Beijing	91	408	2323	2390	3250	3765	1849	4227	4167	3968
天津	Tianjin	1	10	66	167	168	154	17	282	281	290
河北	Hebei	16	47	128	149	164	219	94	268	213	207
山西	Shanxi	8	28	167	176	210	204	77	414	304	404
内蒙古	Inner Mongolia	2	2	93	92	105	152	71	192	145	222
辽宁	Liaoning	22	97	144	161	263	357	182	468	413	459
吉林	Jilin	12	27	51	30	30	65	39	70	57	41
黑龙江	Heilongjiang	7	27	90	101	85	169	80	153	178	164
上海	Shanghai	7	108	347	377	469	500	263	495	520	554
江苏	Jiangsu	15	113	512	445	564	789	440	852	1157	982
浙江	Zhejiang	2	27	25	46	63	94	55	135	117	170
安徽	Anhui	5	32	56	74	99	97	42	133	121	154
福建	Fujian		9	13	5	1	17	4	8	6	6
江西	Jiangxi	1	9	64	47	45	61	21	121	107	54
山东	Shandong	4	30	145	163	239	191	81	279	268	202
河南	Henan	4	48	227	267	282	426	91	524	621	555
湖北	Hubei	5	96	352	463	449	511	243	581	568	605
湖南	Hunan	13	58	154	141	196	312	146	291	159	158
广东	Guangdong	2	4	17	20	44	19	37	74	125	108
广西	Guangxi			18	15	24	28	8	39	17	20
海南	Hainan		1			1		1	1	1	
重庆	Chongqing	7	24	81	108	132	156	95	161	234	182
四川	Sichuan	9	76	244	328	356	501	220	636	881	660
贵州	Guizhou		27	62	67	99	149	42	108	127	112
云南	Yunnan	1	76	48	78	108	100	22	149	143	92
西藏	Tibet										
陕西	Shaanxi	22	190	758	788	1037	1435	689	2009	2006	1794
甘肃	Gansu	7	9	71	83	57	66	30	67	87	105
青海	Qinghai									2	
宁夏	Ningxia					2	11				
新疆	Xinjiang	1	4	8	6	16	30	23	12	3	15

8-15 国防专利授权数
National Defense Patent Grants

单位：件 (piece)

地 区	Region	2000	2005	2010	2011	2012	2013	2014	2015	2016	2017
全 国	**National Total**	**134**	**294**	**1664**	**3514**	**4142**	**6027**	**10108**	**10786**	**6830**	**7243**
东部地区	Eastern Region	55	156	839	1719	2233	3486	5534	6186	3784	3904
中部地区	Middle Region	33	40	293	630	733	1032	1752	1610	1029	1076
西部地区	Western Region	30	64	394	911	915	1254	2365	2471	1681	1871
东北地区	Northeast Region	16	34	138	254	261	255	457	519	336	392
北 京	Beijing	33	94	602	1167	1567	2407	3572	4087	2526	2495
天 津	Tianjin	1	1	20	44	63	62	205	176	75	133
河 北	Hebei	3	19	20	51	74	102	158	252	119	141
山 西	Shanxi	1	4	37	58	72	183	298	199	143	148
内蒙古	Inner Mongolia	1		12	32	29	48	145	114	70	81
辽 宁	Liaoning	12	11	72	127	104	110	249	348	213	267
吉 林	Jilin	3	18	34	41	59	67	67	45	46	40
黑龙江	Heilongjiang	1	5	32	86	98	78	141	126	77	85
上 海	Shanghai	2	7	42	152	181	242	534	576	314	297
江 苏	Jiangsu	10	22	102	225	260	507	733	747	522	559
浙 江	Zhejiang	1	2	21	35	39	38	73	82	65	86
安 徽	Anhui	7	13	19	40	49	104	111	77	56	64
福 建	Fujian			1	8	1	3	12	9	8	3
江 西	Jiangxi	1	1	9	23	21	35	82	53	57	56
山 东	Shandong	4	8	24	32	40	103	217	224	126	149
河 南	Henan	6	13	54	158	173	198	412	351	209	319
湖 北	Hubei	5	5	108	240	311	383	628	649	378	317
湖 南	Hunan	13	4	66	111	107	129	221	281	186	172
广 东	Guangdong	1	3	7	5	8	22	29	33	27	41
广 西	Guangxi		1	1	5		30	18	30	18	13
海 南	Hainan							1		2	
重 庆	Chongqing		4	13	44	44	53	147	136	62	101
四 川	Sichuan	8	16	76	177	166	220	444	493	346	340
贵 州	Guizhou			13	47	69	62	90	114	37	50
云 南	Yunnan	1	4	39	52	29	53	140	91	72	74
西 藏	Tibet										
陕 西	Shaanxi	18	35	220	516	522	741	1281	1420	978	1164
甘 肃	Gansu	2	3	19	29	44	40	89	57	63	33
青 海	Qinghai										
宁 夏	Ningxia							1		10	1
新 疆	Xinjiang		1	1	9	12	7	10	16	25	14

8-16 国防有效专利数
National Defense Patents in Force

单位：件 (piece)

地区	Region	2000	2005	2010	2011	2012	2013	2014	2015	2016	2017
全国	**National Total**	**679**	**1267**	**4010**	**6992**	**10340**	**15126**	**24336**	**34575**	**40812**	**40964**
东部地区	Eastern Region	327	594	1914	3358	5135	7971	13133	19094	22585	22914
中部地区	Middle Region	122	209	711	1254	1898	2715	4373	5871	6811	6794
西部地区	Western Region	160	333	1042	1872	2625	3638	5656	7962	9466	9628
东北地区	Northeast Region	70	131	343	508	682	802	1174	1648	1950	1628
北京	Beijing	177	354	1322	2298	3541	5506	8845	12819	15164	15443
天津	Tianjin	2	8	39	81	133	182	386	561	631	735
河北	Hebei	12	51	46	83	143	228	376	618	731	748
山西	Shanxi	21	33	87	134	196	340	633	803	942	946
内蒙古	Inner Mongolia	15	15	40	72	100	148	290	400	432	482
辽宁	Liaoning	50	79	225	320	387	450	638	969	1156	1078
吉林	Jilin	10	32	43	42	79	120	179	223	262	181
黑龙江	Heilongjiang	10	20	75	146	216	232	357	456	532	369
上海	Shanghai	9	23	114	247	407	601	1083	1604	1854	1775
江苏	Jiangsu	103	119	270	461	665	1072	1748	2473	2968	2996
浙江	Zhejiang	7	9	45	74	97	124	189	267	332	354
安徽	Anhui	12	22	71	97	140	230	336	401	446	430
福建	Fujian	1	1	2	8	6	5	17	26	34	31
江西	Jiangxi	3	6	19	41	62	97	179	232	284	341
山东	Shandong	11	19	59	86	116	209	416	621	737	695
河南	Henan	29	55	155	298	450	609	1008	1348	1537	1519
湖北	Hubei	19	31	214	445	730	1046	1624	2228	2579	2545
湖南	Hunan	38	62	165	239	320	393	593	859	1023	1013
广东	Guangdong	5	10	17	20	27	44	72	104	131	135
广西	Guangxi		1	2	7	7	34	52	82	100	92
海南	Hainan							1	1	3	2
重庆	Chongqing	7	17	53	91	113	152	276	389	440	371
四川	Sichuan	37	69	198	360	498	691	1101	1561	1882	1943
贵州	Guizhou	4	2	24	69	128	177	249	363	395	394
云南	Yunnan	6	10	73	120	149	190	240	322	383	410
西藏	Tibet										
陕西	Shaanxi	82	201	598	1069	1507	2110	3222	4546	5437	5568
甘肃	Gansu	6	13	44	68	100	108	188	245	308	288
青海	Qinghai										
宁夏	Ningxia							1	1	11	12
新疆	Xinjiang	3	5	10	16	23	28	37	53	78	68

8-17 按申请人分国防专利申请、授权和有效数
National Defense Patent Applications Accepted,Granted and in Force by Type of Applicant

单位：件 (piece)

年 份 Year	合 计 Total	大专院校 Universities and Colleges	科研单位 Research Institutions	企 业 Industrial and Enterprises	机关团体 Government Agencies and Organizations	个 人 Individual
一、申请量 Applications						
2000	264	65	118	41	15	25
2005	1587	437	761	333	39	17
2006	2945	564	1746	590	34	11
2007	3814	756	2277	730	49	2
2008	4754	1122	2724	835	66	7
2009	5574	1228	3195	1059	90	2
2010	6264	1224	3688	1195	155	2
2011	6787	973	4357	1263	182	12
2012	8558	1222	5525	1445	361	5
2013	10578	1437	7053	1688	394	6
2014	4962	923	3090	756	192	1
2015	12749	1557	8631	2207	352	2
2016	13028	1423	9088	2197	315	5
2017	12283	1413	8350	2222	295	3
二、授权量 Granted						
2000	134	46	57	18	10	3
2005	294	120	116	42	12	4
2006	213	72	100	35	5	1
2007	314	131	134	41	7	1
2008	653	244	286	97	24	2
2009	954	332	405	182	32	3
2010	1664	510	857	267	23	7
2011	3514	808	2035	619	44	8
2012	4142	933	2345	767	81	16
2013	6027	1173	3607	1080	165	2
2014	10108	1465	6443	1935	260	5
2015	10786	1506	7257	1662	354	7
2016	6830	904	4646	1066	210	4
2017	7243	868	4984	1175	216	
三、有效量 in Force						
2000	679	189	286	110	53	41
2005	1267	360	583	224	52	48
2006	1349	380	618	250	53	48
2007	1542	455	711	278	50	48
2008	2031	612	935	370	65	49
2009	2807	844	1281	542	88	52
2010	4010	1097	1991	773	97	52
2011	6992	1611	3862	1346	122	51
2012	10340	2073	5986	2052	169	60
2013	15126	2626	9168	2989	285	58
2014	24336	3886	15049	4808	536	57
2015	34575	5295	21995	6336	888	61
2016	40812	6129	26312	7217	1090	64
2017	40964	4649	28090	7371	833	21

8-18 国外主要检索工具收录我国论文总数及在世界上的位置
Number of Chinese Paper Taken by Major Foreign Referencing Systems and Precedence in the World

项 目 Item	1995	2000	2005	2009	2010	2011	2012	2013	2014	2015	2016
收录论文数(篇)											
Number of Papers Taken(piece)											
《Science Citation Index》	13134	30499	68226	127532	143769	165818	192761	232070	264522	296847	324189
《Engineering Index》	8109	13163	54362	97877	119374	127420	124382	163688	172914	218666	226495
《Conference Proceedings Citation Index-Science》	5152	6016	30786	54749	37780	52757	77518	68501	56642	41657	78236
位 次 Precedence											
《Science Citation Index》	15	8	5	2	2	2	2	2	2	2	2
《Engineering Index》	7	3	2	1	1	1	1	1	1	1	1
《Conference Proceedings Citation Index-Science》	10	8	5	2	2	2	2	2	2	2	2

注：为便于国际比较，本表数据统一使用各检索系统直接检索结果，未经逐一核对。
Note: For international comparison,data in this table refer to retrieval results using the retrieval systems without ticking off.

8-19 国外主要检索工具收录的我国科技人员在国内外期刊上发表论文数
Number of Papers by Chinese Scientists and Technicians Published in Domestic and Foreign Periodicals and Taken by Major Foreign Referencing System

单位：篇

项 目	Item	1995	2000	2005	2010	2011	2012	2013	2014	2015	2016
《Science Citation Index》收录合计	**Taken by SCI**	**7980**	**22608**	**63150**	**121026**	**136445**	**158615**	**192697**	**235139**	**265469**	**290647**
国内发表	Published in Domestic Periodicals	1087	9208	16669	25934	22988	22670	22125	24089	23407	21789
比重(%)	As % of Total	14	41	26.4	21.4	16.8	14.3	11.5	10.2	8.8	7.5
国外发表	Published in Foreign Periodicals	6893	13400	46481	95092	113457	135945	170572	211050	242062	268858
比重(%)	As % of Total	86	59	73.6	78.6	83.2	85.7	88.5	89.8	91.2	92.5
《Engineering Index》收录合计	**Taken by 《Engineering Index》**	**6791**	**13991**	**60301**	**119374**	**116343**	**116429**	**153717**	**163799**	**204332**	**213385**
国内发表	Published in Domestic Periodicals	3038	8293	35262	56578	54602	51146	54098	54866	61873	55263
比重(%)	As % of Total	45	59	58.5	47.4	46.9	43.9	35.2	33.5	30.3	25.9
国外发表	Published in Foreign Periodicals	3753	5698	25039	62796	61741	65283	99619	108933	142459	158122
比重(%)	As % of Total	55	41	41.5	52.6	53.1	56.1	64.8	66.5	69.7	74.1

注：表7-15至表7-19数据为逐一核对的第一作者单位在中国的论文数。
Note: Data from table 7-15 to 7-19 is the checked number of papers whose frist author belong to China.

8-20 国外主要检索工具收录我国科技论文按学科分布(2016年) Chinese Scientific Papers Taken by Major Foreign Referencing System by Discipline (2016)

学 科	Discipline	篇数(篇) Pieces(piece)			位 次 Precedence		
		SCI	EI	CPCI-S	SCI	EI	CPCI-S
合 计	**Total**	**290647**	**213385**	**71462**			
数 学	Mathematics	8746	4626	342	11	14	18
力 学	Mechanics	2743	3605	290	18	16	20
信息、系统科学	Information, Systems Science	770	627	249	31	24	22
物理学	Physics	29470	10571	4082	4	8	3
化 学	Chemistry	45503	7944	340	1	12	19
天文学	Astronomy	1544	436	44	23	25	30
地 学	Earth Science	10537	12944	1992	9	6	9
生物学	Biology	34657	16966	588	2	3	15
预防医学与卫生学	Protective Medicine	3236		98	17	32	27
基础医学	Basic Medicine	19260	337	1134	6	26	12
药 学	Pharmacy	8839		251	10	32	21
临床医学	Clinic Medicine	32109		3713	3	32	5
中医学	Traditional Chinese Medicine	1040			28	32	36
军事医学与特种医学	Special Medicine	277			36	32	36
农 学	Agriculture	3775	213	80	16	30	28
林 学	Forestry	688		4	34	32	34
畜牧、兽医科学	Livestock, Veterinary Medicine	1387		6	25	32	32
水产学	Aquatic	1285		6	26	32	32
测绘科学技术	Surveying & Mapping		2295		39	18	36
材料科学	Material Science	21993	20354	2398	5	2	8
工程与技术基础学科	Engineering & Basic Technology Science	1488	871	3785	24	23	4
矿山工程技术	Mining	377	1036	2	35	21	35
能源科学技术	Energy	6476	9665	3281	13	10	7
冶金、金属学	Metallurgy, Metallography	1676	7896	28	22	13	31
机械、仪表	Machinery, Instrument	4253	8657	3331	15	11	6
动力与电气	Power & Electrical Engineering	754	12798	930	32	7	14
核科学技术	Nuclear Technology	1246	217	130	27	29	25
电子、通讯与自动控制	Electronics,Communication & Automation	13012	14757	17964	7	5	1
计算技术	Computer	11401	10503	17915	8	9	2
化 工	Chemical Engineering	4500	251	244	14	27	23
轻工、纺织	Light Industry & Textile Industry	7	906		38	22	36
食 品	Food	1965	61	117	20	31	26
土木建筑	Civil Construction	2460	15622	1694	19	4	10
水 利	Water Conservancy	1803	2962	67	21	17	29
交通运输	Transportaiton	690	4326	211	33	15	24
航空航天	Aviation and Aerospace	898	2051	417	29	19	17
环 境	Environment	8667	37948	1614	12	1	11
安全科学技术	Security	101	227	471	37	28	16
管 理	Management Science	830	1604	1088	30	20	13
其 他	Others	184	109	2556			

8-21 国外主要检索工具收录我国科技论文按地区分布(2016年)
Chinese Scientific Papers Taken by Major Foreign Referencing System by Region (2016)

地区	Region	篇数(篇) Pieces(piece)			位次 Precedence		
		SCI	EI	CPCI-S	SCI	EI	CPCI-S
全国	**National Total**	**290647**	**213385**	**71462**			
北京	Beijing	48578	37223	15369	1	1	1
天津	Tianjin	8510	7100	1830	12	13	13
河北	Hebei	3723	3618	1636	20	19	16
山西	Shanxi	2906	2499	352	23	21	24
内蒙古	Inner Mongolia	929	779	259	27	26	26
辽宁	Liaoning	10572	8845	3056	10	10	8
吉林	Jilin	7054	5319	1646	15	15	15
黑龙江	Heilongjiang	7719	7357	2349	14	12	11
上海	Shanghai	26306	15834	5231	3	3	3
江苏	Jiangsu	30948	22528	6361	2	2	2
浙江	Zhejiang	14741	9419	2636	8	8	10
安徽	Anhui	7749	6226	1658	13	14	14
福建	Fujian	5792	3755	882	18	18	20
江西	Jiangxi	3020	2284	1088	21	22	19
山东	Shandong	15114	9147	2967	7	9	9
河南	Henan	6717	4748	1493	17	17	17
湖北	Hubei	15444	11557	4047	5	5	6
湖南	Hunan	9551	8498	2344	11	11	12
广东	Guangdong	18145	9621	4070	4	7	5
广西	Guangxi	2190	1272	621	24	24	23
海南	Hainan	642	251	208	28	28	28
重庆	Chongqing	6721	5021	1412	16	16	18
四川	Sichuan	12231	9830	3058	9	6	7
贵州	Guizhou	1184	665	300	26	27	25
云南	Yunnan	2918	1488	713	22	23	21
西藏	Tibet	29	15	9	31	31	31
陕西	Shaanxi	15160	14580	4855	6	4	4
甘肃	Gansu	3945	2784	626	19	20	22
青海	Qinghai	250	127	90	30	30	29
宁夏	Ningxia	311	175	80	29	29	30
新疆	Xinjiang	1548	820	216	25	25	27

8-22 2001-2016年《SCI》收录的我国科技论文的10年滚动被引用情况
Citation Impact of Chinese Scientific Papers in 10 Year over Lapping Taken in SCI

单位：篇

项　目	Item	2001-2010	2002-2011	2003-2012	2004-2013	2005-2014	2006-2015	2007-2016
收录论文数 (A)	Number of Papers Taken by SCI	685528	803463	935439	1102007	1089964	1599251	1830098
被引用次数 (B)	Citations times	3610501	5095534	6147148	8180753	8614382	14249025	18190895
论文影响 (B/A)	Impact	5.27	6.34	6.57	7.42	7.90	8.91	10.06

8-23 中文科技期刊刊登的科技论文篇数按机构类型分类(2016年)
Scientific Papers Published in Chinese Science and Technology Periodicals by Type of Institutions (2016)

单位：篇　　(piece)

项　目	Item	合　计 Total	高等院校 Universities	研究机构 Research Institutes	企　业 Enterprises	医　院 Hospital	其　他 Others
总　计	**Total**	**494207**	**319647**	**56447**	**22715**	**75413**	**19985**
基础学科	Basic Disciplines	51975	36735	9924	1184	321	3811
数　学	Mathematics	5664	5450	133	22	2	57
力　学	Mechanics	1886	1618	198	31	2	37
信息、系统	Information, System Science	332	302	24	4		2
物　理	Physics	5460	4252	1007	48	6	147
化　学	Chemistry	9823	7405	1476	327	31	584
天　文	Astronomy	525	250	237			38
地　学	Earth Sciences	14068	6989	3920	590	6	2563
生　物	Biological Sciences	14217	10469	2929	162	274	383
医药卫生	Medical Care	207629	115710	10824	1111	73961	6023
农林牧渔	Agriculture, Forestry, Animal Husbandry and Fishery	33126	19996	9946	791	38	2355
工业技术	Manufacturing Technology	180374	130982	23507	19205	293	6387
其　他	Others	21103	16224	2246	424	800	1409

8-24 重大科技成果
Major Research Results of Science and Technology

单位：项 (item)

项目	Item	2000	2005	2010	2012	2013	2014	2015	2016	2017
合计	**Total**	**32858**	**32359**	**42108**	**51723**	**52477**	**53140**	**55284**	**58779**	**59792**
按成果类别分组										
基础理论	Elementary Theory	2368	2129	3288	5995	3918	5117	5115	5565	6535
应用技术	Applied Technology	28843	28559	37029	43234	46456	46091	48363	51728	51677
软科学	Soft Science	1647	1671	1791	2494	2103	1932	1806	1486	1580
按完成单位类型分组	**by Type of Performing Institutes**									
研究机构	Research Institutions	7859	6140	7141	8244	8165	7170	9061	8879	8708
高等院校	Universities	6508	7469	8536	9837	10193	10249	10235	10780	10621
企业	Enterprises	10586	11525	16704	20904	22688	22094	23650	23896	25126
其他	Others	7905	7225	9727	12738	11431	13627	12338	15224	15337
应用技术成果按行业分组	**by Industries**									
农林牧渔业	Farming, Forestry, Animal Husbandry and Fishery	4147	5123	5868	7354	7311	7288	6970	7831	7974
采矿业	Mining	600	1004	1568	1728	1731	1657	1251	1244	1385
制造业	Manufacturing	5334	5054	7526	9683	10921	11241	12366	13958	14170
电力、热力、煤气及水的生产和供应业	Production and Distribution of Electricity,Gas and Water	1279	1274	2647	2629	2712	2711	2702	2826	2832
建筑业	Construction	1189	1334	1376	1760	1741	1739	1703	1908	1891
批发和零售业	Wholesale and Retail Trade	152	109	146	139	145	108	96	100	78
交通运输、仓储和邮政业	Traffic,Transport, Storage and Post	1963	1641	1704	2154	2182	1790	1693	1674	1669
金融业	Finance	244	175	82	210	254	255	229	317	393
房地产业	Real Estate	176	72	52	65	90	54	76	47	72
科学研究和技术服务业	Scientific Research, Technical Service			4571	2660	5568	6205	6651	6957	7178
水利、环境和公共设施管理业	Management of Water Conservancy, Environment and Public Establishment	580	655	1077	1467	1411	1413	1296	1448	1344
居民服务、修理和其他服务业	Resident Services and Other Services	404	407	187	275	282	152	164	276	253
卫生和社会工作	Sanitation and Social Works	6009	5834	7622	9802	9002	8237	9541	9310	8336
文化、体育和娱乐业	Culture, Sports and Entertainment	456	253	342	498	375	168	183	285	212
公共管理、社会保障和社会组织	Public Management and Social Organization	501	649	423	618	544	635	568	547	615
其他	Others	3655	741	1838	2192	2187	2438	2874	3000	3276

8-25 国家级科技奖励
National Science and Technology Awards

单位：项 (item)

项目	Item	2000	2005	2010	2011	2012	2013	2014	2015	2016	2017
合计	**Total**	**292**	**321**	**356**	**384**	**337**	**323**	**327**	**302**	**287**	**280**
一、国家科学技术进步奖	**National S&T Advancement Award**	**250**	**236**	**273**	**283**	**212**	**188**	**202**	**187**	**171**	**170**
特等	Special Grade			3	1	3	3	3	3	2	3
一等	1st Class	22	18	31	20	22	24	26	17	20	21
二等	2nd Class	228	218	239	262	187	161	173	167	149	146
二、国家技术发明奖	**National Invention Award**	**23**	**40**	**46**	**55**	**77**	**71**	**70**	**66**	**66**	**66**
一等	1st Class		1	2	2	3	2	3	1	3	4
二等	2nd Class	23	39	44	53	74	69	67	65	63	62
三、国家自然科学奖	**National Natural Science Award**	**15**	**38**	**30**	**36**	**41**	**54**	**46**	**42**	**42**	**35**
一等	1st Class						1	1	1	1	2
二等	2nd Class	15	38	30	36	41	53	45	41	41	33
四、国家最高科学技术奖	**National Supreme Award of Science and Technology**	**2**	**2**	**2**	**2**	**2**	**2**	**1**		**2**	**2**
五、国际科学技术合作奖	**International Science and Technology Co-operation Award**	**2**	**5**	**5**	**8**	**5**	**8**	**8**	**7**	**6**	**7**

8-26　国家级科技奖励分布
Distribution of National Science and Technology Awards

单位：项　　　　　　　　　　　　　　　　　　　　　　　　　　　　　　(item)

项　目	Item	2000	2005	2010	2011	2012	2013	2014	2015	2016	2017
一、国家科技进步奖	**National S&T Advancement Award**	**250**	**236**	**273**	**283**	**212**	**188**	**202**	**187**	**171**	**170**
按行业分组	**by Industries**										
工业交通	Manufacturing and Transportation	79	113	91	98	69	67	71	64	65	58
农林牧渔	Agriculture, Forestry, Animal Husbandry and Fishery	24	27	41	27	56	24	52	26	19	19
文教卫生	Education, Culture and Health Care	35	35	38	47	27	25	28	32	28	22
国防公安	National Defense and Public Security	71	61	59	65	50	51	48	46	39	38
其　他	Others	41		44	46	10	21	3	19	20	33
按隶属分组	**by Subordination**										
部　委	Ministries and Commissions	123	62	82	63	68	44	45	35	43	42
省市自治区	Province	51	79	98	102	54	56	68	69	49	45
其它单位	Others		31	58	53	40	37	41	37	40	45
军　口	Military System	76	64	35	65	50	51	48	46	39	38
二、国家技术发明奖	**National Invention Award**	**23**	**40**	**46**	**55**	**77**	**71**	**70**	**66**	**66**	**66**
按行业分组	**by Industries**										
工业交通	Manufacturing and Transportation	16	28	21	29	45	37	39	36	40	37
农林牧渔	Agriculture, Forestry, Animal Husbandry and Fishery	1	5	4	5	11	8	12	6	5	3
文教卫生	Education, Culture and Health Care	3	1	3	4	7	3	3	2	2	2
国防公安	National Defense and Public Security	2	6	13	14	14	16	16	16	19	17
其　他	Others	1		5	3		7		6		7
按隶属分组	**by Subordination**										
部　委	Ministries and Commissions	12	12	17	14	21	22	17	17	14	12
省市自治区	Province	9	15	15	21	24	17	21	18	19	14
其它单位	Others		6	9	6	18	16	16	15	14	23
军　口	Military System	2	7	5	14	14	16	16	16	19	17
三、国家自然科学奖	**National Natural Sciences Award**	**15**	**38**	**30**	**36**	**41**	**54**	**46**	**42**	**42**	**35**
按学科分组	**by Disciplines**										
数　理	Maths & Physics	3	7	8	5	10	12	8	8	7	2
化　学	Chemistry	3	6	6	6	7	7	6	5	7	5
生物医学	Biol-medical	3	10	6	7	9	10	10	6	5	7
地　球	Earth Sciences	5	6	4	6	4	5	7	5	6	6
材料工程	Material Engineering	1	7	4	8	6	13	8	10	6	4
信　息	Information		2	2	4	5	7	7	8	6	5
其　他	Others									5	6
按隶属分组	**by Subordination**										
部　委	Ministries and Commissions	11	17	10	22	27	27	21	12	18	10
省市自治区	Province	4	20	14	11	12	20	19	20	13	5
其它单位	Others				3	1	2	2	7	1	1
专家推荐	Expertise		1	6		1	5	4	3	10	19

8-27 商标注册申请及核准注册商标

Registration Application and Approved of Trademark

单位：件 (piece)

年 份	注册申请 Registration Application				核准注册 Registration Approved			
	国内 Domestic	国际 International	马德里 Madrid	合计 Total	国内 Domestic	国际 International	马德里 Madrid	合计 Total
1986	45031	5939		50970	26993	5126		32119
1987	40014	4055		44069	27687	4454		32141
1988	41683	5866		47549	25448	3604		29052
1989	43202	5209		48411	31810	4625		36435
1990	50853	4371	2048	57272	25966	4036	1269	31271
1991	59124	5885	2595	67604	34501	3523	2306	40330
1992	79837	8367	2591	90795	42710	4198	1180	48088
1993	107758	21014	3551	132323	42668	3999	2059	48726
1994	117186	20238	5193	142617	47482	7803	3016	58301
1995	144610	21442	6094	172146	59895	12591	19380	91866
1996	122057	22615	7132	151804	101178	15843	11407	128428
1997	118577	21676	8502	148755	188047	24958	10033	223038
1998	129394	18252	10037	157683	80095	14137	13478	107710
1999	140620	18883	11212	170715	96139	13896	12366	122401
2000	181717	24623	16837	223177	129441	16327	12807	158575
2001	229775	23234	17408	270417	167563	19017	16259	202839
2002	321034	37221	13681	371936	169904	23364	19265	212533
2003	405620	33912	12563	452095	206070	21188	15253	242511
2004	527591	44938	15396	587925	225394	25069	16156	266619
2005	593382	52166	18469	664017	218731	23792	16009	258532
2006	669276	56840	40203	766319	228814	25254	21573	275641
2007	604952	59714	43282	707948	215161	19159	29158	263478
2008	590525	60704	46890	698119	342498	31870	29101	403469
2009	741763	51966	36748	830477	737228	68471	31944	837643
2010	973460	67838	30889	1072187	1211428	108510	29299	1349237
2011	1273827	95831	47127	1416785	926330	66074	30294	1022698
2012	1502540	97190	48586	1648316	919951	58656	26290	1004897
2013	1733361	95177	53008	1881546	909541	59496	27687	996724
2014	2139973	93284	52101	2285358	1242840	86394	45870	1375104
2015	2658674	116687	60205	2835566	2077037	99852	49552	2226441
2016	3526827	112347	52191	3691365	2119032	97497	38416	2254945
2017	5538980	141951	67244	5748175	2656039	13594110	94147	41886
累 计	**25559275**	**1461562**	**731783**	**27801801**	**15614190**	**14580791**	**625574**	**14518145**

8-28 各地区商标注册申请与注册(2017年)
Registration Application and Approved of Trademark by Region (2017)

单位：件 (piece)

地区	Region	申请数 Applications	核准注册 Registrations Approved	1991-2015年核准注册商标 1991-2015 Registrations Approved	截至2015年底有效注册量 Registrations Effected by the end of 2014
全国	**National Total**	**5538980**	**2656039**	**13799514**	**13594110**
北京	Beijing	490086	264231	1157974	1141776
天津	Tianjin	49849	26938	161083	159048
河北	Hebei	164274	74171	365293	360067
山西	Shanxi	40016	19948	110553	108969
内蒙古	Inner Mongolia	46580	21782	117636	115917
辽宁	Liaoning	85977	44794	255940	250184
吉林	Jilin	52815	22807	127539	125297
黑龙江	Heilongjiang	60122	31856	167512	164575
上海	Shanghai	343879	192661	889912	878460
江苏	Jiangsu	352736	159474	903144	888601
浙江	Zhejiang	546987	254918	1570660	1544827
安徽	Anhui	163261	65423	305089	301957
福建	Fujian	296171	128709	745402	734624
江西	Jiangxi	105660	43806	206571	204053
山东	Shandong	284475	141238	733256	722833
河南	Henan	208393	97536	453642	448013
湖北	Hubei	145367	59600	298334	294792
湖南	Hunan	138400	66897	324326	319766
广东	Guangdong	1095053	514024	2557822	2525055
广西	Guangxi	55794	26095	129230	127544
海南	Hainan	21175	9953	60031	59156
重庆	Chongqing	102532	52639	293158	290072
四川	Sichuan	194765	93701	485756	478192
贵州	Guizhou	53766	23488	113121	112343
云南	Yunnan	80246	42064	215767	212407
西藏	Tibet	10511	3264	12061	12890
陕西	Shaanxi	88754	44481	246576	242900
甘肃	Gansu	24920	12835	54265	53499
青海	Qinghai	10444	4799	23336	22981
宁夏	Ningxia	13368	7150	32696	32319
新疆	Xinjiang	40560	25426	126488	124871
香港	Hongkong	150392	63374	392856	377661
澳门	Macao	1344	832	5063	4972
台湾	Taiwan	20308	15125	157422	153489

8-29 集成电路布图设计登记申请和登记发证(2017年)
Registration Application and Registration Certification of Integrated Circuit Layout-design (2017)

单位：件 (piece)

地 区	Region	申请数 Application	发证数 Certification
总 计	**Total**	**3228**	**2670**
国 内	**Domestic**	**3174**	**2574**
北 京	Beijing	259	217
天 津	Tianjin	12	13
河 北	Hebei	6	16
山 西	Shanxi	3	
内蒙古	Inner Mongolia	2	1
辽 宁	Liaoning	8	6
吉 林	Jilin		
黑龙江	Heilongjiang	2	1
上 海	Shanghai	716	566
江 苏	Jiangsu	396	370
浙 江	Zhejiang	175	124
安 徽	Anhui	437	308
福 建	Fujian	114	105
江 西	Jiangxi	5	3
山 东	Shandong	24	24
河 南	Henan		
湖 北	Hubei	50	45
湖 南	Hunan	28	27
广 东	Guangdong	609	530
广 西	Guangxi	2	
海 南	Hainan		
重 庆	Chongqing	23	25
四 川	Sichuan	180	106
贵 州	Guizhou	8	3
云 南	Yunnan	4	1
西 藏	Tibet	1	
陕 西	Shanxi	101	80
甘 肃	Gansu		
青 海	Qinghai		
宁 夏	Ningxia		
新 疆	Xinjiang		1
香 港	Hongkong	7	
台 湾	Taiwan	2	2
国 外	**Abroad**	**54**	**96**
美 国	USA	54	96

8-30 农业植物新品种权申请和授权(2017年)
Application and Granted of New Variety Rights of Agriculture Plants(2017)

单位：件 (piece)

项 目	Item	申 请 Application	授 权 Granted
合 计	**Total**	**3842**	**1486**
一、按单位性质分	**by Units**		
国内科研	Domestic Research	1181	627
国内企业	Domestic Enterprises	1906	599
国内教学	Domestic Education	263	86
国内个人	Domestic Individuals	138	67
国外企业	Foreign Enterprises	314	106
国外个人	Foreign Individuals	3	
国外教学	Foreign Education	4	
国外科研	Foreign Research	33	1
二、按植物种类划分	**by Plant Species**		
大田作物	Field Crops	2756	1174
蔬 菜	Vegetables	601	83
花 卉	Flowers	300	121
果 树	Fruit Tree	125	80
牧 草	Pasture	2	1
其 他	Others	58	27

8-31 农业植物新品种权申请和授权(2017年)
Application and Granted of New Variety Rights of Agriculture Plants (2017)

单位：件 (piece)

		申 请 Application	授 权 Granted
总 计	**Total**	**3842**	**1486**
国 内	**Domestic**	**3488**	**1379**
北 京	Beijing	473	143
天 津	Tianjin	31	13
河 北	Hebei	155	43
山 西	Shanxi	25	12
内蒙古	Inner Mongolia	47	26
辽 宁	Liaoning	44	39
吉 林	Jilin	101	63
黑龙江	Heilongjiang	262	129
上 海	Shanghai	50	37
江 苏	Jiangsu	169	92
浙 江	Zhejiang	126	42
安 徽	Anhui	240	128
福 建	Fujian	110	50
江 西	Jiangxi	46	9
山 东	Shandong	323	63
河 南	Henan	342	70
湖 北	Hubei	66	24
湖 南	Hunan	190	62
广 东	Guangdong	186	54
广 西	Guangxi	75	18
海 南	Hainan	17	8
重 庆	Chongqing	23	15
四 川	Sichuan	89	83
贵 州	Guizhou	28	9
云 南	Yunnan	119	105
西 藏	Tibet		5
陕 西	Shaanxi	60	12
甘 肃	Gansu	53	8
青 海	Qinghai		1
宁 夏	Ningxia	10	5
新 疆	Xinjiang	15	11
台 湾	Taiwan	13	
国 外	**Abroad**	**354**	**107**
荷 兰	Netherlands	74	35
美 国	USA	102	49
韩 国	Korea	1	3
日 本	Japan	68	8
德 国	Germany	31	9
比利时	Belgium		
法 国	France	50	
意大利	Italy	2	
西班牙	Spain	4	
以色列	Israel	6	
澳大利亚	Australia		
新西兰	New Zealand		
南 非	South Africa	1	
英 国	England	1	
希 腊	Greece		
爱尔兰	Ireland		
瑞 士	Switzerland	13	3
智 利	Chile		

8-32 按技术合同构成分全国技术市场成交合同数
Contract Deals in Domestic Technical Markets by Type of Contracts

单位：项 (item)

项　目	Item	2010	2011	2012	2013	2014	2015	2016	2017
合　计	**Total**	**229601**	**256428**	**282242**	**294929**	**297037**	**307132**	**320437**	**367586**
一、按合同类别分	**by Type of Technical Income**								
技术开发	Technology Development	105627	126420	150178	153959	148946	153433	148582	169466
委托开发	Commissioned Development	100093	120086	143302	146121	140662	144228	137532	153603
合作开发	Cooperated Development	5534	6334	6876	7838	8284	9205	11050	15863
技术转让	Technology Transfer	12377	11067	11858	11797	12499	12787	12556	16698
技术秘密转让	Technical Secrets Transfer	8529	6949	7364	7416	7277	6928	6094	6361
专利实施许可转让	Patent License Transfer	2004	2079	2175	2301	1961	1999	1862	4176
专利权转让	Patent Right Transfer	669	878	1007	1143	1454	1799	2522	4013
专利申请权转让	Patent Application Right Transfer	90	162	120	160	162	204	238	329
计算机软件著作权转让	Computer Software Copyright Transfer	437	488	818	381	1258	1216	740	819
集成电路布图设计专有权转让	Integrated Circuit Layout Design Exclusive Right Transfer	28	37	24	21	21	51	25	27
设计著作权转让	Design copyright Transfer							11	25
植物新品种权转让	New Species of Plants	344	220	179	160	185	292	385	491
生物、医药新品种权转让	New Species of Biology and Medicine Patent Right Transfer	276	254	171	215	181	298	375	252
技术咨询	Technology Consultation	27714	31581	32582	32564	27911	33559	24447	26735
技术服务	Technology Service	83883	87360	87624	96609	107681	107353	134852	154687
一般性技术服务	Normal Technology Service	82972	86383	86640	95480	106312	105481	132172	152463
技术中介	Technology Intermediary	120	167	305	124	154	349	1485	586
技术培训	Technology Training	791	810	679	1005	1215	1523	1195	1638
二、按知识产权构成分	**by Intellectural Right**								
技术秘密	Technology Secrets	75362	84845	89506	88649	87700	86266	78319	80258
专利	Patent	4259	5565	6531	6951	7111	7805	9839	15229
发明专利	Invention	2565	3339	3997	4330	4662	4649	5914	9705
实用新型专利	Utility Model	1448	2104	2378	2384	2264	2962	3642	5141
外观设计专利	Design	246	122	156	237	185	194	283	383
计算机软件	Computer Software	42379	48226	55834	49107	48593	46931	46264	51026
植物新品种	New Species of Plants	1076	799	779	590	514	793	796	891
集成电路布图设计	IC Layout Design	573	1359	849	1828	447	685	1079	762
生物、医药新品种	New Species of Biology and Medicine	2619	2575	2626	8747	1967	2401	2368	2653
未涉及知识产权	Others	103333	113059	126117	139057	150705	160547	179361	214546
设计著作权	Design copyright							2411	2221

8-32 续表 continued

单位：项 (item)

项目	Item	2010	2011	2012	2013	2014	2015	2016	2017
三、按技术领域分	**by Technical Field**								
电子信息技术	IT Technology	88538	99241	118800	118496	119066	122538	136246	143633
航空航天技术	Aviation and Aerospace Technology	4168	4726	5500	6340	7440	10079	9680	10396
先进制造技术	Advanced Manufacture Technology	21135	20105	24753	25559	31534	32071	30490	36636
生物、医药和医疗器械技术	Biology,Medicine and Medical Machine Technology	15290	18635	19120	21094	21255	23549	26177	29796
新材料及其应用	Advanced Material and Aplication	9360	10872	12415	12859	10609	12442	12793	15060
新能源与高效节能	New Energy and Power Saving	22357	23071	21268	22246	19234	20894	18432	23608
环境保护与资源综合利用技术	Environment and Source Application Technology	20236	20880	21300	21707	18436	20887	19205	27603
核应用技术	Nuclear Application Technology	885	913	1108	1059	806	404	491	648
农业技术	Agriculture Technology	6091	6699	9188	11766	12380	13126	13996	19590
现代交通	Modern Traffic	9118	10307	10147	10950	16160	11526	10895	10923
城市建设与社会发展	Urban Construction and Social Development	32423	40979	38643	42853	40117	39616	42032	49693
四、按社会经济目标分	**by Socail and Economic Objectives**								
农林牧渔业发展	Farming,Forestry and Fishery	6917	7611	10405	13204	12820	13981	14995	20059
工商业发展	Industry Promotion	39285	43193	47393	24452	20188	28135	28019	36822
能源生产、分配和合理利用	Energy Production,Distribution and Application	19351	19823	17916	24438	25249	19133	16598	21903
基础设施以及城市和农村规划	Infrastructure,Urban and Ruarl Planning	14559	19723	22254	24289	23358	20477	23050	22706
环境保护、生态建设及污染防治	Environmental Protection,Ecological Building and Pollution Prevention	14892	15127	14631	19554	17964	18575	18070	26494
卫生事业发展	Sanitation Development	7827	9623	8732	14666	13076	16306	17859	18728
社会发展和社会服务	Social Development and Social Service	59128	68879	85012	96913	106158	111019	116742	127466
地球和大气层的探索与利用	Earth and Atmosphere Exploration and Utility	661	638	798	2516	4080	421	676	548
教育事业发展	Education Development	5510	7007	7402	6500	7237	7191	10593	10852
民用空间探测及开发	Civil Aerospace Exploration	7311	5899	4905	3674	1585	1844	1415	1725
国防	Defense	4213	5146	7171	7347	7715	11757	11991	12026
其他民用目标	Other Civil Purpose	49947	53759	55623	57376	51049	49233	48157	56757
非定向研究	Nondirective Research						9060	12272	11500

8-33 按技术合同构成分全国技术市场成交合同金额
Value of Contract Deals in Domestic Technical Markets by Type of Contracts

单位：万元 (10 000 yuan)

项目	Item	2010	2012	2013	2014	2015	2016	2017
合计	**Total**	**39065753**	**64370683**	**74691254**	**85771790**	**98357896**	**114069816**	**134242245**
一、按技术性收入的类型分	**by Type of Technical Income**							
技术开发	Technology Development	16342394	26359452	27734127	29490054	30471820	34796413	47485447
委托开发	Commissioned Development	14017686	24574266	26041080	26490243	27339210	31390386	40029867
合作开发	Cooperated Development	2324708	1785186	1693047	2999811	3132610	3406027	7455580
技术转让	Technology Transfer	6100996	10208414	10837592	11371714	14665294	16078867	14002811
技术秘密转让	Technical Secrets Transfer	4428966	6880739	7755045	8533933	11511716	6274102	6792785
专利实施许可转让	Patent License Transfer	632842	2467125	2396267	1672625	1172986	3861730	2922040
专利权转让	Patent Right Transfer	433217	431609	316292	577016	925292	850615	1383493
专利申请权转让	Patent Application Right Transfer	64039	42417	31909	46003	44672	73770	90058
计算机软件著作权转让	Computer Software Copyright Transfer	104044	252776	210689	238957	617961	408110	366011
集成电路布图设计专有权转让	Integrated Circuit Layout Design Exclusive Right Transfer	17971	1954	5030	17027	44080	238412	141781
设计著作权转让	Design copyright Transfer						1399	17987
植物新品种权转让	New Species of Plants Patent Right Transfer	249444	37224	31523	38307	182452	194424	121273
生物、医药新品种权转让	New Species of Biology and Medicine Patent Right Transfer	170472	94570	90836	247847	166135	265216	155789
技术咨询	Technology Consultation	1166376	1502163	1951027	2442863	2631180	4683265	4492289
技术服务	Technology Service	15455987	26300654	34168507	42467158	50589603	58511271	68261698
一般性技术服务	Normal Technology Service	15072444	26217001	33991905	42304505	49963295	58011939	66742900
技术中介	Technology Intermediary	17747	34963	31750	74441	197355	241380	179426
技术培训	Technology Training	365796	48690	144852	88213	428953	257952	1339371
二、按知识产权构成分	**by Intellectural Right**							
技术秘密	Technology Secrets	14880803	20170028	22231149	26257535	25344591	26575542	29912687
专利	Patent	2840886	6708450	5696288	6614237	6753434	12973196	14204704
发明专利	Invention	1493441	4639600	2864671	4332886	3572037	7307373	8706940
实用新型专利	Utility Model	1177995	2039812	2812200	2171791	3067496	5570794	5313921
外观设计专利	Design	169450	29038	19417	109560	113902	95028	183844
计算机软件	Computer Software	4273564	8020308	6580997	7079207	6866398	8354526	8526746
植物新品种	New Species of Plants	93159	235667	231223	236727	265589	353516	328249
集成电路布图设计	IC Layout Design	240257	502547	1221546	360165	358039	429826	533307
生物、医药新品种	New Species of Biology and Medicine	867857	573211	1972657	730706	831678	734589	1197028
未涉及知识产权	Others	15869228	28160474	36757393	44493212	57276956	63508536	78735493
设计著作权	Design copyright						1140085	804031

8-33 续表 continued

单位：万元 (10 000 yuan)

项 目	Item	2010	2012	2013	2014	2015	2016	2017
三、按技术领域分	**by Technical Field**							
电子信息技术	IT Technology	11722362	19301188	19465060	21826327	24973350	33129453	38607227
航空航天技术	Aviation and Aerospace Technology	490609	1359669	1640874	2560390	2771133	2676018	4254075
先进制造技术	Advanced Manufacture Technology	5681014	9855280	9513366	12425453	13507167	14410471	15843314
生物、医药和医疗器械技术	Biology,Medicine and Medical Machine Technology	2459065	2820063	3963664	4114555	5106516	6127297	7502520
新材料及其应用	Advanced Material and Aplication	1899588	3324911	3211892	4422276	4452197	5127952	5010016
新能源与高效节能	New Energy and Power Saving	5446969	6482515	7365404	9269144	10642935	11388154	12021350
环境保护与资源综合利用技术	Environment and Source Application Technology	2582589	4543668	6803814	6937698	8004181	9264109	10698894
核应用技术	Nuclear Application Technology	331258	3836376	3354838	3296828	3901318	763865	292010
农业技术	Agriculture Technology	855798	1809170	2330207	3093548	3080496	3178260	4074813
现代交通	Modern Traffic	5283271	6491072	9683286	9683502	9818918	13687734	16653203
城市建设与社会发展	Urban Construction and Social Development	2313230	4546772	7358847	8142067	12099686	14316503	19284823
四、按社会经济目标分	**by Socail and Economic Objectives**							
农林牧渔业发展	Farming,Forestry and Fishery	912955	1939458	2351218	3108331	2649378	3084815	4204404
工商业发展	Industry Promotion	8687805	13557607	7820716	7592289	11832327	12454604	19246645
能源生产、分配和合理利用	Energy Production,Distribution and Application	3454779	9230784	8377690	13515100	9822174	10731280	11150576
基础设施以及城市和农村规划	Infrastructure,Urban and Ruarl Planning	7276996	8548898	13997232	11784955	11503248	15056385	19033606
环境保护、生态建设及污染防治	Environmental Protection,Ecological Building and Pollution Prevention	1441520	2820672	4243877	5926020	7714736	9094087	10517303
卫生事业发展	Sanitation Development	1146284	1417140	2337549	2278378	3234914	4071510	4378747
社会发展和社会服务	Social Development and Social Service	6738125	12943981	20331124	21931927	30174080	35296542	38821539
地球和大气层的探索与利用	Earth and Atmosphere Exploration and Utility	50114	69984	163648	1404086	87243	234723	119448
教育事业发展	Education Development	401228	914437	578234	755301	691946	746660	717617
民用空间探测及开发	Civil Aerospace Exploration	619649	666968	497517	232608	405674	624798	505418
国防	Defense	528007	1211581	1869779	1606585	2549196	2702260	2975035
其他民用目标	Other Civil Purpose	7808293	11049173	12122670	13445881	14542349	15911988	20063635
非定向研究	Nondirective Research					3150633	4060166	2508271

8-34 按买卖方构成类别分全国技术市场成交合同数
Contract Deals in Domestic Technical Markets by Category of Technology Seller and Buyer

单位：项 (item)

项　目	Item	2010	2012	2013	2014	2015	2016	2017
总　计	**Total**	**229601**	**282242**	**294929**	**297037**	**307132**	**320437**	**367586**
一、按卖方构成类别分	**Category of Technology Seller**							
机关法人	Governments	692	2089	1967	3022	1904	1546	1457
事业法人	Public Organizations	79012	101485	104633	98184	104626	97196	112032
科研机构	Research Institutes	29673	36140	33118	29328	40663	30804	35054
高等院校	Higher Education	42251	57966	64368	54364	57081	59769	69782
医疗、卫生	Medical and Sanitation	1575	2347	2627	3196	2965	2843	2916
其它	Others	5513	5032	4520	11296	3917	3780	4280
社团法人	Social Organization	1677	3887	1609	1116	1258	968	1402
企业法人	Enterprises	146526	172249	183430	191654	196517	218387	250126
内资企业	Domestic Funded Enterprises	132253	155705	167211	176003	182410	202784	232329
港澳台商投资企业	Enterprises with Funds from Hongkong, Macao and Taiwan	2454	2958	2512	3048	2780	2977	3267
外商投资企业	Foreign Funded Enterprises	10245	10793	10686	9718	8462	9792	10441
个体经营	Private Enterprises	556	797	897	740	1002	1361	2250
国外企业	Oversea Enterprises	1018	1996	2124	2145	1863	1473	1839
自然人	Natural Person	631	2259	1381	1171	751	1004	1070
其他组织	Other Organizations	1063	273	1909	1890	2076	1336	1499
二、按买方构成类别分	**Category of Technology Buyer**							
机关法人	Governments	19515	29351	31578	35770	40280	42626	50434
事业法人	Public Organizations	31925	41275	43394	46290	50908	57945	58324
科研机构	Research Institutes	12754	16806	17825	18472	21038	21272	21968
高等院校	Higher Education	5654	7975	8057	9435	9647	11895	11921
医疗、卫生	Medical and Sanitation	3190	3309	4266	4207	4387	4294	4954
其它	Others	10327	13185	13246	14176	15836	20484	19481
社团法人	Social Organization	796	841	820	918	1188	1755	1756
企业法人	Enterprises	171734	204971	213392	209049	209342	211078	250016
内资企业	Domestic Funded Enterprises	154913	186191	193994	190183	189879	191302	228059
港澳台商投资企业	Enterprises with Funds from Hongkong, Macao and Taiwan	1297	1677	1866	2061	1888	1947	2618
外商投资企业	Foreign Funded Enterprises	8985	11142	11826	10522	9587	9064	9695
个体经营	Private Enterprises	1370	2132	2195	2593	4040	5053	6400
国外企业	Oversea Enterprises	5169	3829	3511	3690	3948	3712	3244
自然人	Natural Person	2286	3838	2512	2201	2132	3496	3343
其他组织	Other Organizations	3345	1966	3233	2809	3282	3537	3713

8-35 按买卖方构成类别分全国技术市场成交合同金额

Value of Contract Deals in Domestic Technical Markets by Category of Technology Seller and Buyer

单位：万元 (10 000 yuan)

项　目	Item	2010	2012	2013	2014	2015	2016	2017
总　计	**Total**	**39065753**	**64370683**	**74691254**	**85771790**	**98357896**	**114069816**	**134242245**
一、按卖方构成类别分	**Category of Technology Seller**							
机关法人	Governments	354124	760260	744869	1109436	1140758	1710637	716844
事业法人	Public Organizations	4206292	7309135	9007378	8789667	9581703	11495867	13390516
科研机构	Research Institutes	1990272	4029582	5010078	4588179	5604063	7052147	8667574
高等院校	Higher Education	1966902	2939628	3294932	3151393	3142568	3600238	3558316
医疗、卫生	Medical and Sanitation	21401	29023	59043	85284	81060	173344	111225
其它	Others	227718	310902	643325	964811	754011	670137	1053401
社团法人	Social Organization	136802	75724	49258	44653	131479	598008	493553
企业法人	Enterprises	33417389	55705534	64361831	75162885	84769194	98814103	118752821
内资企业	Domestic Funded Enterprises	25227028	41990722	51708896	61170094	68531378	83839927	102259774
港澳台商投资企业	Enterprises with Funds from Hongkong, Macao and Taiwan	952014	1139036	1379584	1795457	1463283	1906472	2683061
外商投资企业	Foreign Funded Enterprises	5120826	8351388	8180021	7933445	10112896	8383170	9209708
个体经营	Private Enterprises	54492	97205	101978	178012	192679	247684	539314
国外企业	Oversea Enterprises	2063028	4127184	2991352	4085877	4468960	4436849	4060965
自然人	Natural Person	50294	317254	114430	139362	86970	134922	217213
其他组织	Other Organizations	900852	202775	413489	525787	2647792	1316280	671296
二、按买方构成类别分	**Category of Technology Buyer**							
机关法人	Governments	3831667	7567657	10193625	11175851	16172797	15788418	20884225
事业法人	Public Organizations	2528836	3638716	5082236	5094104	5831305	8958660	7736797
科研机构	Research Institutes	951608	1581736	1949743	2306205	2544706	3140612	3545515
高等院校	Higher Education	260229	565864	596227	829144	627764	839743	802588
医疗、卫生	Medical and Sanitation	88983	233823	182760	194557	201363	264075	349366
其它	Others	1228015	1257294	2353505	1764200	2457472	4714229	3039329
社团法人	Social Organization	32466	49854	81040	57913	67367	117816	218231
企业法人	Enterprises	31559809	50437022	55982339	66095575	74639004	87731832	103126956
内资企业	Domestic Funded Enterprises	20552884	38787057	43043836	52167494	53056429	68422897	84190424
港澳台商投资企业	Enterprises with Funds from Hongkong, Macao and Taiwan	530051	806204	753006	927322	1158264	1512068	2249569
外商投资企业	Foreign Funded Enterprises	3845372	4293477	5611850	4537178	6852069	4828717	5130969
个体经营	Private Enterprises	90347	164263	192140	319534	325072	486244	734122
国外企业	Oversea Enterprises	6541156	6386022	6381507	8144046	13247170	12481906	10821873
自然人	Natural Person	549862	470076	72996	260264	186024	221159	436732
其他组织	Other Organizations	563112	2207358	3279019	3088083	1461399	1251932	1839304

8-36 技术市场技术输出地域(合同数)
Contract Exportation from Domestic Technical Markets by Region

单位：项 (item)

地 区	Region	2000	2005	2010	2012	2013	2014	2015	2016	2017
全 国	**National Total**	**241008**	**265010**	**229601**	**282242**	**294929**	**297037**	**307132**	**320437**	**367586**
东部地区	Eastern Region	153858	182325	154181	184037	191089	185996	196087	201660	219178
中部地区	Middle Region	40957	43328	24302	33105	34753	38516	44041	47969	57533
西部地区	Western Region	19469	19611	29024	42818	48151	53645	48748	48607	63739
东北地区	Northeast Region	26724	19746	20996	20194	18649	16195	16155	20415	24972
北 京	Beijing	21270	37625	50847	59969	62755	67284	72306	74983	81311
天 津	Tianjin	6415	11295	9540	13381	15664	14947	12456	12934	12168
河 北	Hebei	3340	3338	4517	4512	4201	3232	3298	3846	4397
山 西	Shanxi	290	556	835	796	817	667	698	804	870
内蒙古	Inner Mongolia	3075	1160	1231	1232	631	535	498	605	678
辽 宁	Liaoning	11455	13826	15589	14676	12819	11173	11878	13004	14799
吉 林	Jilin	5386	3879	3424	2730	3252	2891	2420	5673	7337
黑龙江	Heilongjiang	9883	2041	1983	2788	2578	2131	1857	1738	2836
上 海	Shanghai	20974	30290	25945	27649	25952	24864	22119	20843	21223
江 苏	Jiangsu	28618	26178	19815	28921	30724	24094	32508	29430	37263
浙 江	Zhejiang	31218	20628	12826	13551	12074	11923	11273	14808	13704
安 徽	Anhui	3184	5113	4831	6806	6951	7092	12488	12966	18211
福 建	Fujian	5597	6510	5120	5324	5230	3708	4132	5115	5893
江 西	Jiangxi	5068	3321	2250	2184	1942	1429	1137	1985	2405
山 东	Shandong	30962	31908	7865	11114	14263	17331	20422	22068	25720
河 南	Henan	4097	3770	4611	4191	3794	2942	3482	4270	5878
湖 北	Hubei	7203	11131	6638	12757	14701	21507	22532	23964	24444
湖 南	Hunan	21115	19437	5137	6371	6548	4879	3704	3980	5725
广 东	Guangdong	5464	14432	17493	19576	20169	18577	17316	17322	17178
广 西	Guangxi	912	558	258	423	694	2347	1577	1832	2039
海 南	Hainan		121	213	40	57	36	257	311	321
重 庆	Chongqing	1610	2730	2201	3538	4998	4016	2638	2053	2070
四 川	Sichuan	3441	4933	9003	11657	12754	11932	11228	11563	12826
贵 州	Guizhou	43	466	650	509	593	658	650	974	2950
云 南	Yunnan	2054	1853	1047	2246	3084	2785	2666	2607	3500
西 藏	Tibet									3
陕 西	Shaanxi	4023	3392	9470	17596	19292	25969	22508	21037	31357
甘 肃	Gansu	2960	1877	2503	2883	3777	3354	4712	5255	5852
青 海	Qinghai		318	460	639	747	801	952	986	1016
宁 夏	Ningxia	233	323	501	564	597	544	661	990	980
新 疆	Xinjiang	1118	2001	1700	1531	984	704	658	705	468
港澳台	Hongkong,Macao & Taiwan			123	239	80	108	100	91	122
国 外	Abroad			975	1849	2207	2577	2001	1695	2042

8-37 技术市场技术输出地域(合同金额)
Value of Contract Exportation from Domestic Technical Markets by Region

单位：万元 (10 000 yuan)

地　区	Region	2000	2005	2010	2012	2013	2014	2015	2016	2017
全　国	**National Total**	**6507519**	**15513694**	**39065753**	**64370683**	**74691254**	**85771790**	**98357896**	**114069816**	**134242245**
东部地区	Eastern Region	4167230	11509739	28347883	42852302	50574672	54802165	63561272	73683809	85693153
中部地区	Middle Region	910023	1484714	2457020	4351253	7417148	9884563	12459587	14071180	17530480
西部地区	Western Region	858677	1389229	3464842	7645096	10099154	12383772	13450103	15899259	18458078
东北地区	Northeast Region	571589	1130012	2024024	3562301	3098689	3663180	4212261	5654468	7524637
北　京	Beijing	1402871	4895922	15795367	24585034	28517239	31371854	34538855	39409752	44868872
天　津	Tianjin	262581	507093	1193390	2323275	2761575	3885631	5034369	5526361	5514411
河　北	Hebei	94143	103827	192931	378178	315581	292228	395438	589959	889245
山　西	Shanxi	5258	47980	184911	306088	527681	484595	512007	425622	941471
内蒙古	Inner Mongolia	60287	109939	271464	1060962	387390	139393	153872	120492	196087
辽　宁	Liaoning	347817	865167	1306811	2306648	1733775	2174648	2674927	3232180	3858317
吉　林	Jilin	71390	122261	188090	251180	347167	285756	264697	1164198	2199199
黑龙江	Heilongjiang	152382	142585	529123	1004473	1017747	1202776	1272637	1258091	1467121
上　海	Shanghai	738952	2317328	4314374	5187473	5316804	5924481	6637838	7809858	8106177
江　苏	Jiangsu	449568	1008296	2493406	4009141	5275020	5431585	5729178	6356425	7784223
浙　江	Zhejiang	276275	386954	603478	813079	814958	872527	980966	1983716	3247310
安　徽	Anhui	61012	142553	461470	861592	1308253	1698313	1904669	2173748	2495697
福　建	Fujian	172601	171959	356569	500920	446885	391913	521448	432204	754634
江　西	Jiangxi	69299	111227	230479	397796	430552	507593	648484	790077	962096
山　东	Shandong	288135	983614	1006769	1400153	1793981	2492942	3075545	3959453	5116448
河　南	Henan	211621	263737	272002	399435	402406	407919	450442	587075	768528
湖　北	Hubei	276000	501823	907218	1963922	3976158	5806801	7893407	9038371	10330773
湖　南	Hunan	286833	417394	400940	422420	772098	979342	1050578	1056287	2031915
广　东	Guangdong	482104	1124740	2358949	3649384	5293936	4132478	6625775	7581650	9370755
广　西	Guangxi	17741	94059	41362	25238	73449	115833	73132	339922	394228
海　南	Hainan		10007	32651	5666	38693	6525	21861	34431	41079
重　庆	Chongqing	296594	357059	794410	540188	902760	1562007	572366	1471870	513581
四　川	Sichuan	104150	190823	547393	1112438	1485752	1990506	2823202	2993006	4058307
贵　州	Guizhou	620	10488	77191	96743	183972	200392	259626	204437	807409
云　南	Yunnan	187742	159175	108827	454779	420003	479233	518364	582559	847625
西　藏	Tibet									440
陕　西	Shaanxi	92560	188977	1024140	3348153	5332787	6400198	7218211	8027887	9209395
甘　肃	Gansu	26413	172736	430845	730619	999936	1145162	1296958	1506615	1629587
青　海	Qinghai		11812	114051	192989	268863	291001	468849	569190	677186
宁　夏	Ningxia	6402	14131	9972	29135	14289	31823	35202	40526	66679
新　疆	Xinjiang	66168	80029	45188	53853	29953	28223	30322	42755	57554
港澳台	Hongkong, Macao & Taiwan			126750	353197	67307	91608	158797	678396	604530
国　外	Abroad			2645234	5606534	3434284	4946503	4515877	4082703	4431367

8-38 技术市场技术流向地域(合同数)
Contract Inflows to Domestic Technical Markets by Region

单位：项 (item)

地区	Region	2000	2005	2010	2012	2013	2014	2015	2016	2017
全国	**National Total**	**241008**	**265010**	**229601**	**282242**	**294929**	**297037**	**307132**	**320437**	**367586**
东部地区	Eastern Region	151815	173205	141227	173601	182269	182559	191166	195744	218125
中部地区	Middle Region	41206	42698	27844	35249	34442	37241	42246	44624	54086
西部地区	Western Region	23905	26203	34011	47414	53572	53777	51096	55827	67240
东北地区	Northeast Region	23279	19647	19044	20605	19634	18226	17490	19533	23690
北京	Beijing	16998	24206	33370	43513	45408	47015	50140	55480	55944
天津	Tianjin	6297	8719	7291	9084	10934	11594	9439	9612	10208
河北	Hebei	5230	5719	5664	6071	6124	6115	5989	6956	8109
山西	Shanxi	1693	2112	2627	3225	3374	3228	2999	3104	3495
内蒙古	Inner Mongolia	3907	2426	2901	3428	2785	2840	2609	2656	3579
辽宁	Liaoning	9631	12677	12691	13769	12446	11377	10883	10884	12685
吉林	Jilin	5257	3655	3529	3226	3473	3537	3446	4916	6817
黑龙江	Heilongjiang	8391	3315	2824	3610	3715	3312	3161	3733	4188
上海	Shanghai	21036	28606	24162	27857	25943	25378	22689	22589	22661
江苏	Jiangsu	25957	22675	19463	27594	32139	27196	36607	27370	38911
浙江	Zhejiang	29197	23639	15313	16726	15331	16097	14999	18120	18444
安徽	Anhui	3276	5299	5318	7393	7064	8146	12687	13011	17953
福建	Fujian	6532	7729	5305	6356	6196	5332	5629	6334	7826
江西	Jiangxi	5772	4014	2774	2916	2673	2523	2356	3112	3613
山东	Shandong	30909	34362	9993	13216	16124	19835	21874	23121	27003
河南	Henan	5312	5382	5410	5680	5556	5343	5082	5762	7473
湖北	Hubei	6166	8419	6591	9616	9758	12852	14831	15038	15736
湖南	Hunan	18987	17472	5124	6419	6017	5149	4291	4597	5816
广东	Guangdong	9277	16930	19910	22213	23034	23016	22396	24833	27507
广西	Guangxi	1566	1382	1351	1979	2198	4108	3299	3466	3914
海南	Hainan	382	620	756	971	1036	981	1404	1329	1512
重庆	Chongqing	1639	2416	2310	2988	4564	3960	3340	3525	3564
四川	Sichuan	4330	5483	8331	10631	11729	11267	11195	11564	12147
贵州	Guizhou	806	1294	1849	2306	2304	2658	2346	2777	5615
云南	Yunnan	2754	3493	2824	3907	4854	4564	4278	4564	5514
西藏	Tibet	41	87	211	271	553	294	382	511	506
陕西	Shaanxi	2582	3427	6775	12448	14135	14713	12657	14626	19498
甘肃	Gansu	3590	2106	2462	3362	4735	3640	4869	5772	5973
青海	Qinghai	280	606	882	1367	1489	1538	1997	1958	2335
宁夏	Ningxia	488	603	1012	1313	1279	1283	1451	1717	2026
新疆	Xinjiang	1922	2880	3103	3414	2947	2912	2673	2691	2569
港澳台	Hongkong, Macao & Taiwan	203	383	1106	1084	1044	1083	1017	819	967
其它	Others	600	2874	6369	4289	3968	4151	4117	3890	3478

8-39 技术市场技术流向地域(合同金额)
Value of Contract Inflows to Domestic Technical Markets by Region

单位：万元 (10 000 yuan)

地 区	Region	2000	2005	2010	2012	2013	2014	2015	2016	2017
全 国	**National Total**	**6507519**	**15513694**	**39065753**	**64370683**	**74691254**	**85771790**	**98357896**	**114069816**	**134242245**
东部地区	Eastern Region	4000110	9042086	19282530	34348252	36376682	44605101	47863593	55688863	71013023
中部地区	Middle Region	790834	1661532	3534114	5649679	7560956	9801393	11487804	15220043	17765275
西部地区	Western Region	898411	1912047	4799891	11135307	15700458	15102150	17041209	21739108	23210751
东北地区	Northeast Region	560979	1144779	2816954	5177322	3792662	4098653	3934676	4686548	6053796
北 京	Beijing	1031906	2468704	4979527	9743475	9454098	12347134	11475286	17532414	18875180
天 津	Tianjin	231158	381307	1038486	2047915	2360529	3407686	3307079	3891987	4212348
河 北	Hebei	163950	301803	1291728	1152465	964907	1528309	1453071	1842886	3032426
山 西	Shanxi	49350	215430	509161	1112606	990082	2076794	972417	2340760	2493192
内蒙古	Inner Mongolia	79600	301516	862605	2176971	1583403	1564933	1885989	1427117	1574598
辽 宁	Liaoning	326885	855864	1840608	3978888	2482137	2504925	2312705	2000312	2909887
吉 林	Jilin	78926	134995	413970	462966	469842	507987	545214	931123	1993711
黑龙江	Heilongjiang	155168	153920	562376	735468	840683	1085741	1076757	1755113	1150198
上 海	Shanghai	633736	1746358	3291200	4085673	4319822	4472396	5101282	4319878	7121410
江 苏	Jiangsu	411821	849194	3277882	5149287	5979775	7001906	10163396	9055931	9195511
浙 江	Zhejiang	303584	589430	1064031	2933985	1697663	1985478	2019061	2883154	4698659
安 徽	Anhui	66604	204344	516323	858507	1135658	1279109	1696694	2016750	2706809
福 建	Fujian	193767	250239	442214	1897947	3655125	3573583	3675993	2786969	1791234
江 西	Jiangxi	66104	132315	315103	575279	1077970	745702	1077100	1880987	1990802
山 东	Shandong	345610	1143692	1269040	1825538	2497618	4031552	3865607	5052401	6759784
河 南	Henan	190434	358430	440535	620636	1095852	1185520	1276013	1540513	2019391
湖 北	Hubei	190942	393847	1370448	1914445	2164285	3283726	4949463	6420258	6777445
湖 南	Hunan	227400	357167	382544	568206	1097109	1230541	1516117	1020776	1777636
广 东	Guangdong	669783	1217999	2435401	4215379	4838314	5607249	6521066	7925607	14514041
广 西	Guangxi	38736	116309	148141	329823	1285552	1150461	576560	687700	782951
海 南	Hainan	14795	93360	193023	1296589	608832	649806	281751	397636	812430
重 庆	Chongqing	164500	322759	884903	2264447	1624915	1911585	1843373	5248893	2341008
四 川	Sichuan	128590	231663	723340	1406276	2705993	2305204	2932644	3317871	5366053
贵 州	Guizhou	16522	53871	218775	445839	368679	1258372	1761018	1673802	1932987
云 南	Yunnan	228497	294254	377203	805864	1010724	977835	1735786	1714434	1770997
西 藏	Tibet	2994	7989	32390	37319	72180	101985	169821	195055	219609
陕 西	Shaanxi	84188	189469	597518	1725711	3620612	2796772	2985237	3590984	5218569
甘 肃	Gansu	54557	173761	307727	590801	1232183	1238125	1181036	1727321	1473137
青 海	Qinghai	7628	29174	245232	436531	558259	500928	471049	792632	775210
宁 夏	Ningxia	9752	35262	126095	314191	330580	285501	286118	427187	770094
新 疆	Xinjiang	82847	156021	275961	601534	1307378	1010449	1212578	936111	985539
港澳台	Hongkong, Macao & Taiwan	47241	142287	319517	621777	1314675	1473992	1038655	1252447	2039375
其 它	Others	209944	1610964	8312746	7438346	9945820	10690502	16991958	15482807	14160026

8-40 按合同类别分技术市场技术流向地域(合同数)(2017年)

Contract Inflows to Domestic Technical Markets by Region (2017)

单位：项 (item)

地 区	Region	合 计 Total	技术开发 Technology Development	技术转让 Technology Transfer	技术咨询 Technology Consultation	技术服务 Technology Service
全 国	**National Total**	**367586**	**169466**	**16698**	**26735**	**154687**
东部地区	Eastern Region	218125	110395	11043	14977	81710
中部地区	Middle Region	54086	19157	2366	4645	27918
西部地区	Western Region	67240	25384	2078	4851	34927
东北地区	Northeast Region	23690	11570	943	2182	8995
北 京	Beijing	55944	25936	1121	3051	25836
天 津	Tianjin	10208	4685	574	1023	3926
河 北	Hebei	8109	3239	406	530	3934
山 西	Shanxi	3495	1327	126	227	1815
内 蒙 古	Inner Mongolia	3579	991	78	383	2127
辽 宁	Liaoning	12685	6997	639	1125	3924
吉 林	Jilin	6817	2918	147	687	3065
黑 龙 江	Heilongjiang	4188	1655	157	370	2006
上 海	Shanghai	22661	9930	808	1702	10221
江 苏	Jiangsu	38911	23707	3577	1948	9679
浙 江	Zhejiang	18444	10063	876	1062	6443
安 徽	Anhui	17953	5830	467	2239	9417
福 建	Fujian	7826	4067	412	496	2851
江 西	Jiangxi	3613	1510	244	231	1628
山 东	Shandong	27003	11893	1643	3981	9486
河 南	Henan	7473	2578	504	610	3781
湖 北	Hubei	15736	5831	783	754	8368
湖 南	Hunan	5816	2081	242	584	2909
广 东	Guangdong	27507	16179	1563	1058	8707
广 西	Guangxi	3914	1936	471	154	1353
海 南	Hainan	1512	696	63	126	627
重 庆	Chongqing	3564	1696	171	128	1569
四 川	Sichuan	12147	6601	397	409	4740
贵 州	Guizhou	5615	2580	129	943	1963
云 南	Yunnan	5514	2928	78	445	2063
西 藏	Tibet	506	160	12	49	285
陕 西	Shaanxi	19498	5756	346	972	12424
甘 肃	Gansu	5973	700	130	607	4536
青 海	Qinghai	2335	528	103	427	1277
宁 夏	Ningxia	2026	701	83	138	1104
新 疆	Xinjiang	2569	807	80	196	1486
港 澳 台	Hongkong, Macao & Taiwan	967	646	100	17	204
其 它	Others	3478	2314	168	63	933

8-41 按合同类别分技术市场技术流向地域(合同金额)(2017年)
Value of Contract Inflows to Domestic Technical Markets by Region (2017)

单位：万元 (10 000 yuan)

地 区	Region	合 计 Total	技术开发 Technology Development	技术转让 Technology Transfer	技术咨询 Technology Consultation	技术服务 Technology Service
全 国	**National Total**	**134242245**	**47485447**	**14002811**	**4492289**	**68261698**
东部地区	Eastern Region	71013023	29481429	10208247	2961796	28361550
中部地区	Middle Region	17765275	4579075	1304133	554123	11327943
西部地区	Western Region	23210751	5678635	1334797	744393	15452927
东北地区	Northeast Region	6053796	2204037	616430	211897	3021432
北 京	Beijing	18875180	6410835	1270008	1376241	9818096
天 津	Tianjin	4212348	467331	947044	449464	2348509
河 北	Hebei	3032426	769499	244617	91034	1927275
山 西	Shanxi	2493192	1300049	68237	26417	1098489
内 蒙 古	Inner Mongolia	1574598	313740	56647	41570	1162641
辽 宁	Liaoning	2909887	1183069	286635	59464	1380717
吉 林	Jilin	1993711	775936	194126	91038	932612
黑 龙 江	Heilongjiang	1150198	245032	135669	61395	708103
上 海	Shanghai	7121410	3481193	2192495	58611	1389111
江 苏	Jiangsu	9195511	5383089	1283987	193323	2335112
浙 江	Zhejiang	4698659	2118097	811347	79685	1689530
安 徽	Anhui	2706809	830421	206639	98382	1571367
福 建	Fujian	1791234	477890	408409	31671	873264
江 西	Jiangxi	1990802	433989	153136	36792	1366884
山 东	Shandong	6759784	2580646	731876	487709	2959553
河 南	Henan	2019391	408816	135571	68851	1406153
湖 北	Hubei	6777445	1155538	575029	251932	4794947
湖 南	Hunan	1777636	450262	165521	71750	1090103
广 东	Guangdong	14514041	7697161	2263049	163052	4390779
广 西	Guangxi	782951	313831	57123	16756	395242
海 南	Hainan	812430	95688	55415	31006	630321
重 庆	Chongqing	2341008	542776	475992	122705	1199535
四 川	Sichuan	5366053	850442	326061	73395	4116154
贵 州	Guizhou	1932987	550924	57618	140385	1184059
云 南	Yunnan	1770997	874336	8709	40684	847268
西 藏	Tibet	219609	34800	3642	30271	150895
陕 西	Shaanxi	5218569	1461215	192992	79176	3485186
甘 肃	Gansu	1473137	146848	82876	95432	1147981
青 海	Qinghai	775210	114885	23146	69840	567339
宁 夏	Ningxia	770094	296267	24633	5086	444108
新 疆	Xinjiang	985539	178569	25358	29092	752519
港 澳 台	Hongkong, Macao & Taiwan	2039375	398838	78154	2629	1559754
其 它	Others	14160026	5143434	461050	17451	8538091

8-42 按地区分的国外技术引进合同(2017年)
Technology Contracts Imported by Region (2017)

地区	Region	合同数(项) Number of Contracts (item)	合同金额(亿美元) Value of Contracts (USD 100 million)	技术费 for Technology
全国	**National Total**	**7361**	**328.27**	**318.98**
东部地区	Eastern Region	5757	234.92	229.39
中部地区	Middle Region	670	28.46	27.75
西部地区	Western Region	590	56.45	53.45
东北地区	Northeast Region	344	8.45	8.40
北京	Beijing	560	27.40	26.30
天津	Tianjin	166	9.81	9.79
河北	Hebei	68	2.62	2.59
山西	Shanxi	8	0.57	0.07
内蒙古	Inner Mongolia	5	0.38	0.37
辽宁	Liaoning	227	4.73	4.73
吉林	Jilin	104	1.37	1.33
黑龙江	Heilongjiang	13	2.34	2.34
上海	Shanghai	2127	50.78	49.41
江苏	Jiangsu	948	38.04	37.90
浙江	Zhejiang	641	21.29	20.41
安徽	Anhui	237	3.31	3.23
福建	Fujian	112	6.73	6.71
江西	Jiangxi	139	1.21	1.12
山东	Shandong	477	9.03	8.38
河南	Henan	32	0.50	0.50
湖北	Hubei	187	12.60	12.59
湖南	Hunan	67	10.27	10.25
广东	Guangdong	645	68.90	67.57
广西	Guangxi	23	0.37	0.36
海南	Hainan	13	0.33	0.32
重庆	Chongqing	222	48.85	45.88
四川	Sichuan	242	4.95	4.93
贵州	Guizhou	14	0.63	0.63
云南	Yunnan	34	0.11	0.11
西藏	Tibet			
陕西	Shaanxi	15	0.71	0.70
甘肃	Gansu	1	0.05	0.05
青海	Qinghai			
宁夏	Ningxia	5	0.23	0.23
新疆	Xinjiang	27	0.13	0.13
新疆建设兵团	The Xinjiang Production and Construction Corps	2	0.04	0.04

8-43 按行业分的国外技术引进合同(2017年)
Technology Contracts Imported by Industry (2017)

行业	Industry	合同数(项) Number of Contracts (item)	合同金额(亿美元) Value of Contracts (USD 100 million)	#技术费 for Technology
总计	**Total**	**7361**	**328.27**	**318.98**
农、林、牧、渔业	Farming, Forestry, Animal Husbandry and Fishery	47	0.66	0.16
采矿业	Mining	33	0.37	0.32
制造业	Manufacturing	4805	285.11	277.68
电力、煤气及水的生产和供应业	Production and Distribution of Electricity, Gas and Water	62	0.77	0.75
建筑业	Construction	53	0.55	0.47
交通运输、仓储和邮政业	Traffic,Transport, Storage and Post	57	2.27	2.14
信息传输、软件和信息技术服务业	Information Transfer, Software and Information Technology Services	433	10.26	10.24
批发和零售业	Wholesale and Retail Trade	72	0.92	0.92
住宿和餐饮业	Accommodation and Restaurants	12	0.56	0.56
金融业	Finance	11	0.43	0.43
房地产业	Real Estate	829	6.36	6.35
租赁和商务服务业	Tenancy and Business Services	208	1.65	1.52
科学研究和技术服务业	Scientific Research, Technical Service	365	9.49	8.60
水利、环境和公共设施管理业	Management of Water Conservancy, Environment and Public Establishment	21	0.29	0.29
居民服务、修理和其他服务业和其他服务业	Resident Services and Other Services	120	1.79	1.78
教育	Education	5	0.01	0.01
卫生和社会工作	Resident Services and Other Services	4	0.03	0.03
文化、体育和娱乐业	Culture, Sports and Entertainment	23	0.10	0.10
公共管理、社会保障和社会组织	Public Management and Social Organization	2		

注：国外技术引进合同有一部分无法按行业分类，所以分行业之和不等于总计。
Note: Some of the contracts can not be classified by industry. So the sum of different industries does not equal the total.

8-44 国外技术引进合同按引进方式分(2017年)
Technology Contracts Imported by Type of Import (2017)

项目	Item	合同数(项) Number of Contracts (item)	合同金额(亿美元) Value of Contracts (USD 100 million)	#技术费 for Technology
总计	**Total**	**7361**	**328.27**	**318.98**
专利技术的许可或转让(包括专利申请权的转让)	Patent Technology License and Transfer	544	43.08	43.00
专有技术的许可或转让	Technology License and Transfer	2159	168.05	165.33
技术咨询、技术服务	Technology Consultation and Service	3961	69.03	64.47
计算机软件的进口	Import of Computer Software	283	23.19	23.15
商标许可	Trade Mark License	103	5.12	4.95
合资生产、合作生产等	Joint-venture Production and Cooperative Production	70	13.49	13.49
为实施以上内容而进口的成套设备、关键设备、生产线等	Comolete Set of Equipment, Key Equipment and Production Line	49	2.24	0.60
其它方式的技术进口	Others	195	4.08	4.01

8-45 按引进国别或地区分的国外技术引进合同(2017年)
Technology Contracts Imported by Country or Area (2017)

国别或地区	Country or Area	合同数(项) Number of Contracts (item)	合同金额(亿美元) Value of Contracts (USD 100 million)	#技术费 for Technology
总　计	**Total**	**7361**	**328.27**	**318.98**
阿拉伯酋长国	UAE	1		
中国澳门	Macao, China	3	0.03	0.03
塞浦路斯	Cyprus	1		
韩国	South Korea	522	19.08	18.92
泰国	Thailand	23	0.14	0.14
印度尼西亚	Indonesia	3	0.01	0.01
老挝	Laos			
文莱	Brunei		0.02	0.02
中国台湾	Taiwan,China	354	9.81	6.80
马来西亚	Malaysia	5	0.03	0.03
越南	Vietnam	2		
以色列	Israel	29	3.20	3.20
尼泊尔	Nepal			
日本	Japan	1902	63.67	62.65
新加坡	Singapore	209	1.22	1.20
蒙古	Mongolia			
土耳其	Turkey	4	0.15	0.15
伊朗	Iran			
菲律宾	Philippines			
中国香港	Hongkong, China	458	7.88	7.83
沙特阿拉伯	Saudi Arabia			
巴基斯坦	Pakistan			
印度	India	18	2.48	2.48
埃及	Egypt	2	0.01	0.01
南非	South Africa	3		
毛里求斯	Mauritius		0.01	0.01
塞舌尔	Seychelles	11	0.25	0.25
匈牙利	Hungary	5	0.01	0.01
英国	United Kingdom	215	7.75	7.68
捷克共和国	Czech Republic	16	0.52	0.51
俄罗斯	Russia	19	0.07	0.07
卢森堡	Luxemburg	20	0.89	0.89
荷兰	Netherlands	125	5.89	5.79
瑞士	Switzerland	94	9.66	9.32
法国	France	164	5.95	5.92
德国	Germany	947	42.27	41.32
意大利	Italy	168	3.99	3.82
斯洛文尼亚共和国	The Republic of Slovenia	5	3.10	3.10
哈萨克	Kazakhstan			
爱沙尼亚	Estonia			
瑞典	Sweden	79	11.73	11.73
丹麦	Danmark	41	2.87	2.85
比利时	Belgium	66	2.94	2.89
保加利亚	Bulgaria	1		
葡萄牙	Portugal			
希腊	Greece	5		
克罗地亚共和国	Republika Hrvatska			
波兰	Poland	4	0.01	0.01
西班牙	Spain	42	0.87	0.87

8-45 续表 continued

国别或地区	Country or Area	合同数(项) Number of Contracts (item)	合同金额(亿美元) Value of Contracts (USD 100 million)	#技术费 for Technology
白俄罗斯	Belarus			
斯洛伐克共和国	The Republic of Slovakia	1	0.01	0.01
罗马尼亚	Romania			
乌克兰	Ukraine	8	0.12	0.06
爱尔兰	Ireland	108	2.19	2.18
奥地利	Austria	98	1.64	1.55
芬兰	Finland	26	2.25	2.25
挪威	Norway	8	0.26	0.26
列支敦士登	Liechtenstein	3	0.01	0.01
英属维尔京	British Virgin			
巴哈马	Bahamas	41	1.13	1.13
开曼群岛	Cayman Islands			
伯利兹	Belize	9	0.30	0.30
波多黎各	Puerto Rico	1	0.05	0.05
委内瑞拉	Venezuela			
圣其茨尼维	St the Bates	2	0.12	0.12
阿根廷	Argentina	1		
墨西哥	Mexico			
巴西	Brazil			
古巴	Cuba	4	0.05	0.05
巴拿马	Panama			
加拿大	Canada	1		
百慕大	Bermuda	86	2.60	2.19
美国	United States	1	0.35	0.35
澳大利亚	Australia	1236	107.98	106.30
马绍尔群岛共和国	The Republic of the Marshall Islands	88	0.49	0.49
新西兰	New Zealand	1	0.01	0.01
萨摩亚	Samoa	7	0.01	0.01
立陶宛	The Republic of Lithuania	6	0.07	0.07

九、科技服务

Scientific and Technologic Services

9-1 全国非油气地质勘查分地区情况(2017年)
Basic Statistics on Geological Work by Region (2017)

地　　区	Region	年末从业人员 (人) Year-end Employed Persons (person)	#技术人员 Technical Personnel	地质勘查工作费用 (万元) Expenditure on Geological Work (10 000 yuan)
全　　国	**National Total**	**428243**	**211925**	**1983563**
北　　京	Beijing	23979	11251	17254
天　　津	Tianjin	2589	1657	11206
河　　北	Hebei	28134	16608	66863
山　　西	Shanxi	16966	7911	60670
内 蒙 古	Inner Mongolia	6895	4060	154279
辽　　宁	Liaoning	15360	6922	36448
吉　　林	Jilin	18583	4900	30324
黑 龙 江	Heilongjiang	15472	9235	86950
上　　海	Shanghai	2791	1407	4108
江　　苏	Jiangsu	8135	5314	35354
浙　　江	Zhejiang	7400	2435	30244
安　　徽	Anhui	12620	8427	44884
福　　建	Fujian	9832	4343	22578
江　　西	Jiangxi	21810	11788	57530
山　　东	Shandong	28305	12385	63173
河　　南	Henan	18364	10051	34464
湖　　北	Hubei	16096	7865	45144
湖　　南	Hunan	25758	9896	52968
广　　东	Guangdong	10448	6737	42515
广　　西	Guangxi	10283	4794	50302
海　　南	Hainan	1824	1269	7352
重　　庆	Chongqing	4155	2336	26871
四　　川	Sichuan	28095	15071	58000
贵　　州	Guizhou	14348	5705	61295
云　　南	Yunnan	15073	7054	113259
西　　藏	Tibet	3474	1263	64474
陕　　西	Shaanxi	31604	13724	66376
甘　　肃	Gansu	12064	6553	71229
青　　海	Qinghai	5869	3627	84894
宁　　夏	Ningxia	3017	1721	12520
新　　疆	Xinjiang	8900	5616	360453
其　　他	Others			109582

注：统计范围为具有地质勘查资质的中央管理的地勘单位、属地化管理的地勘单位(包含各局级地勘单位局机关)和其他地勘单位(含拥有地质勘查资质的矿业公司、科研院所、高等院校、勘查公司和勘查技术服务公司)。

Note: The statistical range is central geological prospecting units with geological survey qualifications, geological prospecting units of territorial management and other geological prospecting units.

9-2 全国气象部门基本情况
Basic Statistics on Meteorological Units

项　目	Item	2000	2005	2010	2013	2014	2015	2016	2017
一、气象观测业务台站(个)	**Operating Station (Unit)**								
1. 地面观测	Surface Observation Stations	2819	2405	2418	2424	2423	2422	2423	2425
2. 高空探测	Upper-air Observation Stations	156	120	120	120	120	120	120	120
3. 自动气象站	Automatic Weather Stations	550	7813	30693	53184	55488	57405	57435	57435
4. 天气雷达观测	Weather Radar Observation Stations	238	253	342	212	224	233	242	242
5. 大气成分观测	Atmospheric Composition Observation Stations		21	28	28	28	28	28	28
6. 太阳辐射观测	Solar Radiation Observation Stations	99	105	100	100	100	100	100	100
7. 农业气象观测	Agro-Meteorological Observation Stations	1125	769	653	653	653	653	653	653
8. 生态与农业气象观测试验	Ecological & Agro-Meteorological Observation Stations	68	67	68	68	68	70	70	70
9. 卫星云图接收	Satellite Cloud Images Receiving Stations	319	435	361	364	364	364	380	380
10.大气本底站	Atmospheric Background Stations	4	6	7	7	7	7	7	7
11.闪电定位监测	Lightning Location Monitoring Stations		234	425	334	391	490	490	490
12.沙尘暴监测	Sand and Dust Storm Monitoring		85	29	29	29	29	29	29
13.紫外线观测	UV Observation		178	164	157	168	158	164	155
14.风廓线雷达观测	The Wind Profile Radar Observations					61	31	31	69
15.空间天气观测	Space Weather Observation					17	44	84	87
16.酸雨观测	Acid Rain Observation	82	299	342	365	365	376	376	376
17.臭氧观测	Ozone Observation	3	14	22	41	48	71	53	68
二、气象科学数据共享服务数据量(GB)	**Quantity of Meteorological Data (GB)**		**2089**	**358319**	**505077**	**348736**	**901068**	**274157**	**339876**
三、装备	**Equipment**								
1. 拥有计算机数(台)	Number of Computers (unit)	27724	50683	90040	113208	108521	126982	136952	143876
#高性能计算机	High-powered Computers		62	106	96	100	233	341	274
服务器及工作站	Servers and Workstations		768	2428	5005	6169	7584	15862	16945
个人计算机(含个人服务器)	Personal Computers (PC Servers)		47950	82744	100368	102252	119165	120749	126657
2. 云图接收机数(台)	Number of Cloud Images Receiving Stations (unit)	354	506	421	542	698	812	747	840
3. 电视会商系统设备(套)	TV Conference Facilities (set)		729	1895	2529				
4. 人工影响天气作业	Facilities for Conducting Weather Modification Operations								
设备高炮(门)	Cloud Seeding Guns (unit)		6393	6902	6761	6593	6542	6320	6183
火箭发射系统(部)	Cloud Seeding Rocket Launchers (unit)		4129	7034	7632	7507	8209	7950	8311
四、人员(人)	**Number of Personnel (Person)**								
全国气象部门职工总数	Total Staff and Workers	59113	53214	53606	54426	54155	53587	53153	52495

注：从2006年开始气象科学数据共享服务数据量是全国气象部门利用网络向社会提供气象资料的数据量，2005年及以前是国家气象信息中心气象科学数据共享服务网的数据量。

Note: Data from the year 2006 are provided by national meteorological units using network and data before 2006 are provided by data sharing serrice network of national meteorological information center.

9-3 地震台、网基本情况（2017年）
Statistics of Earthquake Monitoring Stations and Networks (2017)

单位：个 (unit)

地区	Region	国家地震观测台、网 National Seismic Observation Stations, Networks			国家地震遥测台、网	市、县地震台 Municipality/County-level Seismic Stations		
		国家级台 Number of National Stations	省级台 Number of Provincial Stations	强震观测点 Number of Strong Motion Observation Spots	National Seismic Telemetric Stations, Networks	市、县级台 Municipality/County-level Seismic Stations	企业台 Number of Enterprise Stations	宏观观测点 Macro-Observation Spots
全　国	**National Total**	**199**	**227**	**2545**	**1489**	**1355**	**305**	**35609**
北　京	Beijing	10	2	265	48	79	1	125
天　津	Tianjin	5	5	120	34			75
河　北	Hebei	6	30	169	78	61	4	3778
山　西	Shanxi	6	4	51	71	87	16	2053
内蒙古	Inner Mongolia	8	24	48	49	35		591
辽　宁	Liaoning	7	11	90	44	29	5	1444
吉　林	Jilin	5	6	15	39	29		1133
黑龙江	Heilongjiang	9	2	95	81	43	11	5019
上　海	Shanghai	2			33	7		28
江　苏	Jiangsu	8	7	126	29	95	1	1014
浙　江	Zhejiang	5	1	37	31	51	7	190
安　徽	Anhui	3	9	20	16	83	2	729
福　建	Fujian	4	10	39	162	28	8	577
江　西	Jiangxi	2	6	6	28			1118
山　东	Shandong	6	20	146	142	136	5	3130
河　南	Henan	3	8	24	17	32	4	2181
湖　北	Hubei	5	8	52	39	12	33	1313
湖　南	Hunan	4	3	4	30	28	6	351
广　东	Guangdong	6	7	122	75	40	5	172
广　西	Guangxi	6	3	130	31	42	30	1123
海　南	Hainan	2	3	14	24	16		308
重　庆	Chongqing	1	2	3	40		7	523
四　川	Sichuan	14	13	7	72	80	5	2354
贵　州	Guizhou	4	1			2		44
云　南	Yunnan	13	5	308	14	113	119	2508
西　藏	Tibet	15	10	4	25			
陕　西	Shaanxi	6	6	145	56	75	6	1791
甘　肃	Gansu	9	12	239	53	72	7	901
青　海	Qinghai	5	2	55	40	12	20	107
宁　夏	Ningxia	4	3	59	15	10		310
新　疆	Xinjiang	16	4	152	73	58	3	619

9-4 海洋观测预报单位机构、人员情况
Institutions and Personnel in Ocean Observation and Forecasting

项目 Item	中心站 Central Station	观测站点 Observing Station	海洋预报机构 Marine Forecasting Institute
一、机构数（个） Institutions (unit)			
2000	12	60	4
2001	12	60	4
2002	12	63	4
2003	12	63	4
2004	12	63	4
2005	12	63	4
2006	12	63	4
2007	12	63	4
2008	12	67	4
2009	14	73	4
2010	14	73	4
2011	15	73	4
2012	16	74	4
2013	16	74	4
2014	17	73	5
2015	17	73	5
2016	17	73	5
2017	17	79	5
二、人员数（人） Personnel (person)			
2000	362	468	621
2001	362	468	621
2002	530	427	734
2003	530	427	734
2004	530	427	734
2005	530	427	734
2006	696	469	655
2007	696	469	657
2008	696	523	657
2009	948	444	601
2010	932	446	587
2011	968	431	588
2012	978	436	574
2013	989	435	617
2014	1343	427	1143
2015	1263	487	1143
2016	1263	487	1143
2017	1263	487	1143

9-5 海洋观测调查情况（2017年）
Basic Statistics on Ocean Observation (2017)

项目	Item	合计 Total	志愿船观测 Volunteer Observation Ship	断面观测 Survey Section	台站观测 Station Observation	浮标观测 Buoy Monitoring
站点数(个)	Stations(unit)	354	59	119	124	52
观测数据(MB)	Data(MB)	16325.4	2956.4	364.8	12707.8	296.4

9-6 国家标准、
Basic Statistics on National

项 目	Item	1999	2000	2001	2002	2003	2004
本年度制、修订 标准合计(个)	**Number of Standards on Formulation and Redaction (unit)**	**900**	**1087**	**1045**	**1049**	**1653**	**893**
制 定	Formulation	477	605	497	514	734	458
修 订	Redaction	423	482	548	535	919	435
国标标准采用程度合计(个)	**Number of International Standards used on Diffirent Levels (unit)**	**526**	**538**	**492**	**608**	**661**	**365**
等 同	Same	194	230	213	222	361	151
修 改	Modified	194	220	167	269	192	147
非等效	Non-equivalent	138	88	112	117	108	67
计量基准和社会公用计量标准建立情况	**Establsihed on Social Public Standards and Measurement**						
项 别	Items	133	133	133	133	130	130
计量仪器检定按类别分(台、件)	**Measuring Instrument Examined on Diffirent Category (set)**						
合 计	**Total**	**31004284**	**40058507**	**38935133**	**44993208**	**41587596**	**40006798**
长 度	Length	2283278	2990725	3033660	3475520	3476880	2885297
温 度	Temperature	745406	5019420	1294382	1881378	1421727	1182162
力 学	Mechanics	18393406	20325728	20623794	23679332	21153580	19729179
电 磁	Electromagnetism	7569615	8565969	10885992	11827159	11610007	13204391
光 学	Optics	322881	336359	397073	410101	381681	418509
声 学	Acoustics	32937	46625	43058	67133	52472	48714
化 学	Chemistry	224892	294201	317330	484879	477352	406095
电离辐射	Radioactivity	43377	49763	53111	115578	65886	80627
无线电	Radio	156113	688232	731195	813242	832157	191300
时间频率	Time Frequency	252201	401238	407959	380299	396674	313220
其 他	Others	980178	1340247	1156036	1858587	1719179	1547304

注：2013及以前年份，计量基准和社会公用计量标准建立情况不包含社会公用计量标准。

9-7 地方标准、质量
Basic Statistics on Local

项 目	Item	1999	2000	2001	2002	2003	2004
本年末标准累计(个)	Number of Standards (unit)	12156	11464	11914	12269	12877	13166
本年度制、修订标准合 计(个)	Number of Standards for Formulation or Redaction (unit)	1151	921	722	1388	2109	2134
制 定	Formulation	1021	873	689	1255	1976	1992
修 订	Redaction	130	48	33	133	133	142
产品质量监督检验企业数(家)	Number of Enterprises Supervised and Checked for Product Quality (unit)	401089	389675	355119	351882	319492	181820
检验批次数(批次)	Inspection Batch-time (batch-time)	501121	484581	445044	448718	392712	226334
批次合格率(%)	Rate of Batch-time Qualified (%)	79.92	81.00	81.07	83.59	86.07	83.62

计量基本情况
Standards and Measurement

2005	2006	2007	2008	2009	2010	2011	2012	2013	2014	2015	2016	2017
1320	**1909**	**1410**	**6373**	**3158**	**2860**	**1993**	**1986**	**1870**	**1530**	**1931**	**1763**	**3811**
690	1080	745	2714	2102	2123	1559	1375	1161	1067	1330	1255	2684
630	829	665	3659	1056	737	434	611	709	463	601	508	1127
711	**955**	**651**				**622**	**605**	**600**	**427**	**500**	**483**	**832**
417	518	360				265	301	324	204	283	249	423
220	327	200				263	242	223	182	171	207	337
74	110	91				94	62	53	41	46	27	72
130	130	130	130	130	130	130	130	130	44157	45991	45612	55387
36210234	**39050639**	**34777777**	**36954296**	**37999532**	**43437070**	**51151024**	**55001642**	**52031328**	**58057667**	**60240027**	**64452034**	**62964852**
2632844	2700486	3078905	3337733	3572267	3296362	3406829	3857597	3934322	3868962	3520497	3532804	3083937
1385405	1558850	1520869	1674392	1845849	2062803	5366533	5125507	3064670	2873155	2826021	2898368	2630028
18116433	20427899	18600652	19963861	20605492	22257869	26036802	29638182	30381043	37140108	39355887	42905033	43610924
10797067	10263954	6735195	6964295	6001671	9327164	10296959	9730208	8368795	6842314	6841406	6932256	5081332
449592	421163	382068	410157	419131	320365	413121	420977	425794	368723	341663	355986	454490
69376	82233	96329	131987	107800	105781	152308	167696	151884	160162	159549	176567	180821
479283	515981	573885	759964	868235	879199	1038417	1108692	1321679	1368580	1604892	1747548	1662725
101392	102664	157063	126900	162839	149528	185267	212194	267123	228491	266499	260240	523451
224285	283346	256213	251293	312823	343661	293743	326525	338771	366877	367556	391719	393613
475873	466726	454633	486494	406320	363550	318013	277787	275605	397103	409720	299082	282905
1478684	2227337	2921963	2847020	3698772	4330788	3659126	4136277	3917240	4443192	4546337	4952431	5060626

监督基本情况
Standards and Measurements

2005	2006	2007	2008	2009	2010	2011	2012	2013	2014	2015	2016	2017
16005	18128	20263	22396	25054	28147	32642	36307	37206	37650	41551	42422	41200
2679	2377	2805	2809	3110	3192	3718	3728	4204	4387	4174	4131	4683
2532	2198	2639	2594	2988	2993	3490	3564	3971	3960	3783	3848	4335
147	179	166	215	122	199	228	164	233	427	391	283	348
218612	188093	337613	175980	234724	202095	229912	205491	136478	124546	124251	118136	115320
295663	246007	503758	212153	275688	294678	317559	297578	169007	173709	170875	163989	154201
84.59	81.74	86.20	86.91	87.64	88.32	91.42	92.46	91.69	91.97	92.50	93.40	92.50

9-8 各地区测绘地理信息部门生产完成情况（2017年）

Statistics on Projects Completed by Geographic Information Department of Surveying and Mapping by Region (2017)

地 区	Region	大地测量 Geodesy		地理信息数据生产	地图编制 Cartography		
		GNSS测量（点） Global Navigation Satelite System Survey (point)	水准测量（公里） Leveling (kilometer)	（幅） Geographic Information Data Production (unit)	地形图（幅） Topographic Map (unit)	专题地图（种） Thematic Map (category)	地图集（种） Atlas (category)
全 国	**National Total**	**2153**	**37924**	**529296**	**183352**	**2230**	**187**
北 京	Beijing		2126	17825		960	3
天 津	Tianjin			12365			
河 北	Hebei			38896	5624	214	
山 西	Shanxi			624	1532	74	2
内蒙古	Inner Mongolia			5171	1145	2	3
辽 宁	Liaoning			4953	1500		
吉 林	Jilin	127	1985	8695			2
黑龙江	Heilongjiang			33905	19006	131	5
上 海	Shanghai			34930	34242	1	1
江 苏	Jiangsu		1300	10591			3
浙 江	Zhejiang			20271		16	12
安 徽	Anhui			10436	18049	88	2
福 建	Fujian	175	3730	717		130	
江 西	Jiangxi			3927	129	44	1
山 东	Shandong		21	6432			1
河 南	Henan	40	591	17151	9610	16	3
湖 北	Hubei			5690			2
湖 南	Hunan			119375	13287	76	98
广 东	Guangdong	599	3222	9823	2916	8	2
广 西	Guangxi			6555	4935	138	5
海 南	Hainan			3365	1264	8	1
重 庆	Chongqing	138	320	4893		20	8
四 川	Sichuan	857	14186	35000	27503	122	5
贵 州	Guizhou			1026	1073		
云 南	Yunnan			3834	2173	51	3
西 藏	Tibet				147	2	
陕 西	Shaanxi		7565	21832	20730	5	6
甘 肃	Gansu			1825	37	1	3
青 海	Qinghai			3426	3678	23	9
宁 夏	Ningxia		2484	907	388	3	1
新 疆	Xinjiang	122	100	5259	4648	37	6
青 岛	Qingdao						
大 连	Dalian			30			
宁 波	Ningbo	16	294	4925	4925		
深 圳	Shenzhen	79		7946			
厦 门	Xiamen						
重庆测绘院	Chongqing Institute of Surveying and Mapping			4285	4811		
中国地图出版集团	China Map Publishing Group					60	
中国测绘科学研究院	Chinese Academy of Surveying and Mapping			62411			

9-9 各地区测绘地理信息部门资料提供情况(2017年)
Statistics on Geographic Information Department of Surveying and Mapping Materials by Region (2017)

地区	Region	地形图合计(张) Topographic Map (piece)	1:10000	1:50000	测绘基准成果(点) Surveying and Mapping Datum Product (point)	航摄成果(平方千米) Aerial Photograph (Square kilometers)	专题地图(张) Thematic Map (piece)
全国	**National Total**	**252033**	**41369**	**29728**	**266511**	**770525**	**646724**
北京	Beijing	3694	47		6562		
天津	Tianjin				8		
河北	Hebei	2110	1670	316	1071	192942	
山西	Shanxi	2076	1728	341	839		3158
内蒙古	Inner Mongolia	6415	2565	2463	22749	30354	6100
辽宁	Liaoning	1509	1262	247	1920		197
吉林	Jilin	3966	1927	2039	3107	42680	777
黑龙江	Heilongjiang	2146	1440	550	3764		
上海	Shanghai	166768			15255		565789
江苏	Jiangsu	1077	895	170	5343		
浙江	Zhejiang	239	12	92	1743	24480	
安徽	Anhui	1319	1226	93	1949	1149	
福建	Fujian	291	277	14	1346		
江西	Jiangxi	2222	1910	275	1995		
山东	Shandong	1389	535	851	1089	1160	
河南	Henan	903	635	266	160		44453
湖北	Hubei	130		126	2182	58092	
湖南	Hunan	3134	2197	922	6256		
广东	Guangdong	3897	3703	167	1104		10305
广西	Guangxi	1365	934	425	86147	35070	17
海南	Hainan	304	81	223	2177	4383	1758
重庆	Chongqing	3120	1518	165	158		582
四川	Sichuan	1288	537	721	1409	3999	80
贵州	Guizhou	708	3	703	9418	188670	
云南	Yunnan	3886	3666	205	7321		
西藏	Tibet	1279	29	1237	10421		10328
陕西	Shaanxi	4588	4073	508	11046	33370	
甘肃	Gansu	5907	4342	1497	15416		1358
青海	Qinghai	1523	376	1091	1096	90145	1170
宁夏	Ningxia	1089	873	216	403		
新疆	Xinjiang	8166	2908	4976	18472	33521	648
青岛	Qingdao						
大连	Dalian	27					
宁波	Ningbo	2451			211		1
深圳	Shenzhen	1066			245		3
厦门	Xiamen	1966			29		
国家基础地理信息中心	National Geomatics Center of China	10015		8829	24100	30510	

9-10 国际科技合作项目
International Cooperation Exchange for Science and Technology

单位：项 (item)

项 目	Item	1995	2005	2010	2012	2013	2014	2015	2016	2017
按出国项目分	**by Type of Project Going Abroad**									
合 计	**Total**	**18845**	**19132**	**40572**	**53928**	**56047**	**68159**	**72103**	**75311**	**73324**
考察访问	Field Trip	6133	6218	8316	11395	9743	9773	11136	11986	11258
国际会议	International Conference	5170	6565	17549	23368	26173	31810	34794	35061	32535
合作研究	Cooperative Research	3052	2341	5575	7753	8522	11809	12123	13679	14922
培 训	Training	2687	1593	2635	2943	3202	4496	2954	2929	2851
展览会	Exhibition	496	577	487	651	533	688	472	558	387
其 他	Others	1307	1838	6010	7818	7874	9583	10624	11098	11371
按来华项目分	**by Type of Project Coming to China**									
合 计	**Total**	**8940**	**15829**	**26065**	**26735**	**26517**	**30369**	**28061**	**26078**	**30149**
考察访问	Field Trip	5050	6081	10382	11359	11722	9751	9595	8222	9667
国际会议	International Conference	1212	3729	5342	4076	4834	4211	3548	3030	3725
合作研究	Cooperative Research	1522	3470	6655	7547	6865	10696	9751	10921	11712
培 训	Training	363	695	1425	1154	1252	1995	1199	984	1278
展览会	Exhibition	149	447	116	255	261	139	99	106	116
其 他	Others	644	1407	2145	2344	1583	3577	3869	2815	3651

9-11 国际科技合作项目参加人数
Personnel Participated in International Cooperation Exchange for Science and Technology

单位：人次 (person-time)

项　目	Item	1995	2005	2010	2012	2013	2014	2015	2016	2017
按出国项目分	**by Type of Project Going Abroad**									
合　计	**Total**	**58883**	**54347**	**103972**	**139701**	**128669**	**135335**	**135550**	**136971**	**137463**
考察访问	Field Trip	21578	23335	24891	33026	26175	22800	21590	23090	22629
国际会议	International Conference	10937	10476	36047	50561	46972	52323	56407	56513	56611
合作研究	Cooperative Research	6873	4884	10617	16429	14766	20024	20117	24376	24620
培　训	Training	12127	7520	10151	11577	9937	12689	6273	6121	6191
展览会	Exhibition	3729	3086	3080	9932	9108	3441	5633	3143	3321
其　他	Others	3639	5046	19186	18176	21711	24058	25530	23728	24091
按来华项目分	**by Type of Project Coming to China**									
合　计	**Total**	**35098**	**70900**	**118747**	**117221**	**156907**	**114384**	**110741**	**161228**	**116146**
考察访问	Field Trip	15587	21192	52259	44129	42326	33080	31124	29648	29965
国际会议	International Conference	9101	28765	35798	39622	41870	40915	35860	41585	40755
合作研究	Cooperative Research	4029	8470	13139	15751	15530	18538	16375	24288	24595
培　训	Training	1376	2506	5857	7306	3201	10918	5221	4778	5113
展览会	Exhibition	3271	6822	3477	2929	44446	2923	5506	52736	6955
其　他	Others	1734	3145	8217	7484	6534	8010	16655	8193	8763

9-12 中国科协系统
Basic Statistics on Scientific and Technological Activities

指 标	Item
机构和人员	**Associations or Academic Societies and Personnel**
机构数(个)	Number of Associations or Academic Societies(unit)
从业人员(人)	Number of Persons Engaged(person)
学会数(个)	Number of Academic Societies(unit)
学会个人会员(万人)	Number of Individual Members of Academic Societies(10 000 persons)
学会从业人员(人)	Number of Persons Engaged of Academic Societies(person)
企业科协(个)	Number of Enterprises Association for Science and Technology(unit)
个人会员(万人)	Number of Individual Members(10 000 persons)
高等院校科协(个)	Number of Institutions of Higher Learning for Science and Technology(unit)
个人会员(万人)	Number of Individual Members(10 000 persons)
街道科普协会(人)	Number of Science Associations of Street Communities(person)
个人会员(人)	Number of Individual Members(10 000 persons)
乡镇科普协会(人)	Number of Science Associations of Towns(person)
个人会员(人)	Number of Individual Members(10 000 persons)
农技协(个)	Number of Rural Professional and Technical Associations(unit)
个人会员(万人)	Number of Individual Members(10 000 persons)
学术交流活动	**Academic Exchange**
学术交流活动(次)	Number of Academic Exchanges(time)
参加人数(万人次)	Number of Participants(10 000 person-time)
#企业科技工作者	Number of Enterprise Technology Workers
科学技术普及活动	**S&T Popularization Activities**
举办科普宣讲活动(次)	Number of S&T Popularization Propaganda activity(time)
宣讲活动受众人数(万人次)	Number of Participants(10 000 person-time)
实用技术培训人数(万人次)	Number of Persons Trained for Practical Technologies(10 000 persons)
推广新技术、新品种(项)	Promotions of New Technology and New Varieties(item)
参加活动科技人员(万人次)	Number of Scientific and Technical Personnel Participating in Activities(10 000 person-time)
青少年科技教育	**Science and Technology Education for Youth**
举办青少年科普宣讲活动(次)	Science Preaches for Youth(time)
受众人数(万人次)	Number of audiences(10 000 persons)
举办青少年科技竞赛(次)	Competitions of Science and Technology for Youth(time)
参加人数(万人次)	Number of participants(10 000 persons)
举办青少年科学营(次)	Science Camp for Youth(time)
参加人数(万人次)	Number of participants(10 000 persons)

科技活动情况（2017年）
of China Associations for Science and Technology (2017)

总计 Total	科协小计 Total Number of Associations	学会小计 Total Number of Academic Societies	全国学会 National Learned Societies	省级学会 Provincial Learned Societies
3112	3112			
40429	40429			
3723		3723	210	3513
1210		1210	454	757
43047		43047	4000	39047
18523	18523			
293	293			
1181	1181			
70	70			
11292	11292			
63	63			
21590	21590			
142	142			
89922	89922			
1456	1456			
21096	3110	17986	4652	13334
559	92	467	171	296
126	35	91	33	59
66418	54440	11978	1976	10002
170989	34304	136686	130916	5770
2093	1986	107	9	98
12810	11605	1205	190	1015
471	333	138	28	111
13408	10630	2778	608	2170
3949	3604	345	76	269
5834	5200	634	117	517
6196	5766	430	207	223
1164	951	213	39	174
21	18	3	1	2

9-12 续表

指　标	Item
科技开放与交流	**Openness and Communication Technology**
参加国外科技活动人数(人次)	Number of Participating Foreign Scientific and Technological Activities (person-time)
接待国外专家学者(人次)	Number of Reception Foreign Experts and Scholars(person-time)
科技服务	**S&T Service**
提供决策咨询报告(篇)	Number of Provided Policy Decision Consultation Report(piece)
科普惠农兴村奖补资金(万元)	Bonus for Rural Areas and Farmers Benefited by Science
为科技工作者服务	**Services for the Scientific and Technological Workers**
反映科技工作者建议(条)	Number of S&T Workers Proposals(item)
表彰奖励科技工作者(人次)	Number of Recognition and Award S&T Workers (person-time)
#女性科技工作者	Number of Recognition and Award Female S&T Workers
科技期刊与科技传播	**Scientific Journals and Science and Technology Communication**
主办科技期刊(种)	Number of Scientific & Technological Journals(kind)
总印数(万册)	Printed Copies(10 000 copies)
主办科技报纸(种)	Number of Scientific & Technological Newspapers(kind)
总印数(万份)	Printed Copies(10 000 copies)
编著科技图书(种)	Number of Scientific & Technological Books(kind)
总印数(万册)	Printed Copies(10 000 copies)
主办科技网站(个)	Number of Science and Technology Sites(unit)
浏览人数(万人次)	Number of Visitors(10 000 person-time)
科普基础设施建设	**S&T Popularization Infrastructure Construction**
科技馆(个)	Number of Science and Technology Museum(unit)
#建筑面积8000平方米以上	#Floorage of More Than 8000 Square Meters
全年参观人数(万人次)	Number of Participants(10 000 person-time)
#少儿参观人数	Number of Participants for Children
农村科普示范基地(个)	Demonstrate BasesofPopular ScienceinRural Areas(unit)
科普画廊建筑面积(宣传栏、橱窗)(平方米)	Building Area of Popular Science Galleries(Boards, Showcase)(square meters)
科普画廊展示面积(平方米)	Display Area of Popular Science Galleries(square meters)
科普大篷车行驶里程(公里)	Mileage of Popular Science Caravan(kilometers)

continued

总计 Total	科协小计 Total Number of Associations	学会小计 Total Number of Academic Societies	全国学会 National Learned Societies	省级学会 Provincial Learned Societies
39581	4006	35575	19604	15971
38898	12947	25951	12349	13602
2981	1952	1029	221	808
83240	83240			
15802	13454	2348	210	2138
115766	41912	73854	25060	48794
33638	13916	19722	5280	14442
2665	466	2199	1082	1117
9081	3547	5533	3575	1958
169	98	71	4	67
13045	12414	632	117	515
3128	1954	1174	355	819
1753	1201	552	136	416
1014	683	331	90	241
549719	525308	24411	4903	19508
867	867			
129	129			
6097	6097			
3523	3523			
15821	15821			
2513695	2513695			
4502870	4502870			
8166042	8166042			

9-13 各地区科学普及
Main Indicators of Science and Technology

地区	Region	科普专职人员（人） Full Time S&T Popularization Personnel (person)	科普兼职人员（人） Part Time S&T Popularization Personnel (person)	科技馆数量（个） S&T Museums (unit)	科技馆建筑面积（万平方米） Construction Area (10 000 sq.m)	科技馆展厅面积（万平方米） Exhibition Area (10 000 sq.m)
全　国	**National Total**	**227008**	**1567453**	**488**	**371**	**180**
东部地区	Eastern Region	76508	632666	242	182	88
中部地区	Middle Region	59297	354980	97	63	30
西部地区	Western Region	75894	491855	116	94	47
东北地区	Northeast Region	15309	87952	33	33	15
北　京	Beijing	8077	42958	29	25	12
天　津	Tianjin	1780	15393	1	2	1
河　北	Hebei	10896	78909	11	7	3
山　西	Shanxi	3353	15963	4	4	2
内蒙古	Inner Mongolia	5025	32586	17	12	5
辽　宁	Liaoning	7414	49974	17	21	8
吉　林	Jilin	3606	12764	8	2	1
黑龙江	Heilongjiang	4289	25214	8	10	6
上　海	Shanghai	8779	47980	31	20	12
江　苏	Jiangsu	11058	110622	18	17	9
浙　江	Zhejiang	7857	129620	24	28	12
安　徽	Anhui	8975	47084	13	13	6
福　建	Fujian	4567	58510	36	13	7
江　西	Jiangxi	6661	43891	5	6	3
山　东	Shandong	14036	77236	30	20	11
河　南	Henan	12569	90610	14	10	6
湖　北	Hubei	13284	78924	50	22	10
湖　南	Hunan	14455	78508	11	8	3
广　东	Guangdong	7910	62827	43	39	17
广　西	Guangxi	9046	56026	6	11	5
海　南	Hainan	1548	8611	19	10	4
重　庆	Chongqing	5232	37857	10	8	4
四　川	Sichuan	12083	93704	17	9	6
贵　州	Guizhou	3673	38895	9	6	3
云　南	Yunnan	13580	77081	13	5	3
西　藏	Tibet	394	1515	1	3	1
陕　西	Shaanxi	9790	61810	13	10	5
甘　肃	Gansu	8945	38486	8	7	4
青　海	Qinghai	876	7129	3	4	2
宁　夏	Ningxia	1729	11993	6	5	3
新　疆	Xinjiang	5521	34773	13	13	6

基本情况(2017年)
Popularization by Region (2017)

科技馆 当年参观人数 (万人次) Visitors (10 000 person-time)	年度科普经费筹集额 (万元) Annual Funding for S&T Popularization (10 000 yuan)	科普图书 Popular Science Books		科技活动周 Science & Technology Week	
		出版种数 (种) Types of Publications (kind)	出版总册数 (万册) Total Copies (10 000 copies)	科普专题活动次数 (次) Number of S&T Week Held (time)	参加人数 (万人次) Number of Participants (10 000 person-time)
6302	**1600541**	**14059**	**11188**	**115999**	**16434**
3240	888635	8140	7059	43303	9782
1145	253082	2167	2347	23174	1801
1440	406616	2607	1162	41457	4146
476	52208	1145	619	8065	705
470	269586	4240	4632	3867	5458
49	23422	380	191	4184	296
108	28019	474	202	4714	629
131	19387	155	98	1779	100
209	38227	308	110	1844	133
199	28877	515	211	4368	275
9	6104	384	306	1128	181
268	17227	246	102	2569	249
544	173064	1023	556	6037	752
304	92924	666	549	8679	1166
456	98799	357	337	5735	376
306	39583	96	117	4154	288
283	59696	111	66	3584	262
70	29589	672	938	3805	248
346	44630	80	77	3293	454
218	40457	448	232	5011	397
307	76339	241	117	5186	435
114	47727	555	845	3239	332
555	88147	741	417	2154	317
162	37716	227	110	4278	382
127	10348	68	34	1056	71
299	39622	251	228	2482	745
111	78125	225	105	7113	432
63	36961	47	38	3201	160
118	64108	257	50	5874	434
10	6645	33	10	256	7
115	42108	244	229	6040	1147
25	16202	291	126	3440	217
73	10330	152	23	662	50
132	10323	104	19	993	194
124	26249	468	116	5274	245

9-14 全国生产力促进中心主要经济指标
Main Economic Indicators of Productivity Promotion Centers(PPCs) in China

年 份	中心总数 (个) Number of Productivity Promotion Centers (unit)	总资产 (亿元) Total Assets (100 million yuan)	服务企业总数 (万个) Total Number of Serviced Enterprises (10 000 units)	中心年总服务收入 (亿元) Total Service Income (100 million yuan)	为企业增加销售额 (亿元) Enterprises Sales Income Increased by PPCs Service (100 million yuan)	增加利税 (亿元) Profits and Taxes Added (100 million yuan)	为社会增加就业 (万人) Employment for Society Added (10 000 persons)
2000	581	27.8	3.4	8.9	388.0	57.0	28.0
2001	701	31.2	5.0	11.3	407.0	69.0	34.5
2002	865	61.4	7.8	10.3	300.0	45.0	48.1
2003	1070	67.0	6.5	13.6	477.0	66.0	150.2
2004	1218	77.1	9.2	18.7	642.0	88.1	175.3
2005	1270	90.6	9.7	18.4	1078.0	112.0	86.7
2006	1331	109.9	10.3	24.8	752.0	107.0	108.9
2007	1425	116.4	15.5	40.6	1299.0	193.6	110.6
2008	1532	162.5	19.0	30.4	1202.0	175.5	134.1
2009	1808	209.2	24.5	30.8	1796.8	208.2	165.8
2010	2032	157.1	24.5	38.4	1578.6	203.9	165.6
2011	2274	260.8	30.7	62.8	1918.2	284.0	180.0
2012	2281	295.1	38.0	89.0	2535.2	341.7	186.2
2013	2581	351.0	38.7	139.1	5282.8	397.1	193.7
2014	2152	325.0	42.7	68.2	2480.7	447.1	153.8
2015	2688	284.4	44.2	57.6	1794.4	275.0	127.9
2016	1925	298.4	20.8	52.5	1400.7	208.9	115.1
2017	1799	241.2	21.6	51.0	1076.6	150.5	75.2

9-15 科技企业孵化器基本情况
Basic Statistics on Technology Business Incubators

指　　表	Item	2015	2016	2017
在统孵化器数量(个)	Number of TBIs with Data (unit)	2533	3255	4063
国家级	State-level	733	859	976
非国家级	Non State-level	1800	2396	3087
孵化器使用总面积(平方米)	Total Space Area of TBIs(sq.m)	86797480	107328324	119673944
#在孵企业用房	Space area for incubatees	55922304	71996869	80245624
孵化器内企业总数(个)	Number of Total Resident Companies(unit)	145956	173779	223046
在孵企业(个)	Number of Incubatees (unit)	102170	133286	177542
#留学人员企业	Created by Returned Overseas Scholars	8008	9497	10037
大学生科技企业	Created by College Graduates	15197	22173	32249
高新技术企业	High-tech Enterprises	6527	9024	11057
当年新增在孵企业(个)	New Incubatees of the Year (unit)	31886	48095	56930
在孵企业从业人员(人)	Employees of Incubatees (person)	1662492	2120525	2596132
#大专以上人员	with College and Higher Level Education Background	1271712	1636862	2014421
留学人员	Returned Overseas Scholars	21098	21328	25362
累计毕业企业(个)	Accumulated Graduates from TBIs (unit)	74853	89694	110701
毕业企业平均孵化时限(月)	Average Incubation Period of Graduates (month)	20	22	22
当年毕业企业(个)	Graduates of the Year	11594	15020	20366
在孵企业总收入(千元)	Total Income of Incuatees	481037446	479272823	633566769
在孵企业累计获得财政资助额(千元)	Accumulated Amount of Fiscal Subsidies toTBIs (1000 yuan)	17355689	18642782	20618417
在孵企业累计获得风险投资额(千元)	Accumulated Amount of Venture Capital toTBIs (1000 yuan)	84728394	148063270	194023204
当年获得风险投资额(千元)	Amount of Venture Capital of the Year	25863597	38598328	47333624
累计获得投融资的企业数量(个)	Accumulated Number of Incubatees that Obtained Investments (unit)	26636	33238	39875
当年获得投融资的企业数量(个)	Number of Incubatees that Obtained Investments of the Year (unit)	6038	7485	9576
孵化器孵化基金总额(千元)	Total Amount of Incubation Fund (1000 yuan)	36565207	68779374	84059090
当年获得孵化基金投资的在孵企业数量(个)	Number of Incubatees Obtained Incubation Fund Investment of the Year (unit)	9455	11619	11827
当年知识产权申请数(个)	Number of IPR Applications of Incubatees of the Year (piece)	107667	139999	191450
拥有有效知识产权数(个)	Valid IPRs Held by Incubatees	155369	223066	308139
#发明专利	Invention Patents	39003	51954	69769

9-16 各地区科技企业孵化器主要指标(2017年)
Main Indicators of Technology Business Incubators by Region (2017)

地 区	Region	在统孵化器数量 (个) Number of TBIs with Data (unit)	孵化器内企业总数 (个) Number of Total Resident Companies (unit)	在孵企业 (个) Number of Incubatees (unit)	在孵企业从业人员 (人) Number of Employees of Incubatees (person)	当年获得风险投资额 (千元) Amount of Venture Capital for Incubatees (1000 yuan)
全 国	**National Total**	**4063**	**223046**	**177542**	**2596132**	**47333624**
北 京	Beijing	105	9998	6717	116544	8936424
天 津	Tianjin	71	4771	4264	62177	499999
河 北	Hebei	139	6064	4907	77655	319118
山 西	Shanxi	44	2299	1956	31456	113805
内蒙古	Inner Mongolia	40	2287	1588	21737	29570
辽 宁	Liaoning	72	4721	3953	66266	389200
吉 林	Jilin	94	3527	3214	59519	327860
黑龙江	Heilongjiang	158	5411	4649	41757	441180
上 海	Shanghai	176	10259	7836	91650	7033627
江 苏	Jiangsu	610	32917	30381	438751	6404419
浙 江	Zhejiang	235	15558	11927	150821	3750953
安 徽	Anhui	139	6284	5243	68298	577152
福 建	Fujian	115	3870	3150	49004	1133050
江 西	Jiangxi	51	3506	2994	47251	352017
山 东	Shandong	303	16943	13755	190268	1313090
河 南	Henan	148	9962	8548	170838	926576
湖 北	Hubei	176	11919	9066	123324	1175593
湖 南	Hunan	70	5911	4746	109937	642380
广 东	Guangdong	754	33338	23459	315233	8773420
广 西	Guangxi	74	2604	2330	34394	107398
海 南	Hainan	5	1625	988	10248	371001
重 庆	Chongqing	49	3034	2081	29143	246892
四 川	Sichuan	143	9506	6970	94183	1173009
贵 州	Guizhou	29	1455	1124	25709	141335
云 南	Yunnan	32	2196	1893	22382	28000
西 藏	Tibet	1	20	20	520	7000
陕 西	Shaanxi	85	6025	4096	78697	1742104
甘 肃	Gansu	84	3456	2816	32758	218093
青 海	Qinghai	11	685	513	9221	8550
宁 夏	Ningxia	17	660	525	5672	64640
新 疆	Xinjiang	33	2235	1833	20719	86170

9-17 众创空间运行综合情况
Statistics on Mass Maker Spaces

指　　表	Item	2016	2017
众创空间(个)	Number of Mass Maker Spaces with Data (unit)	4298	5739
国家级	National Mass Maker	1337	1976
非国家级	Non-National Mass Maker	2961	3763
众创空间总面积(平方米)	Space Area (sq.m)	22592011	25226824
#常驻团队和企业	#For Tenant Groups and Startups	12436972	15193110
众创空间服务人员数量(人)	Number of Service Personnel (unit)	128241	105218
当年服务的创业团队数量(个)	Number of Serviced Entrepreneurial Groups(unit)	154329	237126
#常驻创业团队	#For Tenant Groups and Startups	77214	115010
当年服务的初创企业的数量(个)	Number of Serviced Startup Companies(unit)	119592	182462
#常驻初创企业	#For Tenant Startups	63544	96306
享受财政资金支持额(万元)	Fiscal Fund Received (10 000 yuan)	270239	315238
当年获得投融资的团队及企业的数量(个)	Number of Groups and Startups that Received Investment(unit)	14997	18410
累计获得投融资的团队及企业的数量(个)	Accumulated Number of Groups and Startups that Received Investment(unit)	28957	44472
团队及企业当年获得投资总额(万元)	Amount of Investment Received by Groups and Sartups (10 000 yuan)	5396329	6775742
服务的团队及企业累计获得投资总额(万元)	Accumulated Amount of Investment Received by Groups and Sartups (10 000 yuan)	10177921	16914769
创业团队和企业吸纳就业人数(人)	Number of Employment by Groups and Startups(person)	993569	1734984
#吸纳应届毕业大学生	#Number of Recruited College Graduates	303741	466654
常驻团队及企业拥有的有效知识产权数量(个)	Valid IPRs Held by Tenants(unit)	79615	152286
#发明专利	#Invention Patents	17957	33449

注：表9-17和9-18统计范围为纳入各地方科技管理部门管理范围的符合科技部印发《发展众创空间工作指引》条件的众创空间以及经科技部备案的众创空间。
Note: Statistics on table 9-17 and 9-18 cover all the Mass Maker Spaces identified by the Ministry of Science and Technology

9-18 各地区众创空间主要指标(2017年)
Main Indicators of Mass Maker Spaces by Region(2017)

地区	Region	众创空间数量(个) Number of Mass Maker Spaces (unit)	当年服务的企业及团队数(个) Number of Serviced Entrepreneurial Groups (unit)	享受财政资金支持额(万元) Fiscal Subsidy (10 000 yuan)	当年获得投融资的团队及企业的数量(个) Number of Groups and Startups that Received Investment (unit)	团队及企业当年获得投资总额(万元) Amount of Investment Received by Groups and Sartups (10 000 yuan)	创业团队和企业吸纳就业人数(人) Number of Employment by Groups and Startups (person)
全国	**National Total**	**5739**	**419588**	**315238**	**18410**	**6775742**	**1734984**
北京	Beijing	185	70532	25089	1815	2043622	207914
天津	Tianjin	155	10835	10044	338	67264	26342
河北	Hebei	358	15001	9070	698	105510	57605
山西	Shanxi	169	10329	2120	275	24102	39672
内蒙古	Inner Mongolia	134	12491	11417	299	34181	244731
辽宁	Liaoning	178	14794	3866	394	42389	68479
吉林	Jilin	105	5447	2995	181	30839	21652
黑龙江	Heilongjiang	48	2480	513	123	13341	8147
上海	Shanghai	172	18346	10229	739	1328330	45367
江苏	Jiangsu	588	25545	32298	1354	483326	106516
浙江	Zhejiang	415	25537	19213	1554	450623	89565
安徽	Anhui	133	6735	10067	817	158934	28314
福建	Fujian	296	21833	10742	717	148103	37059
江西	Jiangxi	105	10149	17344	642	115966	48682
山东	Shandong	484	26526	17680	1160	152219	112863
河南	Henan	154	14485	9650	957	75827	63427
湖北	Hubei	167	15976	10800	442	148113	90492
湖南	Hunan	125	8849	19689	609	86584	60788
广东	Guangdong	692	39811	30246	1873	730919	108538
广西	Guangxi	73	3453	3064	135	9978	9578
海南	Hainan	8	808	3934	111	4114	3634
重庆	Chongqing	230	12710	12364	822	85869	65345
四川	Sichuan	122	11460	7284	305	160219	49041
贵州	Guizhou	63	4028	7986	141	14344	15550
云南	Yunnan	113	6349	4517	169	17775	27266
西藏	Tibet						
陕西	Shaanxi	177	10037	15473	716	110984	48987
甘肃	Gansu	182	9148	4338	817	102691	29168
青海	Qinghai	4	317	200	8	1030	983
宁夏	Ningxia	17	634	185	32	5052	2571
新疆	Xinjiang	87	4943	2822	167	23493	16708

十、国际比较
International Comparison

10-1 研究与试验发展(R&D)经费及占国内生产总值的比重

单位：10亿本国货币单位

国 家(地区)	Country (Area)	R&D经费									
		1995	1996	1997	1998	1999	2000	2001	2002	2003	2004
中 国	China	34.9	40.4	50.9	55.1	67.9	89.6	104.2	128.8	154.0	196.6
美 国	USA	184.1	197.8	212.7	226.9	245.5	269.5	280.2	279.9	293.9	305.6
日 本	Japan	13369.1	14155.1	14794.0	15169.2	15032.7	15304.4	15542.8	15551.5	15683.4	15782.7
英 国	UK	14.0	14.3	14.7	15.5	16.9	17.7	18.3	19.2	19.9	20.2
法 国	France	27.3	27.8	27.8	28.3	29.5	31.0	32.9	34.5	34.6	35.7
德 国	Germany	40.5	41.2	42.9	44.6	48.2	50.6	52.0	53.4	54.5	55.0
澳大利亚	Australia		8.8		8.9		10.4		13.2		16.0
加拿大	Canada	13.8	13.8	14.6	16.1	17.6	20.6	23.1	23.5	24.7	26.7
意大利	Italy	9.2	9.9	10.8	11.4	11.5	12.5	13.6	14.6	14.8	15.3
瑞 典	Sweden	59.0		67.0		76.6		97.0		96.8	95.1
瑞 士	Switzerland		10.0				10.7				13.1
土耳其	Turkey		0.1	0.1	0.3	0.5	0.8	1.3	1.8	2.2	2.9
奥地利	Austria	2.7	2.9	3.1	3.4	3.8	4.0	4.4	4.7	5.0	5.2
比利时	Belgium	3.5	3.7	4.1	4.3	4.6	5.0	5.4	5.2	5.2	5.4
捷 克	Czech	14.0	16.3	19.5	22.9	23.6	26.5	28.3	29.6	32.2	35.1
丹 麦	Denmark	18.5	19.7	21.7	23.8	26.4		31.9	34.4	36.1	36.4
芬 兰	Finland	2.2	2.5	2.9	3.4	3.9	4.4	4.6	4.8	5.0	5.3
希 腊	Greek	0.4		0.5		0.8		0.9		1.0	1.0
冰 岛	Iceland	7.0		9.7	11.8	14.5	18.3	22.8	24.1	23.7	
爱尔兰	Ireland	0.7	0.8	0.9	1.0	1.1	1.2	1.3	1.4	1.6	1.8
墨西哥	Mexico	5.7	7.8	10.9	14.5	19.7	20.5	22.9	27.3	29.9	34.3
荷 兰	Netherlands	6.0	6.3	6.8	6.9	7.6	8.1	8.7	8.7	9.1	9.5
新西兰	New Zealand	0.9		1.1		1.1		1.4		1.7	
挪 威	Norway	15.9		18.2		20.3		24.4	25.4	27.2	27.5
葡萄牙	Portugal	0.5	0.5	0.6	0.7	0.8	0.9	1.0	1.0	1.0	1.1
西班牙	Spain	3.6	3.9	4.0	4.7	5.0	5.7	6.2	7.2	8.2	8.9
韩 国	South Korea	9440.6	10878.1	12185.8	11336.6	11921.8	13848.5	16110.5	17325.1	19068.7	22185.3
中国台湾	Taiwan	125.0	138.0	156.3	176.5	190.5	197.6	205.0	224.4	242.9	263.3
新加坡	Singapore	1.4	1.8	2.1	2.5	2.7	3.0	3.2	3.4	3.4	4.1
匈牙利	Hungary	41.2	44.9	61.7	68.6	78.2	105.4	140.6	171.5	175.8	181.5
波 兰	Poland	2.1	2.8	3.4	4.0	4.6	4.8	4.9	4.5	4.6	5.2
俄罗斯联邦	Russian Federation	12.1	19.4	24.4	25.1	48.1	76.7	105.3	135.0	169.9	196.0
巴 西	Brazil	5.6	6.0				12.0	13.6	14.6	16.3	17.5
印 度	India	74.8	89.1	106.1	129.0	150.9	162.0	170.4	180.9	200.9	241.2

R&D Expenditure and as a Percentage of GDP

(billion of national currency)

R&D Expenditure											
2005	2006	2007	2008	2009	2010	2011	2012	2013	2014	2015	2016
245.0	300.3	371.0	461.6	580.2	706.3	868.7	1029.8	1184.7	1301.6	1417.0	1567.7
328.1	353.3	380.3	407.2	406.4	410.1	429.8	437.1	457.6	479.4	496.6	511.1
16672.6	17273.5	17756.2	17377.2	15817.7	15696.5	15945.1	15883.6	16680.1	17472.9	17436.1	16911.5
21.7	23.2	25.0	25.6	25.9	26.4	27.4	27.0	28.9	30.6	31.6	33.2
36.2	37.9	39.3	41.1	42.8	43.5	45.1	46.5	47.4	47.9	49.8	50.1
55.7	58.8	61.5	66.5	67.1	70.0	75.6	79.1	79.7	84.5	88.8	92.2
	21.8		28.3		30.9	31.7		33.5		31.2	
28.0	29.1	30.0	30.8	30.1	30.6	31.8	32.7	32.0	31.8	32.9	32.7
15.6	16.8	18.2	19.0	19.2	19.6	19.8	20.5	21.0	22.3	22.2	21.6
98.5	108.5	107.4	118.4	113.4	113.2	118.8	120.9	124.6	123.8	137.1	143.4
			16.3				18.5			22.1	
3.8	4.4	6.1	6.9	8.1	9.3	11.2	13.1	14.8	17.6	20.6	24.6
6.0	6.3	6.9	7.5	7.5	8.1	8.3	9.3	9.6	10.1	10.5	10.9
5.6	5.9	6.4	6.8	6.9	7.5	8.2	9.2	9.5	9.9	10.1	10.5
38.1	43.3	50.0	49.9	50.9	53.0	62.8	72.4	77.9	85.1	88.7	80.1
38.0	40.4	43.7	50.0	52.6	52.8	54.4	56.5	57.3	57.7	60.0	59.3
5.5	5.8	6.2	6.9	6.8	7.0	7.2	6.8	6.7	6.5	6.1	5.9
1.2	1.2	1.3	1.6	1.5	1.4	1.4	1.3	1.5	1.5	1.7	1.8
28.4	35.0	35.1	39.2	42.2		42.4		33.3	40.4	48.5	50.9
2.0	2.2	2.4	2.6	2.7	2.7	2.7	2.7	2.8	2.9	3.1	3.2
38.1	39.3	49.0	58.2	62.9	71.2	75.0	77.0	81.2	92.7	97.2	97.8
9.8	10.2	10.3	10.5	10.4	10.9	12.2	12.5	12.7	13.3	13.7	14.3
1.8		2.2		2.4		2.6		2.7		3.2	
29.5	32.3	36.8	40.5	41.9	42.8	45.4	48.0	50.7	53.9	60.2	63.3
1.2	1.6	2.0	2.6	2.8	2.8	2.6	2.3	2.3	2.2	2.2	2.3
10.2	11.8	13.3	14.7	14.6	14.6	14.2	13.4	13.0	12.8	13.2	13.3
24155.4	27345.7	31301.4	34498.1	37928.5	43854.8	49890.4	55450.1	59300.9	63734.1	65959.4	69405.5
281.0	307.0	331.8	351.9	367.8	395.8	414.4	433.5	457.6	483.5	510.4	541.4
4.6	5.0	6.3	7.1	6.0	6.5	7.4	7.2	7.6	8.5		
207.8	238.0	245.7	266.4	299.2	310.2	336.5	363.7	420.1	441.1	468.4	427.2
5.6	5.9	6.7	7.7	9.1	10.4	11.7	14.4	14.4	16.2	18.1	17.9
230.8	288.8	371.1	431.1	485.8	523.4	610.4	699.9	749.8	847.5	914.7	943.8
20.9	23.9	29.4	35.1	37.3	45.1	49.9	54.3	63.7	63.7	76.5	
299.3	342.4	394.4	473.5	530.4	620.5	726.2	894.9	990.3	1021.1	945.2	1048.6

10-1 续表

单位：10亿本国货币单位，%

国家（地区）	Country (Area)	R&D / GDP									
		1995	1996	1997	1998	1999	2000	2001	2002	2003	2004
中　国	China	0.57	0.56	0.64	0.65	0.75	0.89	0.94	1.06	1.12	1.21
美　国	USA	2.40	2.44	2.47	2.50	2.54	2.62	2.64	2.55	2.55	2.49
日　本	Japan	2.66	2.77	2.83	2.96	2.98	3.00	3.07	3.12	3.14	3.13
英　国	UK	1.68	1.61	1.56	1.58	1.66	1.64	1.63	1.64	1.60	1.55
法　国	France	2.23	2.21	2.14	2.08	2.10	2.08	2.13	2.17	2.11	2.09
德　国	Germany	2.13	2.14	2.18	2.21	2.33	2.39	2.39	2.42	2.46	2.42
澳大利亚	Australia		1.58		1.44		1.48		1.65		1.73
加拿大	Canada	1.66	1.61	1.62	1.72	1.76	1.86	2.03	1.98	1.97	2.00
意大利	Italy	0.94	0.95	0.99	1.01	0.98	1.01	1.04	1.08	1.06	1.05
瑞　典	Sweden	3.13		3.32		3.42		3.91		3.61	3.39
瑞　士	Switzerland		2.45				2.33				2.68
土耳其	Turkey	0.28	0.34	0.37	0.37	0.47	0.48	0.54	0.53	0.48	0.52
奥地利	Austria	1.53	1.58	1.66	1.74	1.85	1.89	2.00	2.07	2.18	2.17
比利时	Belgium	1.64	1.73	1.79	1.82	1.89	1.92	2.02	1.89	1.83	1.81
捷　克	Czech	0.88	0.90	1.00	1.07	1.06	1.12	1.11	1.10	1.15	1.15
丹　麦	Denmark	1.79	1.81	1.89	2.01	2.13		2.32	2.44	2.51	2.42
芬　兰	Finland	2.20	2.45	2.62	2.79	3.06	3.25	3.20	3.26	3.30	3.31
希　腊	Greek	0.42		0.43		0.57		0.56		0.55	0.53
冰　岛	Iceland	1.50		1.79	1.96	2.25	2.59	2.87	2.86	2.74	
爱尔兰	Ireland	1.22	1.27	1.24	1.21	1.15	1.08	1.05	1.06	1.12	1.18
墨西哥	Mexico	0.28	0.28	0.31	0.34	0.38	0.33	0.35	0.39	0.39	0.39
荷　兰	Netherlands	1.85	1.86	1.87	1.76	1.84	1.81	1.82	1.77	1.81	1.81
新西兰	New Zealand	0.92		1.06		0.96		1.10		1.15	
挪　威	Norway	1.65		1.59		1.61		1.56	1.63	1.68	1.55
葡萄牙	Portugal	0.52	0.55	0.56	0.62	0.68	0.72	0.76	0.72	0.70	0.73
西班牙	Spain	0.77	0.79	0.78	0.85	0.84	0.88	0.89	0.96	1.02	1.04
韩　国	South Korea	2.20	2.26	2.30	2.16	2.07	2.18	2.34	2.27	2.35	2.53
中国台北	Taipei	1.69	1.72	1.79	1.88	1.94	1.91	2.02	2.10	2.22	2.26
新加坡	Singapore	1.10	1.32	1.42	1.74	1.82	1.82	2.02	2.07	2.03	2.10
匈牙利	Hungary	0.71	0.63	0.70	0.66	0.67	0.79	0.91	0.98	0.92	0.86
波　兰	Poland	0.62	0.64	0.64	0.66	0.68	0.64	0.62	0.56	0.54	0.55
俄罗斯联邦	Russian Federation	0.80	0.91	0.98	0.90	0.93	0.99	1.10	1.17	1.21	1.08
巴　西	Brazil	0.87	0.77				1.00	1.03	0.98	0.95	0.89
印　度	India	0.71	0.72	0.77	0.81	0.82	0.76	0.73	0.71	0.70	0.74

continued

(billion of national currency,%)

2005	2006	2007	2008	2009	2010	2011	2012	2013	2014	2015	2016
1.31	1.37	1.37	1.44	1.66	1.71	1.78	1.91	1.99	2.02	2.06	2.11
2.51	2.55	2.63	2.77	2.82	2.74	2.77	2.71	2.74	2.76	2.74	2.74
3.31	3.41	3.46	3.47	3.36	3.25	3.38	3.34	3.48	3.59	3.28	3.14
1.57	1.59	1.63	1.64	1.70	1.68	1.68	1.61	1.66	1.68	1.67	1.69
2.04	2.05	2.02	2.06	2.21	2.18	2.19	2.23	2.24	2.24	2.27	2.25
2.42	2.46	2.45	2.60	2.73	2.71	2.80	2.87	2.82	2.89	2.92	2.93
	2.00		2.25		2.19	2.12		2.11		1.88	
1.98	1.95	1.91	1.86	1.92	1.84	1.80	1.79	1.68	1.60	1.65	1.60
1.05	1.09	1.13	1.16	1.22	1.22	1.21	1.27	1.31	1.38	1.34	1.29
3.39	3.50	3.26	3.50	3.45	3.22	3.25	3.28	3.31	3.15	3.27	3.25
			2.73				2.97			3.37	
0.59	0.58	0.72	0.73	0.85	0.84	0.86	0.92	0.94	1.01	0.88	0.94
2.38	2.37	2.43	2.59	2.61	2.74	2.68	2.93	2.97	3.06	3.05	3.09
1.78	1.81	1.84	1.92	1.99	2.05	2.16	2.36	2.44	2.46	2.47	2.49
1.17	1.23	1.31	1.24	1.30	1.34	1.56	1.78	1.90	1.97	1.93	1.68
2.39	2.40	2.52	2.77	3.06	2.92	2.94	2.98	2.97	2.92	2.96	2.87
3.33	3.34	3.35	3.55	3.75	3.73	3.64	3.42	3.29	3.17	2.90	2.75
0.58	0.56	0.58	0.66	0.63	0.60	0.67	0.70	0.81	0.84	0.97	1.01
2.71	2.92	2.58	2.52	2.65		2.49		1.76	2.01	2.17	2.08
1.19	1.20	1.23	1.39	1.61	1.60	1.54	1.56	1.56	1.51	1.20	1.18
0.40	0.37	0.43	0.47	0.52	0.54	0.52	0.49	0.50	0.54	0.52	0.49
1.79	1.76	1.69	1.64	1.69	1.72	1.90	1.94	1.95	2.00	2.00	2.03
1.12		1.16		1.25		1.23		1.15		1.26	
1.48	1.46	1.56	1.56	1.72	1.65	1.63	1.62	1.65	1.72	1.93	2.03
0.76	0.95	1.12	1.45	1.58	1.53	1.46	1.38	1.33	1.29	1.24	1.27
1.10	1.17	1.23	1.32	1.35	1.35	1.33	1.29	1.27	1.24	1.22	1.19
2.63	2.83	3.00	3.12	3.29	3.47	3.74	4.03	4.15	4.29	4.22	4.23
2.32	2.43	2.47	2.68	2.84	2.80	2.90	2.95	3.00	3.00	3.04	3.16
2.16	2.13	2.34	2.62	2.16	2.01	2.15	2.00	2.01	2.20		
0.92	0.99	0.96	0.98	1.14	1.15	1.19	1.27	1.39	1.36	1.36	1.21
0.56	0.55	0.56	0.60	0.66	0.72	0.75	0.88	0.87	0.94	1.00	0.97
1.00	1.01	1.05	0.98	1.17	1.06	1.02	1.05	1.06	1.09	1.10	1.10
0.96	0.99	1.08	1.13	1.12	1.16	1.14	1.13	1.20	1.22	1.28	
0.81	0.80	0.79	0.92	0.83	0.82	0.85	0.92	0.91	0.82	0.70	0.69

10-2 研究与试验发展 International Comparison

项　目	Item	中国 China	奥地利 Austria	比利时 Belgium	加拿大 Canada	捷克 Czech Republic
一、R&D人员	**R&D personnel**					
1.人力资源	**Human Resources**	**2017**	**2016**	**2016**	**2014**	**2016**
从事R&D活动人员(千人年)	R&D Personnel(1 000 person-years)	4033.6	73.6	79.8	237.3	65.8
#研究人员	Researchers	1740.4	44.9	53.8	162.1	37.3
每万人就业人员中从事R&D活动人员(人年)	R&D Personnel in 10 000 Labor Forces (person-year)	52	170	171	131	125
#研究人员	Researchers	22	104	115	90	71
2.从事R&D活动人员按执行部门分(%)	**R&D Personnel by Performing Sectors (%)**					
企业部门	Business Enterprise Sector	77.3	70.8	56.6	60.9	56.6
政府部门	Government Sector	10.1	3.7	8.4	7.6	19.9
高等教育部门	Higher Education Sector	9.5	24.8	34.4	31.3	23.1
其他部门	Other Sectors	3.1	0.7	0.5	0.3	0.3
二、R&D经费	**R&D Funds**					
1.按经费来源分(%)	**By sources of Funds (%)**	**2017**	**2016**	**2015**	**2017**	**2016**
来源于企业资金	Financed by Industry	76.5	53.4	58.6	40.6	39.5
来源于政府资金	Financed by Government	19.8	30.7	22.5	33.0	35.6
来源于其他资金	Financed by Other Sources	3.7	15.9	18.9	26.4	24.8
2.按执行部门分(%)	**By Performing Sector (%)**	**2017**	**2016**	**2016**	**2017**	**2016**
企业部门	Business Enterprise Sector	77.6	71.4	69.7	51.0	61.1
政府部门	Government Sector	13.8	4.6	9.5	7.2	18.2
高等教育部门	Higher Education Sector	7.2	23.5	20.2	41.3	20.4
其他部门	Other Sectors	1.4	0.5	0.6	0.5	0.2
3.按研究类型分(%)	**By types of Research (%)**	**2017**	**2015**	**2015**		**2016**
基础研究	Basic Research	5.5	17.9	15.6		28.6
应用研究	Applied Research	10.5	35.1	45.4		37.4
试验发展	Experimental Development	84.0	47.0	39.0		34.0

(R&D)活动的国际比较
of R&D Activities

丹麦 Denmark	法国 France	德国 Germany	意大利 Italy	日本 Japan	韩国 Korea	瑞典 Sweden	瑞士 Switzerland	土耳其 Turkey	英国 United Kingdom	美国 United States	俄罗斯联邦 Russian Federation
2016	**2015**	**2016**	**2016**	**2016**	**2016**	**2016**	**2015**	**2016**	**2016**	**2015**	**2016**
60.3	428.6	656.7	258.6	872.3	447.4	90.7	81.5	137.0	419.9		802.3
42.9	277.6	400.8	126.7	665.6	361.3	70.4	43.7	100.2	291.4	1380.0	428.9
210	156	150	104	130	171	185	166	51	132		111
149	101	92	51	100	138	144	89	37	92	91	59
61.7	58.7	62.8	52.2	67.2	73.5	70.9	62.4	53.0	49.9		50.1
2.9	11.5	15.7	14.8	7.1	8.5	4.7	1.1	8.6	3.3		35.8
34.9	28.1	21.5	30.2	24.2	16.2	24.2	36.5	38.4	45.2		13.8
0.5	1.7		2.8	1.5	1.8	0.3			1.5		0.3
2015	**2015**	**2016**	**2015**	**2016**	**2016**	**2013**	**2015**	**2015**	**2015**	**2016**	**2016**
59.4	54.0	65.2	50.0	78.1	75.4	61.0	63.5	50.1	49.0	62.3	28.1
29.4	34.8	28.5	38.0	15.0	22.7	28.3	24.4	27.6	27.7	25.1	68.2
11.3	11.2	6.3	12.0	6.9	1.9	10.8	12.2	22.3	23.4	12.6	3.7
2016	**2016**	**2016**	**2016**	**2016**	**2016**	**2016**	**2015**	**2016**	**2016**	**2016**	**2016**
65.8	63.6	68.2	58.3	78.8	77.7	69.6	71.0	54.2	67.0	71.2	58.7
2.2	12.9	13.8	13.2	7.5	11.5	3.4	0.9	9.5	6.3	11.5	32.0
31.6	22.0	18.0	25.5	12.3	9.1	26.8	26.7	36.3	24.6	13.2	9.1
0.3	1.6		3.0	1.4	1.6	0.2	1.5		2.1	4.1	0.2
2015	**2015**		**2015**	**2016**	**2016**		**2015**		**2015**	**2016**	**2016**
19.6	24.5		24.4	13.2	16.0		38.2		16.7	16.9	15.2
37.3	39.1		45.4	19.7	22.5		28.5		44.3	19.7	20.7
43.1	36.4		30.2	67.1	61.5		33.3		39.0	63.4	64.1

10-3 按ESI论文数量排序的前20个国家*
The Top 20 Most-cited Countries Sorted by Papers in ESI

国家(地区)	Country (Area)	位 次 Rank	论文数量(篇) Papers (piece)	被引用次数(次) Citations (time)	论文引用率(次/篇) Citations Per Paper (time/piece)
美国	USA	1	3804470	66447423	17.47
中国	CHINA MAINLAND	2	2058212	19349987	9.40
英国	ENGLAND	3	1061626	18375664	17.31
德国	GERMANY (FED REP	4	1005277	16237514	16.15
日本	JAPAN	5	811829	9715749	11.97
法国	FRANCE	6	704949	10867562	15.42
加拿大	CANADA	7	623599	9953329	15.96
意大利	ITALY	8	605437	8821841	14.57
西班牙	SPAIN	9	523397	7130458	13.62
印度	INDIA	10	518495	4269776	8.23
澳大利亚	AUSTRALIA	11	506090	7430719	14.68
韩国	SOUTH KOREA	12	487963	4807868	9.85
巴西	BRAZIL	13	382343	3020930	7.90
荷兰	NETHERLANDS	14	361078	6901306	19.11
俄罗斯	RUSSIA	15	313934	1910455	6.09
瑞士	SWITZERLAND	16	264539	5326866	20.14
中国台湾	TAIWAN	17	264098	2648900	10.03
土耳其	TURKEY	18	255508	1739067	6.81
瑞典	SWEDEN	19	240241	4084463	17.00
波兰	POLAND	20	235209	1958150	8.33

注：数据来源于 Essential Science Indicators（基本科学指标数据库），年限跨度从2007年1月至2017年4月30日。
Source: Essential Science Indicators covering a ten-year plus four-month period, January 2007-April 30, 2017.

10-4 按ESI论文被引用次数排序的前20个国家*
The Top 20 Most-cited Countries Sorted by Citations in ESI

国家(地区)	Country (Area)	位 次 Rank	被引用次数(次) Citations (time)	论文数量(篇) Papers (piece)	论文引用率(次/篇) Citations Per Paper (time/piele)
美国	USA	1	66447423	3804470	17.47
中国	CHINA MAINLAND	2	19349987	2058212	9.40
英国	ENGLAND	3	18375664	1061626	17.31
德国	GERMANY (FED REP GER)	4	16237514	1005277	16.15
法国	FRANCE	5	10867562	704949	15.42
加拿大	CANADA	6	9953329	623599	15.96
日本	JAPAN	7	9715749	811829	11.97
意大利	ITALY	8	8821841	605437	14.57
澳大利亚	AUSTRALIA	9	7430719	506090	14.68
西班牙	SPAIN	10	7130458	523397	13.62
荷兰	NETHERLANDS	11	6901306	361078	19.11
瑞士	SWITZERLAND	12	5326866	264539	20.14
韩国	SOUTH KOREA	13	4807868	487963	9.85
印度	INDIA	14	4269776	518495	8.23
瑞典	SWEDEN	15	4084463	240241	17.00
巴西	BRAZIL	16	3020930	382343	7.90
中国台湾	TAIWAN	17	2648900	264098	10.03
波兰	POLAND	18	1958150	235209	8.33
俄罗斯	RUSSIA	19	1910455	313934	6.09
土耳其	TURKEY	20	1739067	255508	6.81

注：数据来源于 Essential Science Indicators（基本科学指标数据库),年限跨度从2007年1月至2017年4月30日。
Source: Essential Science Indicators covering a ten-year plus four-month period, January 2007-April 30, 2017.

10-5 PCT专利申请量按

International Comparision of Number of patent applications

单位：件

国家（地区）	Country (Area)	2000	2001	2002	2003	2004	2005	2006
中　国	China	782	1730	1015	1297	1707	2503	3930
澳大利亚	Australia	1576	1664	1762	1680	1835	2004	2001
奥地利	Austria	484	620	552	644	709	851	914
比利时	Belgium	581	689	694	775	831	1075	1030
加拿大	Canada	1801	2113	2259	2270	2107	2318	2573
丹　麦	Denmark	795	919	980	1036	1049	1122	1158
芬　兰	Finland	1579	1696	1761	1557	1672	1893	1845
法　国	France	4137	4706	5091	5169	5183	5747	6263
德　国	Germany	12581	14029	14323	14653	15217	15987	16733
以色列	Israel	964	1314	1175	1128	1227	1456	1593
意大利	Italy	1394	1623	1980	2165	2190	2349	2701
日　本	Japan	9569	11905	14061	17415	20268	24870	27024
韩　国	Korea	1582	2324	2520	2946	3555	4689	5946
荷　兰	Netherlands	2930	3411	3977	4479	4283	4500	4545
挪　威	Norway	528	592	550	535	476	584	610
波　兰	Poland	109	99	116	154	107	97	101
西班牙	Spain	555	616	719	786	822	1125	1202
瑞　典	Sweden	3090	3421	2990	2608	2851	2885	3333
瑞　士	Switzerland	1997	2354	2755	2861	2897	3290	3614
土耳其	Turkey	71	76	85	113	116	174	269
英　国	United Kingdom	4807	5498	5388	5210	5035	5094	5096
美　国	United States	38015	43060	41316	41046	43398	46884	51302
俄罗斯联邦	Russia Federation	533	557	540	587	519	658	696
新加坡	Singapore	222	289	330	282	432	448	473

注：数据来源于世界知识产权组织统计数据库。
Source:WIPO Statistics Database.

来源国统计的国际比较
filed under the PCT System by Origin

(piece)

2007	2008	2009	2010	2011	2012	2013	2014	2015	2016	2017
5455	6119	7900	12301	16398	18620	21515	25548	29839	43091	48908
2050	1938	1736	1770	1748	1710	1604	1723	1741	1835	1852
1009	951	1029	1144	1343	1319	1262	1387	1399	1422	1397
1123	1135	1005	1066	1188	1212	1103	1196	1180	1219	1354
2844	2907	2509	2689	2914	2738	2846	3072	2821	2336	2399
1153	1357	1339	1156	1288	1408	1264	1299	1327	1356	1429
1994	2212	2123	2136	2075	2312	2095	1811	1584	1525	1601
6566	7076	7217	7231	7406	7802	7905	8261	8421	8210	8014
17825	18857	16793	17560	18846	18750	17920	17983	18004	18307	18949
1743	1902	1555	1475	1449	1374	1607	1581	1685	1838	1817
2949	2884	2653	2657	2686	2845	2868	3059	3072	3362	3225
27743	28763	29810	32216	38864	43523	43771	42381	44053	45209	48205
7064	7902	8040	9604	10357	11787	12381	13119	14564	15555	15752
4421	4361	4420	4011	3511	4078	4188	4206	4334	4676	4430
601	644	633	707	704	664	708	687	679	653	820
107	128	179	206	237	251	332	348	439	344	330
1295	1391	1563	1769	1732	1705	1705	1705	1530	1507	1418
3654	4135	3567	3303	3476	3600	3946	3913	3842	3719	3975
3816	3778	3677	3762	4045	4222	4372	4100	4265	4369	4486
359	392	388	479	539	536	805	853	1010	1065	1233
5540	5479	5039	4892	4876	4917	4848	5268	5290	5504	5568
54062	51668	45659	45093	49210	51861	57459	61483	57123	56591	56673
735	802	736	814	1009	1114	1191	948	876	894	1061
523	580	583	643	668	714	838	940	908	864	867

主要统计指标解释

Explanatory Notes on Main Statistical Indicators

主要统计指标解释

研究与试验发展（R&D）：指在科学技术领域，为增加知识总量、以及运用这些知识去创造新的应用而进行的系统的、创造性的活动，包括基础研究、应用研究、试验发展三类活动。

基础研究：指为了获得关于现象和可观察事实的基本原理的新知识（揭示客观事物的本质、运动规律，获得新发展、新学说）而进行的实验性或理论性研究，它不以任何专门或特定的应用或使用为目的。

应用研究：指为获得新知识而进行的创造性研究，主要针对某一特定的目的或目标。应用研究是为了确定基础研究成果可能的用途，或是为达到预定的目标探索应采取的新方法（原理性）或新途径。

试验发展：指利用从基础研究、应用研究和实际经验所获得的现有知识，为产生新的产品、材料和装置，建立新的工艺、系统和服务，以及对已产生和建立的上述各项作实质性的改进而进行的系统性工作。

R&D 人员：指调查单位内部从事基础研究、应用研究和试验发展三类活动的人员。包括直接参加上述三类项目活动的人员以及这三类项目的管理人员和直接服务人员。为研发活动提供直接服务的人员包括直接为研发活动提供资料文献、材料供应、设备维护等服务的人员。

R&D 人员中全时人员：在报告年度实际从事 R&D 活动的时间占制度工作时间 90%及以上的人员。

R&D 人员全时当量：是国际上通用的、用于比较科技人力投入的指标。指 R&D 全时人员（全年从事 R&D 活动累积工作时间占全部工作时间的 90%及以上人员）工作量与非全时人员按实际工作时间折算的工作量之和。例如：有 2 个 R&D 全时人员（工作时间分别为 0.9 年和 1 年）和 3 个 R&D 非全时人员（工作时间分别为 0.2 年、0.3 年和 0.7 年），则 R&D 人员全时当量＝1+1+0.2+0.3+0.7=3.2（人年）。

研究人员：指 R&D 人员中具备中级以上职称或博士学历（学位）的人员。

R&D 经费内部支出：指调查单位在报告年度用于内部开展 R&D 活动的实际支出。包括用于 R&D 项目（课题）活动的直接支出，以及间接用于 R&D 活动的管理费、服务费、与 R&D 有关的基本建设支出以及外协加工费等。不包括生产性活动支出、归还贷款支出以及与外单位合作或委托外单位进行 R&D 活动而转拨给对方的经费支出。

日常性支出：指调查单位在报告年度为开展 R&D 活动而发生的人员劳务费，及其各项管理费用和购买非资产性的材料、物资费用等他日常支出。

资产性支出：指调查单位在报告年度为开展 R&D 活动而进行建造、购置、安装、改建、扩建固定资产，以及进行设备技术改造和大修理等实际支出的费用。

政府资金：指调查单位 R&D 经费内部支出中来自各级政府部门的各类资金，包括财政科学技术拨款、科学基金、教育等部门事业费以及政府部门预算外资金的实际支出。

企业资金：指调查单位 R&D 经费内部支出中来自本企业的自有资金和接受其他企业委托而获得的经费，以及科研院所、高校等事业单位从企业获得的资金的实际支出。

R&D 经费外部支出合计：指报告年度调查单位委托外单位或与外单位合作进行 R&D 活动而拨给对方的经费。

R&D 项目（课题）：指调查单位在当年立项并开展研究工作、以前年份立项仍继续进行研究的研究开发项目或课题，包括当年完成和年内研究工作已告失败的研发项目或课题。

科技进步贡献率：指广义技术进步对经济增长的贡献份额，它反映在经济增长中投资、劳动和科技三大要素作用的相对关系。其基本含义是扣除了资本和劳动后科技等因素对经济增长的贡献份额。

专业技术人员：指从事专业技术工作和专业技术管理工作的人员，即企事业单位中已经聘任专业技术职务从事专业技术工作和专业技术管理工作的人员，以及未聘任专业技术职务，现在专业技术岗位上的人员。包括工程技术人员，农业技术人员，科学研究人员，卫生技术人员，教学人员，经济人员，会计人员，统计人员，翻译人员，图书资料、档案、文博人员，新闻出版人员，律师、公证人员，广播电视播音人员，工艺美术人员，体育人员，艺术人员及企业政治思想工作人员，共十七个专业技术职务类别。

新产品：指采用新技术原理、新设计构思研制、生产的全新产品，或在结构、材质、工艺等某一方面比原有产品有明显改进，从而显著提高了产品性能或扩大了使用功能的产品。

专利：是专利权的简称，是发明创造经审查合格后，由国务院专利行政部门依据专利法授予申请人对该项发明创造享有的专有权。发明创造是指发明、实用新型和外观设计。

发明专利：指对产品、方法或者其改进所提出的新的技术方案。

实用新型专利：指对产品的形状、构造或者其结合所提出的适于实用的新的技术方案。

外观设计专利：指对产品的形状、图案或者其结合以及色彩与形状、图案的结合所作出的富有美感并适于工业应用的新设计。

职务发明：指执行本单位的任务或者主要是利用本单位的物质条件所完成的发明创造，申请专利的权利属于本单位。

有效发明专利数：指调查单位作为专利权人在报告年度拥有的、经国内外知识产权行政部门授权且在有效期内的发明专利件数。

专利所有权转让及许可数：指报告年度调查单位向外单位转让专利所有权或允许专利技术由被许可单位使用的件数。

专利所有权转让与许可收入：指报告年度调查单位向外单位转让专利所有权或允许专利技术由被许可单位使用而得到的收入。包括当年从被转让方或被许可方得到的一次性付款和分期付款收入，以及利润分成、股息收入等。

集成电路布图设计登记数：指报告年度调查单位向知识产权行政部门提出登记申请并被受理登记的集成电路布图设计的件数。

形成国家或行业标准数：指报告年度调查单位在自主研发或自主知识产权基础上形成的国家或行业标准。形成国家或行业标准须经有关部门批准。

发表科技论文：指在学术刊物上以书面形式发表的最初的科学研究成果。应具备以下三个条件：（1）首次发表的研究成果；（2）作者的结论和试验能被同行重复并验证；（3）发表后科技界能引用。

出版科技著作：指经过正式出版部门编印出版的论述科学技术问题的理论性论文集或专著以及大专院校教科书、科普著作。但不包括翻译国外的著作。由多人合著的科技著作，由第一作者所在单位统计。

《SCI》：美国《科学引文索引》（Science Citation Index），是由美国科学情报研究所于 1961 年创立，报道生命科学、医学、生物、物理、化学、农业、工程技术领域内的科技文献。是目前国际上最具权威性的用于基础研究和应用研究科研成果的评价体系。

《EI》：美国《工程索引》（The Engineering Index），创刊于 1884 年，由美国工程信息公司编辑出版。作为世界著名的工程技术领域的文献检索系统，其收录文献的内容包括以下工程技术领域；生物工程、土木、地质、环境、矿业、石油、冶金、机械、燃料工程、核能、汽车、宇航工程、电气、电子、控制工程、化工、食品、农业、工业管理、数学、物理、仪表等。

《CPCI-S》：（Conference Proceedings Citation Index - Science），原名 ISTP。ISTP 是美国科学情报研究所出版的科学技术会议录索引。该索引收录生命科学、物理与化学科学、农业、生物和环境科学、工程技术和应用科学等学科的会议文献，包括一般性会议、座谈会、研究会、讨论会、发表会等。

东部地区：包括北京，天津，河北，上海，江苏，浙江，福建，山东，广东和海南 10 个省市。

中部地区：包括山西，安徽，江西，河南，湖北和湖南 6 个省市。

西部地区：包括内蒙古，广西，重庆，四川，贵州，云南，西藏，陕西，甘肃，青海，宁夏和新疆 12 个省区市。

东北地区：包括辽宁，吉林和黑龙江 3 个省。